国家出版基金资助项目

现代数学中的著名定理纵横谈丛书
丛书主编　王梓坤

SMARANDACHE FUNCTION

# Smarandache函数

刘培杰数学工作室　编

哈爾濱工業大學出版社
HARBIN INSTITUTE OF TECHNOLOGY PRESS

## 内容简介

本书共 4 编，详细讲述了有关 Smarandache 函数性质的若干研究，含有 Smarandache 函数的方程，有关 Smarandache 函数均值问题的研究，数论函数的相关结果等内容.

本书可供数学专业的师生及数学爱好者阅读.

**图书在版编目(CIP)数据**

Smarandache 函数/刘培杰数学工作室编. —哈尔滨：哈尔滨工业大学出版社，2024. 3

(现代数学中的著名定理纵横谈丛书)

ISBN 978 - 7 - 5767 - 0091 - 6

Ⅰ. ①S… Ⅱ. ①刘… Ⅲ. ①数论函数 Ⅳ. ①O156

中国版本图书馆 CIP 数据核字(2022)第 109860 号

SMARANDACHE HANSHU

策划编辑 刘培杰 张永芹
责任编辑 刘家琳 李 烨
封面设计 孙茵艾
出版发行 哈尔滨工业大学出版社
社 址 哈尔滨市南岗区复华四道街 10 号 邮编 150006
传 真 0451 - 86414749
网 址 http://hitpress.hit.edu.cn
印 刷 辽宁新华印务有限公司
开 本 787 mm×960 mm 1/16 印张 18.5 字数 196 千字
版 次 2024 年 3 月第 1 版 2024 年 3 月第 1 次印刷
书 号 ISBN 978 - 7 - 5767 - 0091 - 6
定 价 98.00 元

---

## ⊙代序

### 读书的乐趣

你最喜爱什么——书籍.

你经常去哪里——书店.

你最大的乐趣是什么——读书.

这是友人提出的问题和我的回答.真的,我这一辈子算是和书籍,特别是好书结下了不解之缘.有人说,读书要费那么大的劲,又发不了财,读它做什么?我却至今不悔,不仅不悔,反而情趣越来越浓.想当年,我也曾爱打球,也曾爱下棋,对操琴也有兴趣,还登台伴奏过.但后来却都一一断交,“终身不复鼓琴”.那原因便是怕花费时间,玩物丧志,误了我的大事——求学.这当然过激了一些.剩下来唯有读书一事,自幼至今,无日少废,谓之书痴也可,谓之书橱也可,管它呢,人各有志,不可相强.我的一生大志,便是教书,而当教师,不多读书是不行的.

读好书是一种乐趣,一种情操;一种向全世界古往今来的伟人和名人求教的方法,一种和他们展开讨论的方式;一封出席各种活动、体验各种生活、结识各种人物的邀请信;一张迈进科学宫殿和未知世界的入场券;一股改造自己、丰富自己的强大力量.书籍是全人类有史以来共同创造的财富,是永不枯竭的智慧的源泉.失意时读书,可以使人重整旗鼓;得意时读书,可以使人头脑清醒;疑难时读书,可以得到解答或启示;年轻人读书,可明奋进之道;年老人读书,能知健神之理.浩浩乎!洋洋乎!如临大海,或波涛汹涌,或清风微拂,取之不尽,用之不竭.吾于读书,无疑义矣,三日不读,则头脑麻木,心摇摇无主.

## 潜能需要激发

我和书籍结缘,开始于一次非常偶然的机会.大概是八九岁吧,家里穷得揭不开锅,我每天从早到晚都要去田园里帮工.一天,偶然从旧木柜阴湿的角落里,找到一本蜡光纸的小书,自然很破了.屋内光线暗淡,又是黄昏时分,只好拿到大门外去看.封面已经脱落,扉页上写的是《薛仁贵征东》.管它呢,且往下看.第一回的标题已忘记,只是那首开卷诗不知为什么至今仍记忆犹新:

日出遥遥一点红,飘飘四海影无踪.

三岁孩童千两价,保主跨海去征东.

第一句指山东,二、三两句分别点出薛仁贵(雪、人贵).那时识字很少,半看半猜,居然引起了我极大的兴趣,同时也教我认识了许多生字.这是我有生以来独立看的第一本书.尝到甜头以后,我便千方百计去找书,向小朋友借,到亲友家找,居然断断续续看了《薛丁山征西》《彭公案》《二度梅》等,樊梨花便成了我心中的女英雄.我真入迷了.从此,放牛也罢,车水也罢,我总要带一本书,还练出了边走田间小路边读书的本领,读得津津有味,不知人间别有他事.

当我们安静下来回想往事时,往往会发现一些偶然的小事却影响了自己的一生.如果不是找到那本《薛仁贵征东》,我的好学心也许激发不起来.我这一生,也许会走另一条路.人的潜能,好比一座汽油库,星星之火,可以使它雷声隆隆、光照天地;但若少了这粒火星,它便会成为一潭死水,永归沉寂.

## 抄,总抄得起

好不容易上了中学,做完功课还有点时间,便常光顾图书馆.好书借了实在舍不得还,但买不到也买不起,便下决心动手抄书.抄,总抄得起.我抄过林语堂写的《高级英文法》,抄过英文的《英文典大全》,还抄过《孙子兵法》,这本书实在爱得狠了,竟一口气抄了两份.人们虽知抄书之苦,未知抄书之益,抄完毫末俱见,一览无余,胜读十遍.

## 始于精于一,返于精于博

关于康有为的教学法,他的弟子梁启超说:"康先生之教,专标专精、涉猎二条,无专精则不能成,无涉猎则不能通也."可见康有为强烈要求学生把专精和广博(即"涉猎")相结合.

在先后次序上,我认为要从精于一开始.首先应集中精力学好专业,并在专业的科研中做出成绩,然后逐步扩大领域,力求多方面的精.年轻时,我曾精读杜布(J. L. Doob)的《随机过程论》,哈尔莫斯(P. R. Halmos)的《测度论》等世界数学名著,使我终身受益.简言之,即"始于精于一,返于精于博".正如中国革命一样,必须先有一块根据地,站稳后再开创几块,最后连成一片.

## 丰富我文采,澡雪我精神

辛苦了一周,人相当疲劳了,每到星期六,我便到旧书店走走,这已成为生活中的一部分,多年如此.一次,偶然看到一套《纲鉴易知录》,编者之一便是选编《古文观止》的吴楚材.这部书提纲挈领地讲中国历史,上自盘古氏,直到明末,记事简明,文字古雅,又富于故事性,便把这部书从头到尾读了一遍.从此启发了我读史书的兴趣.

我爱读中国的古典小说,例如《三国演义》和《东周列国志》.我常对人说,这两部书简直是世界上政治阴谋诡计大全.即以近年来极时髦的人质问题(伊朗人质、劫机人质等),这些书中早就有了,秦始皇的父亲便是受害者,堪称"人质之父".

《庄子》超尘绝俗,不屑于名利.其中"秋水""解牛"诸篇,诚绝唱也.《论语》束身严谨,勇于面世,"己所不欲,勿施于人",有长者之风.司马迁的《报任少卿书》,读之我心两伤,既伤少卿,又伤司马;我不知道少卿是否收到这封信,希望有人做点研究.我也爱读鲁迅的杂文,果戈理、梅里美的小说.我非常敬重文天祥、秋瑾的人品,常记他们的诗句:"人生自古谁无死,留取丹心照汗青""休言女子非英物,夜夜龙泉壁上鸣".唐诗、宋词、《西厢记》《牡丹亭》,丰富我文采,澡雪我精神,其中精粹,实是人间神品.

读了邓拓的《燕山夜话》,既叹服其广博,也使我动了写《科学发现纵横谈》的心.不料这本小册子竟给我招来了上千封鼓励信.以后人们便写出了许许多多的“纵横谈”.

从学生时代起，我就喜读方法论方面的论著. 我想，做什么事情都要讲究方法，追求效率、效果和效益，方法好能事半而功倍. 我很留心一些著名科学家、文学家写的心得体会和经验. 我曾惊讶为什么巴尔扎克在51年短短的一生中能写出上百本书，并从他的传记中去寻找答案. 文史哲和科学的海洋无边无际，先哲们的明智之光沐浴着人们的心灵，我衷心感谢他们的恩惠.

## 读书的另一面

以上我谈了读书的好处，现在要回过头来说说事情的另一面.

读书要选择. 世上有各种各样的书：有的不值一看，有的只值看20分钟，有的可看5年，有的可保存一辈子，有的将永远不朽. 即使是不朽的超级名著，由于我们的精力与时间有限，也必须加以选择. 决不要看坏书，对一般书，要学会速读.

读书要多思考. 应该想想，作者说得对吗？完全吗？适合今天的情况吗？从书本中迅速获得效果的好办法是有的放矢地读书，带着问题去读，或偏重某一方面去读. 这时我们的思维处于主动寻找的地位，就像猎人追找猎物一样主动，很快就能找到答案，或者发现书中的问题.

有的书浏览即止，有的要读出声来，有的要心头记住，有的要笔头记录. 对重要的专业书或名著，要勤做笔记，“不动笔墨不读书”. 动脑加动手，手脑并用，既可加深理解，又可避忘备查，特别是自己的灵感，更要及时抓住. 清代章学诚在《文史通义》中说：“札记之功必不可少，如不札记，则无穷妙绪如雨珠落大海矣.”

许多大事业、大作品，都是长期积累和短期突击相结合的产物．涓涓不息，将成江河；无此涓涓，何来江河？

爱好读书是许多伟人的共同特性，不仅学者专家如此，一些大政治家、大军事家也如此．曹操、康熙、拿破仑、毛泽东都是手不释卷，嗜书如命的人．他们的巨大成就与毕生刻苦自学密切相关．

王梓坤

目录

## 第一编 有关 Smarandache 函数性质的若干研究

## 第二编　含有 Smarandache 函数的方程

## 第三编　有关 Smarandache 函数均值问题的研究

## 第四编　数论函数的相关结果

# 第一编

## 有关 Smarandache 函数性质的若干研究

# 从一道德国数学奥林匹克决赛试题谈起

## 引言

德国是老牌数学强国．20 世纪初哥廷根是世界数学中心．所有爱好数学的青年都受到了相同的劝告：打起你的背包，到哥廷根去！德国的数学奥林匹克也很有特点，如 2003 年德国数学奥林匹克决赛中有一题目为：

已知 $n$ 为正整数，$a(n)$ 为满足 $(a(n))!$ 可以被 $n$ 整除的最小的正整数．求所有的正整数 $n$，使得 $\frac{a(n)}{n}=\frac{2}{3}$．

**解**　因为，$a(n)=\frac{2}{3}n$，所以，$3\mid n$．

设 $n=3k$．若 $k>3$，则 $3k\mid k!$．所以，$a(n)\leqslant k<\frac{2}{3}$．矛盾．

又因为 $a(3)=3\neq\frac{2}{3}\times 3$，$a(6)=3\neq\frac{2}{3}\times 6$，$a(9)=6=\frac{2}{3}\times 9$，所以，$n=9$ 即为所求.

这道试题不难，但它背景深厚，有广阔的想象空间，青少年可以由此迈入数学研究的殿堂. 本题的背景是：美籍罗马尼亚著名数论专家 Smarandache 教授 1993 年提出的 Smarandache 函数 $\xi(n)$ 的一个特殊函数值 $\xi(9)=6$. 这个函数一经提出，立即受到各国数论研究人员的追捧，发表了大量的文章. 尤以我国著名数论专家张文鹏教授的研究团队最为突出. 本书就是对这一函数的国内外研究成果的一个汇集，以期对竞赛选手和教练了解试题背景有所帮助. 同时也为初等数论爱好者提供一个小试身手的用武之地. 必须声明的一点是所有研究成果均有所属. 本书作者仅是汇集与整理，并无半点贡献.

# 一个关于原数函数 $S_p(n)$ 的恒等式

## 第 1 章

### §1　引言及结论

对于任意给定的素数 $p$ 及正整数 $n$，我们定义幂 $p$ 的原数函数 $S_p(n)$ 为最小的正整数 $m$，使得 $p^n \mid m!$，即 $S_p(n)=\min\{m: p^n \mid m!\}$. 例如，$S_3(1)=3, S_3(2)=6, S_3(3)=S_3(4)=9, S_3(5)=12, \cdots$. 在文[1]的第 49 个问题中，美籍罗马尼亚著名数论专家 Smarandache 教授建议我们研究序列 $\{S_p(n)\}$ 的性质. 关于这个问题，有不少国内外学者进行过研究，取得了一系列重要的研究结果. 例如，Zhang Wenpeng 和 Liu Duansen 在文[2]中研究了序列 $\{S_p(n)\}$ 的渐近性质，并首次得到了关于 $\{S_p(n)\}$ 的一个较强

的渐近公式,即证明了对于任意给定的素数 $p$ 和任意正整数 $n$,有渐近公式

$$S_p(n)=(p-1)n+O\left(\frac{p}{\ln p}\ln n\right)$$

Yi Yuan 在文[3]中研究了形如和式 $\frac{1}{p}\cdot\sum_{n\leqslant x}|S_p(n+1)-S_p(n)|$ 的渐近性质,并得出了下面的结论:对任意实数 $x\geqslant 2$,令 $p$ 为一个素数,那么有

$$\begin{aligned}&\frac{1}{p}\sum_{n\leqslant x}|S_p(n+1)-S_p(n)|\\&=x\left(1-\frac{1}{p}\right)+O\left(\frac{\ln x}{\ln p}\right)\end{aligned}$$

这一工作其实还可以由文[2]直接推出.事实上,注意到 $|S_p(n+1)-S_p(n)|=0$ 或 $p$,且 $S_p(n+1)\geqslant S_p(n)$,所以由文[2]我们有

$$\begin{aligned}&\frac{1}{p}\sum_{n\leqslant x}|S_p(n+1)-S_p(n)|\\&=\frac{1}{p}\sum_{n\leqslant x}(S_p(n+1)-S_p(n))\\&=\frac{1}{p}(S_p([x]+1)-S_p(1))\\&=\frac{1}{p}\left[(p-1)([x]+1)+O\left(\frac{p}{\ln p}\ln x\right)\right]\\&=x\left(1-\frac{1}{p}\right)+O\left(\frac{\ln x}{\ln p}\right)\end{aligned}$$

其中$[x]$表示不超过 $x$ 的最大素数.

Ding Liping 在文[4]中研究了 $S_p(n)$ 的另一类性质,给出了 $S_p(n)$ 的一个三角不等式,即证明了对任意正整数 $m_i(i=1,2,\cdots,k)$ 有不等式

$$S_p\Big(\sum_{i=1}^{k} m_i\Big) \leqslant \sum_{i=1}^{k} S_p(m_i)$$

而且存在无限多组正整数$(m_1, m_2, \cdots, m_k)$使得

$$S_p\Big(\sum_{i=1}^{k} m_i\Big) = \sum_{i=1}^{k} S_p(m_i)$$

此外，Xu Zhefeng 在文[5]中研究了 Riemann $\zeta$－函数与包含数列$\{S_p(n)\}$的 Dirichlet 级数之间的关系，给出了一个包含数列$\{S_p(n)\}$的无穷级数的一个有趣的恒等式. 即证明了对于任意素数 $p$ 及复数 $s$ 且 $\mathrm{Re}\, s > 1$，我们有恒等式

$$\sum_{n=1}^{\infty} \frac{1}{S_p^s(n)} = \frac{Y(s)}{p^s - 1} \tag{1}$$

这里 $Y(s)$ 为 Riemann $\zeta$－函数.

同时，Xu Zhefeng 在文[5]中还给出了 $S_p(n)$ 的倒数的一个较强的均值公式，即对任意实数 $x \geqslant 1$，有渐近公式

$$\sum_{\substack{n=1 \\ S_p(n) \leqslant x}}^{\infty} \frac{1}{S_p(n)} = \frac{1}{p-1}\left(\ln x + V + \frac{p \ln p}{p-1}\right) + O(x^{-\frac{1}{2}+X})$$

这里 $V$ 是欧拉(Euler)常数，$X$ 表示任意给定的正数.

陕西教育学院数理工程系的史保怀教授于 2007 年研究了一类包含 $S_p(n)$ 的级数的初等性质，并给出了一类有趣的恒等式！

为方便起见，设 $k \geqslant 2$ 是一个整数，$\mathscr{A}(k)$ 表示所有无 $k$ 次幂因子的正整数的集合，即

$$\mathscr{A}(k) = \{n: \forall\, p \mid n \Rightarrow p^k \nmid n, n \in \mathbf{N}^*\}$$

其中 $p$ 为任意素数.

本章的主要目的是运用初等方法研究函数 $S_p(n)$

关于无 $k$ 次幂因子数集组成的无穷级数的算术性质，并证明下面的定理：

**定理** 设 $p$ 为任意给定的素数，那么对任意正整数 $k>1$ 及复数 $s$ 且 $\operatorname{Re} s>1$，我们有恒等式

$$\sum_{\substack{n=1\\ n\in\mathscr{A}(k)}}^{\infty}\frac{1}{S_p^s(n)}=Y(s)\sum_{d=1}^{\infty}\frac{\mu(d)}{p^{d^k s}-1}$$

这里 $\mu(d)$ 为 Möbius 函数，$Y(s)$ 为 Riemann $\zeta$－函数.

特别地，在上式中 $k=2$，即对无平方因子集 $\mathscr{A}(2)$，我们有下面的推论：

**推论 1** 设 $p$ 为任意给定的素数，那么对任意 $\operatorname{Re} s>1$ 的复数 $s$，我们有恒等式

$$\sum_{\substack{n=1\\ n\in\mathscr{A}(2)}}^{\infty}\frac{1}{S_p^s(n)}=Y(s)\sum_{d=1}^{\infty}\frac{\mu(d)}{p^{d^2 s}-1}$$

**推论 2** 对任意给定的素数 $p$，我们有恒等式

$$\sum_{n=1}^{\infty}\frac{|\mu(n)|}{S_p^2(n)}=\frac{\pi^2}{6}\sum_{d=1}^{\infty}\frac{\mu(d)}{p^{2d^2}-1}$$

$$\sum_{n=1}^{\infty}\frac{1}{S_p^4(n)}=\frac{\pi^4}{90}\sum_{d=1}^{\infty}\frac{\mu(d)}{p^{4d^2}-1}$$

**推论 3** 对任意给定的素数 $p$ 及复数 $s$ 且 $\operatorname{Re} s>1$，我们有恒等式

$$\left(\sum_{n=1}^{\infty}\frac{|\mu(n)|}{S_p^2(n)}\right)\left(\sum_{n=1}^{\infty}\frac{\mu(n)}{n^s}\right)=\sum_{d=1}^{\infty}\frac{\mu(d)}{p^{d^2 s}-1}$$

同时在定理中，当 $k\to\infty$ 时，我们立刻得到文[5]中的定理 1，也就是上面的式(1). 也就是说，我们的定理实际上就是文[5]中的定理 1 的另一种形式的推广和延伸！

## §2　定理的证明

为完成定理的证明.我们需要下面两个简单的引理,首先有下面的:

**引理 1**　设 $k\geqslant 2$ 为任意给定的整数,$n$ 为任意正整数,则 $n\in\mathscr{A}$,当且仅当

$$\sum_{d^k\mid n}\mu(d)=1$$

这里 $\mu(d)$ 为 Möbius 函数.

**证明**　由 Möbius 函数的性质以及无 $k$ 次幂因子数的定义容易给出此引理的证明.事实上,当 $n\in\mathscr{A}$,即 $n$ 为无 $k$ 次幂因子数时,若 $d^k\mid n$,则 $d=1$.于是有

$$\sum_{d^k\mid n}\mu(d)=\mu(d)=1$$

若 $\sum\limits_{d^k\mid n}\mu(d)=1$,则 $n$ 不可能含一个大于 1 的正整数的 $k$ 次幂因子.否则,如果 $n$ 含某个大于 1 的整数的 $k$ 次幂因子,可设 $n=m^k\cdot n_1$,其中 $m>1$,$n_1$ 不含 $k$ 次幂因子.于是由文[6]中的定理 2.1 可得

$$\sum_{d^k\mid n}\mu(d)=\sum_{d^k\mid m^k\cdot n_1}\mu(d)=\sum_{d\mid m}\mu(d)=\left[\frac{1}{m}\right]=0$$

其中$[x]$表示不大于 $x$ 的最大整数.显然,这个与条件 $\sum\limits_{d^k\mid n}\mu(d)=1$ 矛盾.于是完成了引理 1 的证明.

**引理 2**　对于任意正整数 $k$ 及复数 $s$ 且 $\operatorname{Re} s>1$,我们有

$$\sum_{n=1}^{\infty}\frac{1}{S_p^s(kn)}=\frac{Y(s)}{p^{ks}-1}$$

其中 $Y(s)$ 为 Riemann $\zeta$－函数.

**证明**　令 $m=S_p(kn)$，如果 $p^T\parallel m$，那么在序列 $\{S_p(kn)\}$ 中 $m$ 的值将重复 $\left[\frac{T}{k}\right]$ $(n=1,2,\cdots)$ 次. 注意到，$S_p(kn)(n=1,2,\cdots)$ 是素数 $p$ 的倍数，所以我们有

$$\sum_{n=1}^{\infty}\frac{1}{S_p^s(kn)}=\sum_{\substack{m=1\\ p^T\parallel m}}^{\infty}\frac{\left[\frac{T}{k}\right]}{m^s}=\sum_{U=1}^{\infty}\sum_{V=1}^{k-1}\sum_{\substack{m=1\\ p^{U_k+V}\parallel m}}^{\infty}\frac{U}{m^s}$$

$$=\sum_{U=1}^{\infty}\sum_{V=0}^{k-1}U\sum_{\substack{n=1\\ (n,p)=1}}^{\infty}\frac{1}{n^s p^{(U_k+V)s}}$$

$$=\sum_{U=1}^{\infty}\frac{U}{p^{U_k s}}\sum_{V=0}^{k=1}\frac{1}{p^{Vs}}\sum_{\substack{n=1\\ (n,p)=1}}^{\infty}\frac{1}{n^s}$$

注意到，恒等式

$$\sum_{\substack{n=1\\ (n,p)=1}}^{\infty}\frac{1}{n^s}=\sum_{n=1}^{\infty}\frac{1}{n^s}-\sum_{\substack{n=1\\ p\mid n}}^{\infty}\frac{1}{n^s}$$

$$=Y(s)-\sum_{m=1}^{\infty}\frac{1}{p^s m^s}$$

$$=\left(1-\frac{1}{p^s}\right)Y(s)$$

及

$$\sum_{V=0}^{k-1}\frac{1}{p^{Vs}}=\frac{1-\frac{1}{p^{sk}}}{1-\frac{1}{p^s}}$$

所以，我们有恒等式

$$\sum_{n=1}^{\infty}\frac{1}{S_p^s(kn)}=\frac{Y(s)}{p^{ks}-1}$$

于是证明了引理 2.

有了以上两个引理，我们可以容易地完成定理的

证明.事实上,应用引理1及引理2,我们有

$$\sum_{\substack{n=1\\ n\in\mathscr{A}(k)}}^{\infty}\frac{1}{S_p^s(kn)}=\sum_{n=1}^{\infty}\frac{\sum\limits_{d^k\mid n}\mu(d)}{S_p^s(kn)}$$

$$=\sum_{m=1}^{\infty}\sum_{d=1}^{\infty}\frac{\mu(d)}{S_p^s(d^k m)}$$

$$=\sum_{d=1}^{\infty}\mu(d)\sum_{m=1}^{\infty}\frac{1}{S_p^s(d^k m)}$$

$$=\sum_{d=1}^{\infty}\mu(d)\frac{Y(s)}{p^{d^k s}-1}$$

$$=Y(s)\sum_{d=1}^{\infty}\frac{\mu(d)}{p^{d^k s}-1}$$

于是完成了定理的证明.

在定理中取 $k=2,4$ 并注意到 $|\mu(n)|=\sum\limits_{d^2\mid n}\mu(d)$,我们立即得到推论1.应用推论1及恒等式 $Y(2)=\frac{\pi^2}{6}$,$Y(4)=\frac{\pi^4}{90}$,我们不难得到推论2.应用 Riemann ζ-函数的重要性质 $\frac{1}{Y(s)}=\sum\limits_{n=1}^{\infty}\frac{\mu(n)}{n^s}$ 及推论1我们可以容易地得到推论3.

## 参考文献

[1] SMARANDACHE F. Only problems, not solutions[M]. Chicago: Xiquan Publishing House, 1993.

[2] ZHANG W P, LIU D S. On the primitive numbers of power $p$ and its asymptotic property[J]. Smarandache Notions Journal, 2002, 2: 171-175.

[3]YI Y. On the primitive numbers of power $p$ and its asymptotic property[J]. Scientia Magna,2005,1(1):175-177.

[4]DING L P. On the primitive numbers of power $p$ and its triangle inequality[C]// ZHANG W P. Research on Smarandache problems in number theory. Hexis Phoenix,AZ,2004.

[5]XU Z F. Some arithmetical properties of primitive numbers of power $p$[J]. Scientia Magna,2006,2(1):9-12.

[6]TOM M A. Introduction to Analytic Number Theory[M]. New York:Springer-Verlag,1976.

[7]潘承洞,潘承彪. 初等数论[M]. 北京:北京大学出版社,2003.

# 关于 Smarandache 函数 $S(n)$ 的一个猜想

第2章

## §1　引言及结论

对于任意正整数 $n$，将著名的 Smarandache 函数 $S(n)$ 定义为最小的正整数 $m$，使得 $n \mid m!$，即 $S(n)=\min\{m:n \mid m!, m\in \mathbf{N}^*\}$. 从 $S(n)$ 的定义，我们很容易推断出，如果 $n=p_1^{T_1}p_2^{T_2}\cdots p_k^{T_k}$ 是 $n$ 的标准素因数分解式，那么

$$S(n)=\max_{1\leqslant i\leqslant k}\{S(p_i^{T_i})\} \tag{1}$$

例如，$S(1)=1$，$S(2)=2$，$S(3)=3$，$S(4)=4$，$S(5)=5$，$S(6)=3$，$S(7)=7$，$S(8)=4$，$S(9)=6$，$S(10)=5$，$\cdots$. 关于 $S(n)$ 的算术性质，有不少学者进行过研究，获得了不少有重要

理论价值的研究成果. 例如,Farris Mark 和 Mitchell Patrick 在文[1]中研究了 Smarandache 函数的有界性问题,得出了函数 $S(p^T)$ 的上下界估计,即证明了

$$(p-1)T+1 \leqslant S(p^T) \leqslant (p-1)[T+1+\log_p T]+1 \tag{2}$$

王永兴教授在文[2]中研究了 $S(n)$ 的均值性质,给出了该函数均值的一个较强的渐近公式

$$\sum_{n\leqslant x} S(n)=\frac{c^2}{12}\frac{x^2}{\ln x}+O\left(\frac{x^2}{\ln^2 x}\right)$$

Lu Yaming 在文[3]中研究了一个包含 $S(n)$ 的方程的可解性问题,证明了对任意正整数 $k\geqslant 2$,方程

$$S(m_1+m_2+\cdots+m_k) = S(m_1)+S(m_2)+\cdots+S(m_k)$$

有无穷多组正整数解$(m_1,m_2,\cdots,m_k)$.

Jozsef Sandor 在文[4]中进一步证实了对任意正整数 $k\geqslant 2$,存在无限多组正整数$(m_1,m_2,\cdots,m_k)$满足不等式

$$S(m_1+m_2+\cdots+m_k) > S(m_1)+S(m_2)+\cdots+S(m_k)$$

同样又存在无限多组正整数$(m_1,m_2,\cdots,m_k)$使得

$$S(m_1+m_2+\cdots+m_k) < S(m_1)+S(m_2)+\cdots+S(m_k)$$

Fu Jing 在文[5]中还证明了更强的结论,即如果正整数 $k$ 和 $m$ 满足下面三个条件之一:

(a)$k>2$ 和 $m\geqslant 1$ 均为奇数;

(b)$k\geqslant 5$ 为奇数,$m\geqslant 2$ 为偶数;

(c) 任意偶数 $k\geqslant 4$ 和任意正整数 $m$,

那么方程

$$m\cdot S(m_1+m_2+\cdots+m_k)$$
$$=S(m_1)+S(m_2)+\cdots+S(m_k)$$

有无穷多组正整数解$(m_1,m_2,\cdots,m_k)$.

此外,徐哲峰在文[6]中研究了$S(n)$值的分布问题,获得了一个更深刻的结果.即证明了下面的定理:

设$P(n)$表示$n$的最大素因子,则对任意实数$x>1$,我们有渐近公式

$$\sum_{n\leqslant x}(S(n)-P(n))^2=\frac{2Y\left(\frac{3}{2}\right)x^{\frac{3}{2}}}{3\ln x}+O\left(\frac{x^{\frac{3}{2}}}{\ln^2 x}\right)$$

其中$Y(s)$表示 Riemann $\zeta$－函数.

浙江金华职业技术学院的杜凤英教授于 2007 年研究了一个包含 Smarandache 函数$S(n)$的猜想,并解决了部分问题.具体地说,也就是对任意正整数$n$,我们讨论和式

$$\sum_{d\mid n}\frac{1}{S(d)} \tag{3}$$

是否为整数?并猜测仅有有限个正整数$n$使得式(3)为整数.进一步,我们有下面的:

**猜想**　对任意正整数$n$,$\sum_{d\mid n}\frac{1}{S(d)}$为整数,当且仅当$n=1,8$.

虽然目前我们还不能证明这一猜想,但是我们对它的正确性是深信不疑的!本章中我们利用初等方法证明了支持这一猜想的几个结论,具体地说,也就是对一些特殊的正整数,我们证明了下面的:

**定理 1**　当$n$为无平方因子数时,式(3)不可能是正整数.

**定理 2** 对任意奇素数 $p$ 及任意正整数 $T$，当 $n=p^T$ 且 $T\leqslant p$ 时，式(3) 不可能是正整数.

**定理 3** 对于任意正整数 $n$，当 $n$ 的标准分解式为 $p_1^{T_1}\cdot p_2^{T_2}\cdot\cdots\cdot p_{k-1}^{T_{k-1}}\cdot p_k$ 且 $S(n)=p_k$ 时，式(3) 不可能是正整数.

## §2 定理的证明

在这一部分，我们来完成定理的证明. 首先，证明定理 1. 为方便起见，我们解释一下无平方因子数的定义：一个正整数 $n$ 称作无平方因子数，如果 $n>1$ 且对任意素数 $p$，当 $p\mid n$ 时有 $p^2\nmid n$.

有了这个定义，我们可以直接证明定理 1. 事实上，对任意无平方因子数 $n$，可设 $n=p_1\cdot p_2\cdot\cdots\cdot p_k$ 为 $n$ 的标准分解式，其中 $p_1<p_2<\cdots<p_k$ 为素数. 于是由式(1) 我们不难看出 $S(n)=S(p_1\cdot p_2\cdot\cdots\cdot p_k)=p_k$. 当 $k=1$ 时，$n=p_1$ 为素数，此时

$$\sum_{d\mid n}\frac{1}{S(d)}=\sum_{d\mid p_1}\frac{1}{S(d)}=\frac{1}{S(1)}+\frac{1}{S(p_1)}=1+\frac{1}{p_1}\tag{4}$$

由于 $p_1>1$，所以式(4) 不可能是整数.

当 $k>1$ 时，注意到对任意 $d\mid p_1\cdot p_2\cdot\cdots\cdot p_{k-1}$，我们有 $S(dp_k)=p_k$. 于是

$$\begin{aligned}\sum_{d\mid n}\frac{1}{S(d)}&=\sum_{d\mid p_1\cdot p_2\cdot\cdots\cdot p_k}\frac{1}{S(d)}\\&=\sum_{d\mid p_1\cdot p_2\cdot\cdots\cdot p_{k-1}}\frac{1}{S(d)}+\sum_{d\mid p_1\cdot p_2\cdot\cdots\cdot p_{k-1}}\frac{1}{S(dp_k)}\end{aligned}$$

$$=\sum_{d\mid p_1\cdot p_2\cdot\cdots\cdot p_{k-1}}\frac{1}{S(d)}+\sum_{d\mid p_1\cdot p_2\cdot\cdots\cdot p_{k-1}}\frac{1}{p_k}$$

$$=\sum_{d\mid p_1\cdot p_2\cdot\cdots\cdot p_{k-1}}\frac{1}{S(d)}+\frac{2^{k-1}}{p^k}$$

$$=\cdots=\sum_{i=1}^{k}\frac{2^{i-1}}{p_i} \tag{5}$$

显然式(5)不可能是整数.若不然,假定 $\sum_{d\mid n}\frac{1}{S(d)}$ 为整数,则由式(5)知 $\sum_{i=1}^{k}\frac{2^{i-1}}{p_i}$ 也为整数.不妨设 $\sum_{i=1}^{k}\frac{2^{i-1}}{p_i}=m$,由于 $k>1$,所以 $p_k$ 为奇素数,所以 $\sum_{i=1}^{k}\frac{2^{i-1}}{p_i}-m=\frac{2^{k-1}}{p_k}$,或者

$$p_1\cdot p_2\cdot\cdots\cdot p_k\cdot\left(\sum_{i=1}^{k}\frac{2^{i-1}}{p_i}-m\right)$$

$$=p_1\cdot p_2\cdot\cdots\cdot p_{k-1}\cdot 2^{k-1} \tag{6}$$

显然式(6)左边能够被 $p_k$ 整除,而右边不能被 $p_k$ 整除,矛盾!所以式(5)不可能为整数.于是证明了定理1.

现在我们证明定理2.为此,我们需要下面一个简单的:

**引理**　对任意正整数 $n>1$,设

$$C_n=1+\frac{1}{2}+\frac{1}{3}+\cdots+\frac{1}{n}$$

则 $C_n$ 不可能为正整数.

**证明**　我们用反证法来证明这一结论.假定对某一正整数 $n>1$,$C_n$ 为整数,则可设 $C_n=m$ 以及 $i=2^{T_i}\cdot l_i$,$2\nmid l_i$,$i=1,2,\cdots,n$.现在设 $T=\max\{T_1,T_2,\cdots,T_k\}$,则 $T$ 在所有 $i=1,2,\cdots,n$ 的分解式中只出

现一次,也就是说是唯一的!若不然,则存在两个正整数$1\leqslant r,s\leqslant n$使得$T_r=T_s=T$. 由于$r\neq s$,所以$l_r\neq l_s$,从而在奇数$l_r$和$l_s$之间一定存在一个偶数,设为$2l$. 于是$1<2^T\cdot 2l=2^{T+1}\cdot l\leqslant n$,也就是存在正整数$m=2^{T_r+1}\cdot l$也介于1和$n$之间且它含2的方幂大于$T$. 这与$T$的定义矛盾!从而证明$T$是唯一的. 现在设$u=2^T\cdot l_u$,$M=2^{T-1}\cdot l_1\cdot l_2\cdot\cdots\cdot l_n$,则

$$\begin{aligned}
&M\cdot C_n\\
&=M\cdot\left(1+\frac{1}{2}+\cdots+\frac{1}{u-1}+\frac{1}{u+1}+\cdots+\frac{1}{n}\right)+\frac{M}{u}\\
&=M\cdot\left(1+\frac{1}{2}+\cdots+\frac{1}{u-1}+\frac{1}{u+1}+\cdots+\frac{1}{n}\right)+\\
&\quad\frac{l_1\cdot l_2\cdot\cdots\cdot l_n}{2l_u}
\end{aligned}\tag{7}$$

在式(7)中,假设$M\cdot C_n$为整数,而由$M$的定义可知$M\cdot\left(1+\frac{1}{2}+\cdots+\frac{1}{u-1}+\frac{1}{u+1}+\cdots+\frac{1}{n}\right)$也为整数,但是$\frac{l_1\cdot l_2\cdot\cdots\cdot l_n}{2l_u}$不是整数,矛盾!从而$C_n$不可能是正整数!引理证毕.

现在我们完成定理2的证明,对于任意奇素数$p$及正整数$T$,当$n=p^T$时,设$1\leqslant T\leqslant p$,则由式(1)不难计算出

$$\begin{aligned}
\sum_{d\mid n}\frac{1}{S(d)}&=\sum_{d\mid p^T}\frac{1}{S(d)}\\
&=\frac{1}{S(1)}+\frac{1}{S(p)}+\frac{1}{S(p^2)}+\cdots+\frac{1}{S(p^T)}\\
&=1+\frac{1}{p}\left(1+\frac{1}{2}+\cdots+\frac{1}{T}\right)
\end{aligned}\tag{8}$$

由引理及式(8) 我们立刻得到当 $n=p^T$ 且 $1\leqslant T\leqslant p$ 时，式(2) 不可能是整数. 于是证明了定理 2.

定理 3 的证明：为方便起见，设 $n=p_1^{T_1}\cdot p_2^{T_2}\cdot\cdots\cdot p_{k-1}^{T_{k-1}}\cdot p_k=u\cdot p_k$，并注意到 $S(n)=p_k$，所以我们有

$$\begin{aligned}\sum_{d\mid n}\frac{1}{S(d)}&=\sum_{d\mid u}\frac{1}{S(d)}+\sum_{d\mid u}\frac{1}{S(dp_k)}\\&=\sum_{d\mid n}\frac{1}{S(d)}+\sum_{d\mid u}\frac{1}{p_k}\\&=\sum_{d\mid u}\frac{1}{S(d)}+\frac{d(u)}{p_k}\end{aligned}\tag{9}$$

其中 $d(u)$ 为除数函数，即 $d(u)$ 表示 $u$ 的所有正因数的个数.

在式(9) 中显然当 $d\mid u$ 时，$S(d)<p_k$，所以在有理数 $\sum\limits_{d\mid u}\frac{1}{S(d)}$ 中，它的分母中不含素数 $p_k$. 因而当 $\sum\limits_{d\mid n}\frac{1}{S(d)}$ 为整数时，$\frac{d(u)}{p_k}$ 必须为整数，从而 $p_k\mid d(u)=(T_1+1)(T_2+1)\cdots(T_{k-1}+1)$，由于 $p_k$ 为素数，所以 $p_k$ 整除某一 $T_i+1$. 从而可得

$$T_i+1\geqslant p_k\tag{10}$$

由式(2) 及式(10) 知

$$S(p_i^{T_i})\geqslant(p_i-1)\cdot T_i+1\geqslant T_i+1\geqslant p_k\tag{11}$$

且 $S(p_i^{T_i})\neq p_k$，这是因为 $p_i\mid S(p_i^{T_i})$. 因而 $S(p_i^{T_i})\geqslant p_k$. 这与 $S(n)=p_k$ 矛盾，所以定理 3 成立. 于是完成了定理的证明.

## 参考文献

[1] FARRIS M, MITCHELL P. Bounding the Smarandache function[J]. Smarandache Notions Journal, 2002, 13: 37-42.

[2] WANG Y X. On the Smarandache function[C]// ZHANG W P, LI J Z, LIU D S. Research on Smarandache pronblem in number theory Ⅱ. Hexis Phoenix, AZ, 2005.

[3] LIU Y M. On the solutions of an equation invloving the Smarandache function[J]. Scientia Magna, 2006, 2(1): 76-79.

[4] JOZSEF S. On certain inequalities involving the Smarandache function[J]. Scientia Magna, 2006, 2(3): 78-80.

[5] FU J. An equation involving the Smarandache function[J]. Scientia Magna, 2006, 2(4): 83-86.

[6] 徐哲峰. Smarandache 函数的值分布性质[J]. 数学学报, 2006, 49(5): 1009-1012.

[7] SMARANDACHE F. Only problems, not solutions[M]. Chicago: Xiquan Publishing House, 1993.

# 关于 Smarandache 函数 $S(m^n)$ 的渐近性质

第3章

## §1　引言及结论

对于任意正整数 $n$，定义著名的 Smarandache 函数 $S(n)$ 为最小的正整数 $m$，使得 $n \mid m!$. 即 $S(n)=\min\{m:n \mid m!,m \in \mathbf{N}^*\}$，参见文[1]和[2]. 从 $S(n)$ 的定义，我们很容易推断出，如果 $n=p_1^{\alpha_1}p_2^{\alpha_2}\cdots p_k^{\alpha_k}$ 是 $n$ 的标准素因数分解式，那么

$$S(n)=\max_{1\leqslant i\leqslant k}\{S(p_i^{\alpha_i})\} \tag{1}$$

例如，$S(1)=1,S(2)=2,S(3)=3,S(4)=4,S(5)=5,S(6)=3,S(7)=7,S(8)=4,S(9)=6,S(10)=5,\cdots$. 关于 $S(n)$ 的算术性质，有不少学者进行过研究，获得了不少有重要理论价值的研究成果. 例如，Farris Mark 和

Mitchell Patrick 在文[3]中研究了 Smarandache 函数的有界性问题，得出了函数 $S(p^\alpha)$ 的上下界估计，即证明了

$$(p-1)\alpha+1\leqslant S(p^\alpha)\leqslant(p-1)[\alpha+1+\log_p\alpha]+1$$

王永兴教授在文[4]中研究了 $S(n)$ 的均值性质，给出了该函数均值的一个较强的渐近公式

$$\sum_{n\leqslant x}S(n)=\frac{\pi^2}{12}\frac{x^2}{\ln x}+O\left(\frac{x^2}{\ln^2 x}\right)$$

Lu Yaming[5] 研究了一个包含 $S(n)$ 的方程的可解性问题，证明了对任意正整数 $k\geqslant 2$，方程

$$S(m_1+m_2+\cdots+m_k)=S(m_1)+S(m_2)+\cdots+S(m_k)$$

有无穷多组正整数解 $(m_1,m_2,\cdots,m_k)$.

Jozsef Sandor[6] 进一步证实了对任意正整数 $k\geqslant 2$，存在无限多组正整数 $(m_1,m_2,\cdots,m_k)$ 满足不等式

$$S(m_1+m_2+\cdots+m_k)>S(m_1)+S(m_2)+\cdots+S(m_k)$$

同样又存在无限多组正整数 $(m_1,m_2,\cdots,m_k)$ 使得

$$S(m_1+m_2+\cdots+m_k)<S(m_1)+S(m_2)+\cdots+S(m_k)$$

对任意正整数 $n$，我们定义幂 $p$ 的原数函数 $S_p(n)$ 为最小的正整数 $m$，使得 $p^n\mid m!$，即

$$S_p(n)=\min\{m:p^n\mid m!,m\in\mathbf{N}^*\}$$

其中 $p$ 为素数. 例如，$S_3(1)=3$，$S_3(2)=6$，$S_3(3)=S_3(4)=9$，$\cdots$. 在文[1]的第 49 个问题中，罗马尼亚著名数论专家 F. Smarandache 教授建议我们研究序列

$\{S_p(n)\}$ 的性质. 关于这个问题，张文鹏教授和刘端森教授在文[7] 中研究了序列 $\{S_p(n)\}$ 的渐近性质，并得到了一个有趣的渐近公式，也就是对于任意给定的素数 $p$ 和任意正整数 $n$，他们证明了

$$S_p(n)=(p-1)n+O\left(\frac{p}{\ln p}\ln n\right) \tag{2}$$

徐哲峰博士在文[8] 中研究了 Riemann $\zeta$－函数与序列 $\{S_p(n)\}$ 之间的关系，给出了一个包含数列 $S_p(n)$ 的无穷级数的一个有趣的恒等式，即证明了对任意素数 $p$ 和 $\mathrm{Re}\, s>1$ 的复数 $s$，我们有恒等式

$$\sum_{n=1}^{\infty}\frac{1}{S_p^s(n)}=\frac{\zeta(s)}{p^s-1}$$

这里 $\zeta(s)$ 为 Riemann $\zeta$－函数.

同时，徐哲峰还证明了对于任意实数 $x\geqslant 1$ 有渐近公式

$$\sum_{\substack{n=1\\ S_p(n)\leqslant x}}^{\infty}\frac{1}{S_p(n)}=\frac{1}{p-1}\left(\ln x+\gamma+\frac{p\ln p}{p-1}\right)+O(x^{-\frac{1}{2}+\varepsilon})$$

这里 $\gamma$ 是 Euler 常数，$\varepsilon$ 表示任意给定的正数.

显然，函数 $S_p(n)$ 和 $S(n)$ 密切相关. 事实上，从它们的定义及其性质不难看出

$$S(p^n)=S_p(n) \tag{3}$$

因此，通过 $S_p(n)$ 的渐近性质我们可以研究 $S(m^n)$ 的渐近性质. 浙江师范大学数学物理信息工程学院的朱伟义教授于 2007 年利用这一关系研究了函数 $S(m^n)$ 的渐近性质，得到了一个较强的渐近公式，即利用初等方法以及文[7] 中的结果证明下面的：

**定理** 设 $m>1$ 为给定的正整数且标准分解式为 $m=p_1^{\alpha_1}p_2^{\alpha_2}\cdots p_k^{\alpha_k}$，则对任意正整数 $n$，我们有渐近公

式

$$S(m^n)=(p-1)\alpha n+O\left(\frac{m}{\ln m}\ln n\right)$$

其中$(p-1)\alpha=\max\limits_{1\leqslant i\leqslant k}\{(p_i-1)\alpha_i\}$.

由此定理我们立刻得到下面的：

**推论** 设 $m>1$ 为给定的正整数且标准分解式为 $m=p_1^{\alpha_1}p_2^{\alpha_2}\cdots p_k^{\alpha_k}$，那么我们有极限式

$$\lim_{n\to\infty}\frac{S(m^n)}{n}=(p-1)\alpha$$

其中$(p-1)\alpha=\max\limits_{1\leqslant i\leqslant k}\{(p_i-1)\alpha_i\}$.

## §2 定理的证明

在这一部分，我们来完成定理的证明. 为了方便起见，我们设$m=p_1^{\alpha_1}p_2^{\alpha_2}\cdots p_k^{\alpha_k}$ 是$m$ 的标准素因数分解式，则 $m^n=p_1^{\alpha_1 n}p_2^{\alpha_2 n}\cdots p_k^{\alpha_k n}$. 那么由式(1) 有

$$\begin{aligned}S(m^n)&=S(p_1^{\alpha_1 n}p_2^{\alpha_2 n}\cdots p_k^{\alpha_k n})\\&=\max_{1\leqslant i\leqslant k}\{S(p_i^{\alpha_i n})\}\end{aligned}\tag{4}$$

从 $S_p(n)$ 与 $S(n)$ 的关系式(3)，我们可得

$$S(p_i^{\alpha_i n})=S_{p_i}(\alpha_i n)$$

所以此时我们将研究函数 $S(p^n)$ 的渐近性问题转化为研究函数 $S_p(n)$ 的渐近性问题. 由上式及渐近式(2) 我们立刻得到

$$\begin{aligned}S(p_i^{\alpha_i n})&=S_{p_i}(\alpha_i n)\\&=(p_i-1)\alpha_i n+O\left(\frac{p_i}{\ln p_i}\ln(n\alpha_i)\right)\end{aligned}\tag{5}$$

不失一般性，我们可假定

$$S(p^{\alpha n}) = \max_{1\leqslant i\leqslant k}\{S(p_i^{\alpha_i n})\} = \max_{1\leqslant i\leqslant k}\{S_{p_i}(\alpha_i n)\} \qquad (6)$$

显然由渐近式(5)不难看出,对充分大的正整数 $n$,当 $(p_i-1)\alpha_i$ 最大时,$S_{p_i}(\alpha_i n)$ 最大,因而 $S(p_i^{\alpha_i n})$ 最大.因此,注意到误差项

$$O\left(\frac{p_i}{\ln p_i}\ln(n\alpha_i)\right)=O\left(\frac{m}{\ln m}\ln n\right)$$

由式(4)(5)及(6)立刻得到

$$S(m^n)=S(p^{\alpha n})=S_p(n\alpha) =(p-1)\alpha n+O\left(\frac{p}{\ln p}\ln(\alpha n)\right) =(p-1)\alpha n+O\left(\frac{m}{\ln m}\ln n\right)$$

其中 $(p-1)\alpha=\max\limits_{1\leqslant i\leqslant k}\{(p_i-1)\alpha_i\}$,于是完成了定理的证明.

## 参考文献

[1] SMARANDACHE F. Only problems, not solutions[M]. Chicago: Xiquan Publishing House, 1993.

[2] JOZSEF S. On an generalization of the Smarandache function [J]. Notes Numb. Th. Discr. Math., 1999, 5: 41-51.

[3] FARRIS M, MITCHELL P. Bounding the Smarandache function [J]. Smarandache Nations Journal, 2002, 13: 37-42.

[4] WANG Y X. On the Smarandache function[C]// ZHANG W P, LI J Z, LI D S. Research on Smarandache problem in number Theory Ⅱ. Hexis: Phoenix, AZ, 2005.

[5] LU Y M. On the solutions of an equation involving the Smarandache function[J]. Scientia Magna., 2006, 2(1): 76-79.

[6] JOZSEF S. On certain inequalities involving the Smarandache

function[J]. Scientia Magna. ,2006,2(3):78-80.

[7]ZHANG W P,LIU D S. On the primitive numbers of power $p$ and its asymptotic property[J]. Smarandache Notions Journal,2002,13:171-175.

[8]XU Z F. Some arithmetical properties of primitive numbers of power $p$[J]. Scientia Magna,2006,2(1):9-12.

# 第4章　一个包含 Smarandache 函数的复合函数

## §1　引言及结论

对于任意正整数 $n$，我们定义函数 $S(n)$ 为最小的正整数 $m$，使得 $n \mid m!$，即 $S(n)=\min\{m:n \mid m!, m\in \mathbf{N}^*\}$. 而定义函数 $Z(n)$ 为最小的正整数 $k$，使得 $n\leqslant \frac{k(k+1)}{2}$，即 $Z(n)=\min\{k:n\leqslant \frac{k(k+1)}{2}\}$. 通常我们称函数 $S(n)$ 为 Smarandache 函数，它是美籍罗马尼亚著名数论专家 Smarandache 教授在文[1]中提出的，并建议人们研究它的各种性质. 而函数 $Z(n)$ 是罗马尼亚著名数论专家 Jozsef Sandor 教授在文[2]和[3]中引入的，同时研究了它的各种初等性

质，并获得了一系列结果．从函数 $S(n)$ 的定义，我们很容易推断出，如果 $n=p_1^{\alpha_1}p_2^{\alpha_2}\cdots p_k^{\alpha_k}$ 是 $n$ 的标准素因素分解式，那么

$$S(n)=\max_{1\leqslant i\leqslant k}\{S(p_i^{\alpha_i})\} \tag{1}$$

例如，$S(1)=1$，$S(2)=2$，$S(3)=3$，$S(4)=4$，$S(5)=5$，$S(6)=3$，$S(7)=7$，$S(8)=4$，$S(9)=6$，$S(10)=5$，$\cdots$．关于 $S(n)$ 的算术性质，有许多学者进行过研究，获得了不少有重要理论价值的研究成果．例如，文[4]研究了 Smarandache 函数的有界性问题，得出了函数 $S(p^\alpha)$ 的上下界估计，即证明了

$$(p-1)\alpha+1\leqslant S(p^\alpha)\leqslant(p-1)[\alpha+1+\log_p\alpha]+1$$

文[5]研究了 $S(n)$ 的均值性质，给出了该函数均值的一个渐近公式

$$\sum_{n\leqslant x}S(n)=\frac{\pi^2x^2}{12\ln x}+O\left(\frac{x^2}{\ln^2 x}\right)$$

文[6]研究了 $S(n)$ 的值分布问题，获得了下面更深刻的结果：

设 $P(n)$ 表示 $n$ 的最大素因子，则对任意实数 $x>1$，我们有渐近公式

$$\sum_{n\leqslant x}(S(n)-P(n))^2=\frac{2\zeta\left(\frac{3}{2}\right)x^{\frac{3}{2}}}{3\ln x}+O\left(\frac{x^{\frac{3}{2}}}{\ln^2 x}\right)$$

其中 $\zeta(s)$ 表示 Riemann $\zeta-$函数．

此外，文[7]研究了一个包含 $S(n)$ 的方程的可解性，证明了对任意正整数 $k\geqslant 2$，方程

$$S(m_1+m_2+\cdots+m_k)=S(m_1)+S(m_2)+\cdots+S(m_k)$$

有无穷多组正整数解 $(m_1,m_2,\cdots,m_k)$．

后来,几位作者对文[7]做了推广和延伸,如文[3]进一步证实了对任意正整数 $k \geqslant 2$,存在无限多组正整数$(m_1, m_2, \cdots, m_k)$满足不等式

$$S(m_1 + m_2 + \cdots + m_k) > S(m_1) + S(m_2) + \cdots + S(m_k)$$

同样又存在无限多组正整数$(m_1, m_2, \cdots, m_k)$使得

$$S(m_1 + m_2 + \cdots + m_k) < S(m_1) + S(m_2) + \cdots + S(m_k)$$

文[8]还证明了更强的结论,即如果正整数 $k$ 和 $m$ 满足下面三个条件之一:

(a)$k > 2$ 和 $m \geqslant 1$ 均为奇数;

(b)$k \geqslant 5$ 为奇数,$m \geqslant 2$ 为偶数;

(c) 任意偶数 $k \geqslant 4$ 和任意正整数 $m$,

那么方程 $m \cdot S(m_1 + m_2 + \cdots + m_k) = S(m_1) + S(m_2) + \cdots + S(m_k)$ 有无穷多组正整数解 $(m_1, m_2, \cdots, m_k)$.

同时文[8]还提出,对任意正整数 $k$ 及 $m \geqslant 2$,是否存在无限正整数$(m_1, m_2, \cdots, m_k)$满足方程 $S(m_1 + m_2 + \cdots + m_k) = m \cdot (S(m_1) + S(m_2) + \cdots + S(m_k))$.

咸阳师范学院数学系的吴启斌教授于 2007 年研究了复合函数 $S(Z(n))$ 的均值问题. 关于这一内容,至今似乎没有人进行过研究,甚至也不知道它的主项是什么? 本章利用初等及解析方法首次研究了这一问题,并给出一个较强的渐近公式. 具体地说,也就是证明下面的:

**定理**　设 $k \geqslant 2$ 为给定的整数,则对任意实数 $x > 1$,我们有渐近公式

$$\sum_{n \leqslant x} S(Z(n)) = \frac{\pi^2}{18} \cdot \frac{(2x)^{\frac{3}{2}}}{\ln \sqrt{2x}} + \sum_{i=2}^{k} \frac{c_i \cdot (2x)^{\frac{3}{2}}}{\ln^i \sqrt{2x}} +$$

$$O\left(\frac{x^{\frac{3}{2}}}{\ln^{k+1} x}\right)$$

其中 $c_i(i=2,3,\cdots,k)$ 为可计算的常数.

特别地,当 $k=1$ 时我们有下面更简单的:

**推论** 对任意实数 $x>1$,我们有渐近公式

$$\sum_{n\leqslant x} S(Z(n))=\frac{\pi^2}{18}\cdot\frac{(2x)^{\frac{3}{2}}}{\ln\sqrt{2x}}+O\left(\frac{x^{\frac{3}{2}}}{\ln^2 x}\right)$$

## §2 定理的证明

这节我们用初等及解析方法直接给出定理的证明.事实上,在和式

$$\sum_{n\leqslant x} S(Z(n)) \tag{2}$$

中,注意到,如果 $Z(n)=m$,那么当 $\frac{(m-1)m}{2}+1\leqslant n\leqslant\frac{m(m+1)}{2}$ 时都有 $Z(n)=m$.也就是说,方程 $Z(n)=m$ 有 $m$ 个解 $n=\frac{(m-1)m}{2}+1,\frac{(m-1)m}{2}+2,\cdots,\frac{m(m+1)}{2}$.由于 $n\leqslant x$,所以由文[2]知当 $Z(n)=m$ 时,$m$ 满足 $1\leqslant m\leqslant\frac{\sqrt{8x+1}-1}{2}$.于是,注意到 $S(n)\leqslant n$,我们有

$$\begin{aligned}\sum_{n\leqslant x} S(Z(n)) &= \sum_{\substack{n\leqslant x\\ Z(n)=m}} S(m)\\ &= \sum_{m\leqslant\frac{\sqrt{8x+1}-1}{2}} m\cdot S(m)+O(x)\end{aligned}$$

$$=\sum_{m\leqslant\sqrt{2x}} m\cdot S(m)+O(x) \qquad (3)$$

现在我们将所有整数 $1\leqslant m\leqslant\sqrt{2x}$ 分为两个集合 $A$ 与 $B$,其中集合 $A$ 包含所有那些满足存在素数 $p$ 使得 $p\mid m$ 且 $p>\sqrt{m}$ 的正整数 $m$;而集合 $B$ 包含区间$[1,\sqrt{2x}]$中不属于集合 $A$ 的那些正整数. 于是利用性质(1),我们有

$$\begin{aligned}\sum_{n\in A} m\cdot S(m)&=\sum_{\substack{m\leqslant\sqrt{2x}\\ p\mid m,\sqrt{m}<p}} m\cdot S(m)\\&=\sum_{\substack{mp\leqslant\sqrt{2x}\\ m<p}} mp\cdot S(mp)\\&=\sum_{\substack{mp\leqslant\sqrt{2x}\\ m<p}} mp\cdot p\\&=\sum_{m\leqslant\sqrt[4]{2x}} m\sum_{m<p\leqslant\frac{\sqrt{2x}}{m}} p^2 \qquad (4)\end{aligned}$$

设 $\pi(x)=\sum_{p\leqslant x}1$. 于是利用 Abel 求和公式(参阅文[9]中的定理 4.2)、分部积分法以及素数定理(参阅文[10]第三章中的定理 2),$\pi(x)=\sum_{i=1}^{k}\frac{c_i\cdot x}{\ln^i x}+O\left(\frac{x}{\ln^{k+1}x}\right)$,其中 $c_i(i=1,2,\cdots,k)$ 为常数且 $c_1=1$. 我们有

$$\begin{aligned}\sum_{m<p\leqslant\frac{\sqrt{2x}}{m}} p^2&=\frac{2x}{m^2}\cdot c\left(\frac{\sqrt{2x}}{m}\right)-m^2\cdot\pi(m)-\int_m^{\frac{\sqrt{2x}}{m}}2y\cdot\pi(y)\mathrm{d}y\\&=\frac{1}{3}\cdot\frac{(2x)^{\frac{3}{2}}}{m^3\ln\sqrt{2x}}+\sum_{i=2}^{k}\frac{a_i\cdot(2x)^{\frac{3}{2}}\cdot\ln^i m}{m^3\cdot\ln^i\sqrt{2x}}+\\&\quad O\left(\frac{x^{\frac{3}{2}}}{m^3\ln^{k+1}x}\right) \qquad (5)\end{aligned}$$

其中 $a_i$ 为可计算的常数. 于是,注意到 $\sum\limits_{n=1}^{\infty}\frac{1}{m^2}=\frac{\pi^2}{6}$,并结合式(4) 及(5) 可得

$$\begin{aligned}
&\sum_{n\in A}S(Z(n))\\
&=\frac{1}{3}\cdot\frac{(2x)^{\frac{3}{2}}}{\ln\sqrt{2x}}\sum_{m\leqslant\sqrt[4]{2x}}\frac{1}{m^2}+\sum_{m\leqslant\sqrt[4]{2x}}\sum_{i=2}^{k}\frac{a_i\cdot(2x)^{\frac{3}{2}}\cdot\ln^i m}{m^2\cdot\ln^i\sqrt{2x}}+\\
&\quad O\left(\frac{x^{\frac{3}{2}}}{\ln^{k+1}x}\right)\\
&=\frac{\pi^2}{18}\cdot\frac{(2x)^{\frac{3}{2}}}{\ln\sqrt{2x}}+\sum_{i=2}^{k}\frac{b_i\cdot(2x)^{\frac{3}{2}}}{\ln^i\sqrt{2x}}+O\left(\frac{x^{\frac{3}{2}}}{\ln^{k+1}x}\right)
\end{aligned}\tag{6}$$

其中 $b_i$ 为可计算的常数.

现在我们讨论集合 $B$ 中的情况,由式(1) 及集合 $B$ 的定义知对任意 $m\in B$,当 $m$ 的标准分解式为 $m=p_1^{\alpha_1}\cdots p_r^{\alpha_r}$ 时,我们有

$$\begin{aligned}
S(m)&=\max_{1\leqslant i\leqslant r}\{S(p_i^{\alpha_i})\}\\
&\leqslant\max_{1\leqslant i\leqslant r}\{\alpha_i p_i\}\\
&\leqslant\sqrt{m}\cdot\ln m
\end{aligned}\tag{7}$$

于是由式(7),我们有

$$\begin{aligned}
\sum_{m\in B}m\cdot S(m)&\leqslant\sum_{m\in B}m\cdot\sqrt{m}\cdot\ln m\\
&\leqslant\sum_{m\leqslant\sqrt{2x}}m^{\frac{3}{2}}\cdot\ln m\\
&\leqslant x^{\frac{5}{4}}\ln x
\end{aligned}\tag{8}$$

由集合 $A$ 及 $B$ 的定义并结合式(3)(6) 及(8),我们有

$$\begin{aligned}
\sum_{n\leqslant x}S(Z(n))&=\sum_{m\leqslant\sqrt{2x}}m\cdot S(m)+O(x)\\
&=\sum_{n\in A}m\cdot S(m)+\sum_{n\in B}m\cdot S(m)+O(x)
\end{aligned}$$

$$=\frac{\pi^2}{18}\cdot\frac{(2x)^{\frac{3}{2}}}{\ln\sqrt{2x}}+\sum_{i=2}^{k}\frac{b_i\cdot(2x)^{\frac{3}{2}}}{\ln^i\sqrt{2x}}+O\left(\frac{x^{\frac{3}{2}}}{\ln^{k+1}x}\right)$$

其中 $b_i(i=2,3,\cdots,k)$ 为可计算的常数. 于是完成了定理的证明.

## 参考文献

[1]SMARANDACHE. Only problems, not solutions[M]. Chicago: Xiquan Publishing House, 1993.

[2]JOZSEF S. On certain inequalities involving the Smarandache function[J]. Scientia Magna, 2006, 2(3): 78-80.

[3]JOZSEF S. On additive analogues of certain arithmetical function[J]. Smarandache Notions Journal, 2004, 14(1): 128-132.

[4]FARRIS M, Mitchell P. Bounding the Smarandache function [J]. Smarandache Notions Journal, 2002, 13(1): 37-42.

[5]WANG Y X. Research on Smarandache problem in number theory[M]. Phoenix, USA: Hexis, 2005.

[6]徐哲峰. Smarandache 函数的值分布性质[J]. 数学学报, 2006, 49(5): 1009-1012.

[7]LIU Y M. On the solutions of an equation involing the Smarandache function[J]. Scientia Magna, 2006, 2(1): 76-79.

[8]FU J. An equation involving the Smarandache function[J]. Scientia Magna, 2006, 2(4): 83-86.

[9]TOM M A. Intorduction to analytic number theory[M]. New York: Springer-Verlag, 1976.

[10]潘承洞, 潘承彪. 素数定理的初等证明[M]. 上海: 上海科学技术出版社, 1988.

# 关于 Smarandache 对偶函数

第5章

## §1 引言及结论

定义 Smarandache 对偶函数 $S^*(n)$ 为最大的正整数 $m$，使得 $m! \mid n$，其中 $n$ 为任意的正整数，也就是

$$S^*(n) = \max\{m : m! \mid n, m \in \mathbf{N}^*\}$$

关于这个问题，不少作者做过研究，并且得到了一些有意义的结论. 例如，在文[1]中，J. Sandor 做了这样一个猜想，即提出了对正整数 $k$ 和在 $2k+1$ 之后的第一个素数 $q$ 有

$$S^*((2k-1)!(2k+1)!) = q-1$$

后来这个命题被文[2]所证实.

在文[3]中，李洁研究了一个包含 $S^*(n)$ 的无穷级数的敛散性，并获得了一个恒等式. 即对任意的实数 $\alpha \leqslant 1$，无穷级数 $\sum_{n=1}^{\infty} \frac{S^*(n)}{n^\alpha}$ 是发散的，当 $\alpha > 1$ 时是收敛的，而且

$$\sum_{n=1}^{\infty}\frac{S^{*}(n)}{n^{\alpha}}=\zeta(\alpha)\cdot\sum_{n=1}^{\infty}\frac{1}{(n!)^{\alpha}}$$

其中 $\zeta(\alpha)$ 是 Riemann $\zeta$－函数.

西安邮电学院应用数理系的苟素和西北大学数学系的杜晓英两位教授定义了另一种双阶乘函数 $S^{**}(n)$，如下

$$S^{**}(n)=\begin{cases}\max\{2m-1:(2m-1)!!\mid n,m\in\mathbf{N}^{*}\},2\nmid n\\ \max\{2m:(2m)!!\mid n,m\in\mathbf{N}^{*}\},2\mid n\end{cases}$$

他们发现这个函数与 $S^{*}(n)$ 有着非常相似的性质. 在本章中，就是想说明这一点，利用初等方法研究 $\sum_{n=1}^{\infty}\frac{S^{**}(n)}{n^{s}}$ 的收敛性质，并给出一个有趣的恒等式. 即证明下面的定理.

**定理**　对于任意实数 $s>1$，无穷级数 $\sum_{n=1}^{\infty}\frac{S^{**}(n)}{n^{s}}$ 是收敛的，且

$$\sum_{n=1}^{\infty}\frac{S^{**}(n)}{n^{s}}$$

$$=\zeta(s)\left(1-\frac{1}{2^{s}}\right)\left(1+\sum_{m=1}^{\infty}\frac{2}{((2m+1)!!)^{s}}\right)+$$

$$\zeta(s)\sum_{m=1}^{\infty}\frac{2}{((2m)!!)^{s}}$$

其中 $\zeta(s)$ 是 Riemann $\zeta$－函数.

由上面的定理我们立刻获得下面的推论.

**推论**　当 $s=2,4$ 时，我们有恒等式：

(i) $$\sum_{n=1}^{\infty}\frac{S^{**}(n)}{n^{2}}=\frac{\pi^{2}}{4}\sum_{m=1}^{\infty}\frac{1}{((2m+1)!!)^{2}}+\frac{\pi^{2}}{3}\sum_{m=1}^{\infty}\frac{1}{((2m)!!)^{2}}+\frac{\pi^{2}}{8};$$

(ii) $\sum_{n=1}^{\infty} \frac{S^{**}(n)}{n^4} = \frac{\pi^4}{48}\sum_{m=1}^{\infty} \frac{1}{((2m+1)!!)^4} + \frac{\pi^4}{45}\sum_{m=1}^{\infty} \frac{1}{((2m)!!)^4} + \frac{\pi^4}{96}$.

## §2 定理的证明

首先,如果 $s>1$,由 $S^{**}(n) \ll \ln n$ 可得 Dirichlet 级数 $\sum_{n=1}^{\infty} \frac{S^{**}(n)}{n^s}$ 是收敛的,且

$$\sum_{n=1}^{\infty} \frac{S^{**}(n)}{n^s} = \sum_{\substack{n=1\\ 2\nmid n}}^{\infty} \frac{S^{**}(n)}{n^s} + \sum_{\substack{n=1\\ 2\mid n}}^{\infty} \frac{S^{**}(n)}{n^s}$$

由 $S^{**}(n)$ 的定义知当 $n$ 为奇数时,如果 $S^{**}(n)=2m-1$,则 $(2m-1)!!\mid n$.我们令 $n=(2m-1)!!\cdot n_1$ 且 $(2m+1)\nmid n_1$.那么对于任意实数 $s>1$,我们有

$$\begin{aligned}
&\sum_{\substack{n=1\\ 2\nmid n}}^{\infty} \frac{S^{**}(n)}{n^s}\\
=&\sum_{m=1}^{\infty} \sum_{\substack{n=1\\ 2\nmid n\\ S^{**}(n)=2m-1}}^{\infty} \frac{2m-1}{n^s}\\
=&\sum_{m=1}^{\infty} \sum_{\substack{n=1\\ 2\nmid n\\ (2m+1)\nmid n}}^{\infty} \frac{2m-1}{((2m-1)!!)^s\cdot n^s}\\
=&\sum_{m=1}^{\infty} \frac{2m-1}{((2m-1)!!)^s} \sum_{\substack{n=1\\ 2\nmid n\\ (2m+1)\nmid n}}^{\infty} \frac{1}{n^s}\\
=&\left(\sum_{m=1}^{\infty} \frac{2m-1}{((2m-1)!!)^s}\right)\left(\sum_{\substack{n=1\\ 2\nmid n}}^{\infty} \frac{1}{n^s} - \sum_{\substack{n=1\\ 2\nmid n}}^{\infty} \frac{1}{(2m+1)^s\cdot n^s}\right)
\end{aligned}$$

$$=\left(\sum_{\substack{n=1\\2\nmid n}}^{\infty}\frac{1}{n^s}\right)\left(\sum_{m=1}^{\infty}\frac{2m-1}{((2m-1)!!)^s}-\sum_{m=1}^{\infty}\frac{2m-1}{((2m+1)!!)^s}\right)$$

$$=\left(\sum_{\substack{n=1\\2\nmid n}}^{\infty}\frac{1}{n^s}\right)\cdot$$

$$\left(1+\sum_{m=1}^{\infty}\frac{2m+1}{((2m+1)!!)^s}-\sum_{m=1}^{\infty}\frac{2m-1}{((2m+1)!!)^s}\right)$$

$$=\left(\sum_{\substack{n=1\\2\nmid n}}^{\infty}\frac{1}{n^s}\right)\left(1+\sum_{m=1}^{\infty}\frac{2}{((2m+1)!!)^s}\right)$$

$$=\zeta(s)\left(1-\frac{1}{2^s}\right)\left(1+\sum_{m=1}^{\infty}\frac{2}{((2m+1)!!)^s}\right)\tag{1}$$

当 $n$ 为偶数时，如果 $S^{**}=2m$，则 $(2m)!!\mid n$. 现在我们令 $n=(2m)!!\cdot n_2$ 且 $(2m+2)\nmid n_2$. 那么对于任意实数 $s>1$，我们有

$$\sum_{\substack{n=1\\2\mid n}}^{\infty}\frac{S^{*}(n)}{n^s}$$

$$=\sum_{m=1}^{\infty}\sum_{\substack{n=1\\2\mid n\\S^{**}(n)=2m}}^{\infty}\frac{2m}{n^s}$$

$$=\sum_{m=1}^{\infty}\sum_{\substack{n=1\\(2m+2)\nmid n}}^{\infty}\frac{2m}{((2m)!!)^s\cdot n^s}$$

$$=\sum_{m=1}^{\infty}\frac{2m}{((2m)!!)^s}\sum_{\substack{n=1\\(2m+2)\nmid n}}^{\infty}\frac{1}{n^s}$$

$$=\left(\sum_{m=1}^{\infty}\frac{2m}{((2m)!!)^s}\right)\left(\sum_{n=1}^{\infty}\frac{1}{n^s}-\sum_{n=1}^{\infty}\frac{1}{(2m+2)^s\cdot n^s}\right)$$

$$=\left(\sum_{n=1}^{\infty}\frac{1}{n^s}\right)\left(\sum_{m=1}^{\infty}\frac{2m}{((2m)!!)^s}-\sum_{m=1}^{\infty}\frac{2m}{((2m+2)!!)^s}\right)$$

$$=\left(\sum_{n=1}^{\infty}\frac{1}{n^s}\right)\left(1+\sum_{m=1}^{\infty}\frac{2}{((2m+2)!!)^s}\right)$$

$$=\zeta(s)\left(1+\sum_{m=1}^{\infty}\frac{2}{((2m+2)!!)^s}\right)$$

$$=\zeta(s)\sum_{m=1}^{\infty}\frac{2}{((2m)!!)^s} \tag{2}$$

结合式(1) 和式(2) 立刻得到

$$\sum_{n=1}^{\infty}\frac{S^{**}(n)}{n^s}$$

$$=\sum_{\substack{n=1\\2\nmid n}}^{\infty}\frac{S^{**}(n)}{n^s}+\sum_{\substack{n=1\\2\mid n}}^{\infty}\frac{S^{**}(n)}{n^s}$$

$$=\zeta(s)\left(1-\frac{1}{2^s}\right)\left(1+\sum_{m=1}^{\infty}\frac{2}{((2m+1)!!)^s}\right)+$$

$$\zeta(s)\sum_{m=1}^{\infty}\frac{2}{((2m)!!)^s}$$

于是就完成了定理的证明.

当 $s=2,4$ 时,注意到 $\zeta(2)=\frac{\pi^2}{6}$,$\zeta(4)=\frac{\pi^4}{90}$(见文[4] 和[5]),我们容易算出下面的式子

$$\sum_{n=1}^{\infty}\frac{S^{**}(n)}{n^2}$$

$$=\zeta(2)\cdot\frac{3}{4}\left(1+\sum_{m=1}^{\infty}\frac{2}{((2m+1)!!)^2}\right)+$$

$$\zeta(2)\sum_{m=1}^{\infty}\frac{2}{((2m)!!)^2}$$

$$=\frac{\pi^2}{8}\left(1+\sum_{m=1}^{\infty}\frac{2}{((2m+1)!!)^2}\right)+$$

$$\frac{\pi^2}{6}\sum_{m=1}^{\infty}\frac{2}{((2m)!!)^2}$$

$$=\frac{\pi^2}{4}\sum_{m=1}^{\infty}\frac{1}{((2m+1)!!)^2}+$$

$$\frac{\pi^2}{3}\sum_{m=1}^{\infty}\frac{1}{((2m)!!)^2}+\frac{\pi^2}{8}$$

及

$$\sum_{n=1}^{\infty}\frac{S^{**}(n)}{n^4}=\frac{\pi^4}{48}\sum_{m=1}^{\infty}\frac{1}{((2m+1)!!)^4}+\frac{\pi^4}{45}\sum_{m=1}^{\infty}\frac{1}{((2m)!!)^4}+\frac{\pi^4}{96}$$

## 参考文献

[1] SANDOR J. On certain generalizations of the Smarandache function[J]. Smarandache Notions Journal, 2000, 11: 202-212.

[2] LE M H. A conjecture concerning the Smarandache dual functions[J]. Smarandache Notions Journal, 2004, 14: 153-155.

[3] LI J. On Smarandache dual functions[J]. Scientia Magna, 2006 (2): 111-113.

[4] TOM M A. Introduction to Analytic Number Theory[M]. New York: Springer-Verlag, 1976.

[5] 赵院娥. 一个新的数论函数及其均值[J]. 纯粹数学与应用数学, 2006, 22(2): 163-166.

# 第6章 关于 Smarandache 函数的奇偶性

## §1 引言及结论

对任意正整数 $n$，我们定义著名的 Smarandach 函数 $S(n)$ 为最小的正整数 $m$，使得 $n \mid m!$，即 $S(n)=\min\{m:n \mid m!,m \in \mathbf{N}^*\}$. 这一函数是美籍罗马尼亚著名数论专家 Smarandache 教授在他所著的书中引入的[1]，并建议人们研究它的性质！从 $S(n)$ 的定义人们容易推出如果 $n=p_1^{\alpha_1}p_2^{\alpha_2}\cdots p_r^{\alpha_r}$ 表示 $n$ 的标准分解式，那么 $S(n)=\max\limits_{1\leqslant i\leqslant r}\{S(p_i^{\alpha_i})\}$. 由此我们也不难计算出 $S(n)$ 的前几个值为：$S(1)=1$，$S(2)=2$，$S(3)=3$，$S(4)=4$，$S(5)=5$，$S(6)=3$，$S(7)=7$，$S(8)=4$，$S(9)=6$，$S(10)=5$，$S(11)=11$，$S(12)=4$，$S(13)=13$，$S(14)=7$，$S(15)=5$，$S(16)=6$，…. 关于 $S(n)$ 的

算术性质，许多学者进行了研究，获得了不少有趣的结果[3-6,9-10]. 例如，文[3]研究了一类包含 $S(n)$ 方程的可解性，证明了该方程有无穷多组正整数解，即证明了对任意正整数 $k \geqslant 2$，方程

$$S(m_1+m_2+\cdots+m_k)$$
$$=S(m_1)+S(m_2)+\cdots+S(m_k)$$

有无穷多组正整数解 $(m_1,m_2,\cdots,m_k)$.

文[4]进一步证明了对任意正整数 $k \geqslant 2$，存在无穷多组正整数 $(m_1,m_2,\cdots,m_k)$ 满足不等式

$$S(m_1+m_2+\cdots+m_k)$$
$$>S(m_1)+S(m_2)+\cdots+S(m_k)$$

同时，又存在无穷多组正整数 $(m_1,m_2,\cdots,m_k)$ 满足不等式

$$S(m_1+m_2+\cdots+m_k)$$
$$<S(m_1)+S(m_2)+\cdots+S(m_k)$$

此外，文[5]获得了有关 $S(n)$ 的一个重要的结果！也就是证明了渐近公式

$$\sum_{n\leqslant x}(S(n)-P(n))^2=\frac{2\zeta\left(\frac{3}{2}\right)x^{\frac{3}{2}}}{3\ln x}+O\left(\frac{x^{\frac{3}{2}}}{\ln^2 x}\right)$$

其中 $P(n)$ 表示 $n$ 的最大素因子，$\zeta(s)$ 表示 Riemann $\zeta$－函数.

现在我们令 $OS(n)$ 表示区间 $[1,n]$ 中 $S(n)$ 为奇数的正整数 $n$ 的个数；$ES(n)$ 表示区间 $[1,n]$ 中 $S(n)$ 为偶数的正整数 $n$ 的个数. 在文[2]中，Kenichiro Kashihara 提出了下面的问题

$$\lim_{n\to\infty}\frac{ES(n)}{OS(n)}$$

是否存在？如果存在，确定其极限.

关于这一问题，至今似乎没有人研究过，至少我们没有看到过有关这方面的论文. 陕西教育学院数理系的熊文井教授于 2008 年利用初等方法研究了这一问题，并得到了彻底解决！具体地说，也就是证明了下面的定理.

**定理**　对任意正整数 $n>1$，我们有估计式

$$\frac{ES(n)}{OS(n)}=O\left(\frac{1}{\ln n}\right)$$

显然这是一个比解决文[2] 中的问题更强的结论. 由此定理我们立刻得到下面的推论.

**推论**　对任意正整数 $n$，我们有极限

$$\lim_{n\to\infty}\frac{ES(n)}{OS(n)}=0$$

## §2　定理的证明

这节我们利用初等方法给出定理的直接证明. 首先，我们估计 $ES(n)$ 的上界. 事实上，当 $n>1$ 时，设 $n=p_1^{\alpha_1}p_2^{\alpha_2}\cdots p_r^{\alpha_r}$ 表示 $n$ 的标准分解式，那么由函数 $S(n)$ 的定义及性质可设 $S(n)=S(p_i^{\alpha_i})=m\cdot p_i$. 若 $m=1$，那么 $S(n)=p_i$ 为奇数，除非 $n=2$. 令 $M=\ln n$，于是我们有

$$\begin{aligned}ES(n)&=\sum_{\substack{k\leqslant n\\2\mid S(k)}}1\leqslant 1+\sum_{\substack{k\leqslant n\\S(k)=S(p^{\alpha}),\alpha\geqslant 2}}1\\&\leqslant 1+\sum_{S(k)\leqslant M}1+\sum_{\substack{kp^{\alpha}\leqslant n\\ \alpha p>M,\alpha\geqslant 2}}1\end{aligned}\tag{1}$$

现在我们分别估计式(1) 中的各项，显然有

$$\begin{aligned}
\sum_{\substack{kp^{\alpha}\leqslant n\\ \alpha p>M,\alpha\geqslant 2}} 1 &\leqslant \sum_{\substack{kp^{2}\leqslant n\\ 2p>M}} 1+\sum_{\substack{kp^{\alpha}\leqslant n\\ \alpha p>M,\alpha\geqslant 3}} 1\\
&\leqslant \sum_{\frac{M}{2}<p\leqslant\sqrt{n}}\sum_{k\leqslant\frac{n}{p^{2}}}1+\sum_{\substack{p^{\alpha}\leqslant n\\ \alpha p>M,\alpha\geqslant 3}}\sum_{k\leqslant\frac{n}{p^{\alpha}}}1\\
&\ll \sum_{\frac{M}{2}<p\leqslant\sqrt{n}}\frac{n}{p^{2}}+\sum_{\substack{p^{\alpha}\leqslant n\\ \alpha p>M,\alpha\geqslant 3}}\frac{n}{p^{\alpha}}\\
&\ll \frac{n}{\ln n}+\sum_{\substack{p\leqslant\sqrt{n}\\ \alpha p>M,\alpha\geqslant p}}\frac{n}{p^{\alpha}}+\sum_{\substack{p\leqslant\sqrt{n}\\ \alpha p>M,3\leqslant\alpha<p}}\frac{n}{p^{\alpha}}\\
&\ll \frac{n}{\ln n}+\sum_{\substack{p\leqslant\sqrt{n}\\ \alpha>\sqrt{M}}}\frac{n}{p^{\alpha}}+\sum_{\substack{p\leqslant\sqrt{n}\\ p>\sqrt{M},\alpha\geqslant 3}}\frac{n}{p^{\alpha}}\\
&\ll \frac{n}{\ln n}+\frac{n}{2^{\sqrt{M}-1}}+\frac{n}{M}\ll\frac{n}{\ln n}
\end{aligned}\tag{2}$$

对于式(1)中的另一项，我们需要采取新的估计方法. 对任意素数 $p\leqslant M$，令 $\alpha(p)=\left[\frac{M}{p-1}\right]$，即 $\alpha(p)$ 表示不超过 $\frac{M}{p-1}$ 的最大整数. 设 $u=\prod_{p\leqslant M}p^{\alpha(p)}$. 对任意满足 $S(k)\leqslant M$ 的正整数 $k$，设 $S(k)=S(p^{\alpha})$，则由 $S(k)$ 的定义一定有 $p^{\alpha}\mid M!$，从而

$$\alpha\leqslant\sum_{j=1}^{\infty}\left[\frac{M}{p^{j}}\right]\leqslant\frac{M}{p-1}$$

所以所有满足 $S(k)\leqslant M$ 的正整数 $k$ 一定整除 $u$，所有这样的 $k$ 的个数不会超过 $u$ 的正因数的个数，即 $d(u)$. 所以我们有

$$\begin{aligned}
\sum_{S(k)\leqslant M}1 &\leqslant \sum_{d\mid u}1\\
&=\prod_{p\leqslant M}(1+\alpha(p))\\
&=\prod_{p\leqslant M}\left(1+\left[\frac{M}{p-1}\right]\right)
\end{aligned}$$

$$=\exp\left(\sum_{p\leqslant M}\ln\left(1+\left[\frac{M}{p-1}\right]\right)\right) \tag{3}$$

其中 $\exp(y)=e^y$.

由素数定理的两种形式(参阅文[7]和[8])

$$\pi(M)=\sum_{p\leqslant M}1=\frac{M}{\ln M}+O\left(\frac{M}{\ln^2 M}\right)$$

及

$$\sum_{p\leqslant M}\ln p=M+O\left(\frac{M}{\ln M}\right)$$

可得

$$\begin{aligned}
&\sum_{p\leqslant M}\ln\left(1+\left[\frac{M}{p-1}\right]\right)\\
\leqslant&\sum_{p\leqslant M}\ln\left(1+\frac{M}{p-1}\right)\\
=&\sum_{p\leqslant M}\left[\ln(p-1+M)-\ln p-\ln\left(1-\frac{1}{p}\right)\right]\\
\leqslant&\pi(M)\cdot\ln(2M)-\sum_{p\leqslant M}\ln p+\sum_{p\leqslant M}\frac{1}{p}\\
=&\frac{M\cdot\ln(2M)}{\ln M}-M+O\left(\frac{M}{\ln M}\right)\\
=&O\left(\frac{M}{\ln M}\right)
\end{aligned} \tag{4}$$

注意到 $M=\ln n$,由式(3)及(4)立刻得到估计式

$$\sum_{S(k)\ll M}1\ll\exp\left(\frac{c\cdot\ln n}{\ln\ln n}\right) \tag{5}$$

其中 $c$ 为一正常数.

注意到 $\exp\left(\frac{c\cdot\ln n}{\ln\ln n}\right)\ll\frac{n}{\ln n}$,于是结合式(1)(2)及(5)立刻推出估计式

$$ES(n)=\sum_{\substack{k\leqslant n\\ 2\mid S(k)}}1=O\left(\frac{n}{\ln n}\right)$$

显然 $OS(n)+ES(n)=n$,所以由上式可得

$$OS(n)=n-ES(n)=n-O\left(\frac{n}{\ln n}\right)$$

从而

$$\frac{ES(n)}{OS(n)}=\frac{O\left(\frac{n}{\ln n}\right)}{n-O\left(\frac{n}{\ln n}\right)}=O\left(\frac{1}{\ln n}\right)$$

于是完成了定理的证明.

## 参 考 文 献

[1]SMARANDACHE F. Only problems, not solutions[M]. Chicago:Xiquan Publishing House,1993.

[2]KENICHIRO K. Comments and topics on Smarandache notions and problems[M]. USA:Erhus University Press,1996.

[3]LU Y M. On the solutions of an equation involving the Smarandache function[J]. Scientia Magna,2006,2(1):76-79.

[4]JOZSEF S. On a dual of the Pseudo-Smarandache function[J]. Smarandache Notions(Book series),2002,13:16-23.

[5]徐哲峰. 关于 Smarandache 函数的值分布[J]. Acta Mathematica Sinica,2006,49(5):1009-1012.

[6]LE M H. Two function equations[J]. Smarandache Notions Journal,2004,14:180-182.

[7]TOM M A. Introduction to analytic Number Theory[J]. New York:Springer-Verlag,1976.

[8]张文鹏. 初等数论[M]. 西安:陕西师范大学出版社,2007.

[9]杜凤英. 关于 Smarandache 函数 $S(n)$的一个猜想[J]. 纯粹数学与应用数学,2007,23(2):205-208.

[10]薛社教. 一个新的算术函数及其均值[J]. 纯粹数学与应用数学,2007,23(3):351-354.

# 关于伪 Smarandache 函数的一个问题

第7章

## §1 引言及结论

对任意正整数 $n$，定义著名的伪 Smarandache 函数 $Z(n)$ 为最小的正整数 $m$，使得 $n\left|\frac{m(m+1)}{2}\right.$，也就是

$$Z(n)=\min\left\{m:n\left|\frac{m(m+1)}{2}\right.,m\in\mathbf{N}^*\right\}$$

其中 $\mathbf{N}^*$ 表示所有正整数的集合. 例如，$Z(n)$ 的前几个值为 $Z(1)=1$, $Z(2)=3$, $Z(3)=2$, $Z(4)=7$, $Z(5)=4$, $Z(6)=3$, $Z(7)=6$, $Z(8)=15$, $Z(9)=8$, $Z(10)=4$, $Z(11)=10$, $Z(12)=8$, $Z(13)=12$, $Z(14)=7$, $Z(15)=5$, $Z(16)=31$, $Z(17)=16$, $Z(18)=8$, $Z(19)=18$, $Z(20)=15$, $\cdots$. 这一函数是 David Gorski 在文[1]中提出的，

同时他也研究了 $Z(n)$ 的一些初等性质，获得了 $Z(n)$ 的一系列特殊值的计算公式. 其中部分结果如下：

(a) 如果 $p>2$ 是一个素数，那么对任意正整数 $\alpha$ 有 $Z(p^\alpha)=p^\alpha-1$；

(b) 如果 $n=2^k$，那么 $Z(n)=2^{k+1}-1$；

(c) 设 $p>2$ 为素数，$\alpha$ 为任意正整数，那么 $Z(2p^\alpha)=p^\alpha$，如果 $p^\alpha\equiv 3(\bmod 4)$；$Z(2p^\alpha)=p^\alpha-1$，如果 $p^\alpha\equiv 1(\bmod 4)$.

其他有关伪 Smarandache 函数的研究工作可参阅文[2]～[6]，[9]～[10]. 在文[3]中，Kenichiro Kashihara 建议我们求所有正整数 $n$ 使得伪 Smarandache 函数 $Z(n)$ 为 $n$ 的原根. 关于这一问题，至今似乎没有研究，至少我们没有看到相关的论文！通过数值检验我们发现这样的正整数 $n$ 虽然很少，然而是存在的！正像 Kenichiro Kashihara 所指出的，$Z(4)=7$ 是 4 的一个原根；$Z(3)=2$ 是 3 的一个原根. 除了这两个正整数外，是否还有其他正整数 $n$ 使得 $Z(n)$ 为 $n$ 的原根？渭南师范学院数学系的杨明顺教授利用初等方法研究了这一问题，并得到了彻底解决！具体地说，也就是证明了下面的：

**定理**　设 $n$ 是存在原根的任意正整数，则伪 Smarandache 函数 $Z(n)$ 为 $n$ 的原根，当且仅当 $n=2$，3，4.

## §2　定理的证明

这节我们利用初等方法来完成定理的证明. 首先，

我们介绍一下原根的定义及其他的存在性. 设 $n>1$ 为正整数, $a$ 为任意整数且 $(a,n)=1$, 则由初等数论中著名的 Euler 定理可知 $a^{\phi(n)}\equiv 1(\bmod n)$, 其中 $\phi(n)$ 为 Euler 函数, 即 $\phi(n)$ 表示不超过 $n$ 且与 $n$ 互素的正整数的个数. 因此当 $(a,n)$ 互素时, 至少存在一个正整数 $m$ 使得 $a^m\equiv 1(\bmod n)$. 设满足同余式 $a^m\equiv 1(\bmod n)$ 的最小正整数为 $m$. 则当 $m=\phi(n)$ 时, 称 $a$ 为模 $n$ 的原根. 然而, 并非所有正整数 $n$ 都有原根. 事实上, 关于原根的存在性, 我们有下面的:

**引理**　设 $m>1$ 为任意正整数, 则模 $m$ 存在原根, 当且仅当 $m=2,4,p^\alpha,2p^\alpha$, 其中 $p$ 为奇素数, $\alpha$ 为正整数.

**证明**　参阅文[7]或者[8]中第 6 章的定理 4.

现在我们应用这一引理来完成定理的证明. 显然 $Z(2)=3$ 是 2 的一个原根; $Z(4)=7$ 是 4 的一个原根. 现在考虑 $n=p^\alpha$, 其中 $p$ 为奇素数. 若 $Z(n)$ 是模 $n=p^\alpha$ 的原根, 则由 $Z(n)$ 的定义及性质知 $Z(n)=p^\alpha-1$, 所以 $p^\alpha-1$ 为模 $n=p^\alpha$ 的原根! 又由于

$$Z^2(n)=(p^\alpha-1)^2\equiv 1(\bmod p^\alpha)$$

且 $p^\alpha-1$ 为模 $n=p^\alpha$ 的原根, 所以

$$2=\phi(p^\alpha)=p^{\alpha-1}(p-1)$$

由此式立刻推出 $\alpha=1, p-1=2$. 也就是 $n=2+1=3$. 因此当 $n=p^\alpha$ ($p$ 为奇素数) 时, $Z(n)$ 为 $n$ 的原根, 当且仅当 $n=p=3$.

当 $n=2p^\alpha$ 时, 注意到前面列出的 $Z(n)$ 的性质(c)我们分两种情况讨论:

(1) 若 $p^\alpha\equiv 3(\bmod 4)$, 则由 $Z(n)$ 的定义及性质可得 $Z(n)=p^\alpha$. 因为 $(p^\alpha,2p^\alpha)=p^\alpha>1$, 所以 $Z(n)=$

$p^\alpha$ 不可能为 $n=2p^\alpha$ 的原根.

(2) 若 $p^\alpha\equiv 1(\bmod 4)$,则由 $Z(n)$ 的定义及性质可得 $Z(n)=p^\alpha-1$. 因为$(p^\alpha-1,2p^\alpha)=2>1$,所以 $Z(n)=p^\alpha-1$ 也不可能为 $n=2p^\alpha$ 的原根.

综合以上结果以及 $n$ 的原根存在定理我们立刻推出 $Z(n)$ 为 $n$ 的原根,当且仅当 $n=2,3,4$. 于是完成了定理的证明.

## 参考文献


[1]DAVID G. The pseudo Smarandache function[J]. Smarandache Notions Journal,2002,13:140-149.

[2]SMARANDACHE F. Only problems, not solutions[M]. Chicago:Xiquan Publishing House,1993.

[3]KENICHIRO K. Comments and topics on Smarandache notions and problems[M]. USA: Erhus University Press, 1996.

[4]LIU Y N. On the Smarandache pseudo number sequence[J]. Chinese Quarterly Journal of Mathematics,2006,10(4):42-59.

[5]LOU Y B. On the pseudo Smarandache function[J]. Scientia Magna. ,2007,3(4):48-50.

[6]ZHENG Y N. On the pseudo Smarandache function and its two conjectures[J]. Scientia Magna. ,2007,3(4):50-53.

[7]张文鹏. 初等数论[M]. 西安:陕西师范大学出版社,2007.

[8]闵嗣鹤,严士健. 初等数论[M]. 北京:高等教育出版社,1982.

[9]杜凤英. 关于 Smarandache 函数 $S(n)$的一个猜想[J]. 纯粹数学与应用数学,2007,23(2):205-208.

[10]薛社教. 一个新的算术函数及其均值[J]. 纯粹数学与应用数学,2007,23(3):351-354.

# 关于 Smarandache 二重阶乘函数的值分布问题

# 第 8 章

## §1 引言及结论

对任意正整数 $n$，定义著名的 Smarandache 二重阶乘函数 $SDF(n)$ 为最小的正整数 $m$，使得 $m!!$ 能够被 $n$ 整除，其中二重阶乘函数

$$m!! = \begin{cases} 1 \cdot 3 \cdot 5 \cdot \cdots \cdot m & (m \text{ 是奇数}) \\ 2 \cdot 4 \cdot 6 \cdot \cdots \cdot m & (m \text{ 是偶数}) \end{cases}$$

例如，$SDf(n)$ 的前几个值分别是 $SDF(1)=1$，$SDF(2)=2$，$SDF(3)=3$，$SDF(4)=4$，$SDF(5)=5$，$SDF(6)=6$，$SDF(7)=7$，$SDF(8)=4$，$SDF(9)=9$，$SDF(10)=10$，$SDF(11)=11$，$SDF(12)=6$.

在文[1]和[2]中，Smarandache 教授建议我们研究函数 $SDF(n)$ 的性质. 关于这一问题，一些作者进行了研究，获得了不少有趣的结果. 例如文[3]中，证明了对任意实数 $x>1$ 及给定的正整数 $k$，我们有渐近公式

$$\sum_{n\leqslant x}(SDF(n)-P(n))^2=\frac{\zeta(3)}{24}\frac{x^3}{\ln x}+\sum_{i=2}^{k}\frac{c_i\cdot x^3}{\ln^i x}+O\left(\frac{x^3}{\ln^{k+1}x}\right)$$

其中 $P(n)$ 表示正整数 $n$ 的最大素因子，所有 $c_i(i=1,2,\cdots,k)$ 是可计算的常数.

其他与 Smarandache 二重阶乘函数有关的内容见文[4]～[6]. 例如，文[4]研究了 Smarandache 函数 $S(n)$ 的值分布问题，证明了下面的结论：设 $P(n)$ 表示 $n$ 的最大素因子，那么对任意实数 $x>1$，我们有渐近公式

$$\sum_{n\leqslant x}(S(n)-P(n))^2=\frac{2\zeta\left(\frac{3}{2}\right)x^{\frac{3}{2}}}{3\ln x}+O\left(\frac{x^{\frac{3}{2}}}{\ln^2 x}\right)$$

其中 $\zeta(s)$ 表示 Riemann $\zeta$－函数.

西安财经学院统计学院的葛健教授于 2008 年利用初等方法将文[4]中的结论推广到了 Smarandache 二重阶乘函数 $SDF(n)$ 上，也就是给出 $SDF(n)$ 的一个均值分布定理. 具体地说，也就是证明下面的：

**定理**　对任意实数 $x>1$，我们有渐近公式

$$\sum_{n\leqslant x}\left(SDF(n)-\frac{3+(-1)^n}{2}P(n)\right)^2=\frac{8}{3}\cdot\zeta\left(\frac{3}{2}\right)\cdot\frac{x^{\frac{3}{2}}}{\ln x}+O\left(\frac{x^{\frac{3}{2}}}{\ln^2 x}\right)$$

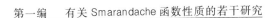

其中 $P(n)$ 表示 $n$ 的最大素因子，$\zeta(s)$ 表示 Riemann $\zeta$－函数.

## §2 几个引理

在给出必要的引理之前，我们先将区间 $[1,x]$ 分成下列三个子集

$$A=\{n:1\leqslant n\leqslant x, P(n)>\sqrt{n}\}$$

$$B=\{n:1\leqslant n\leqslant x, n^{\frac{1}{3}}<P(n)\leqslant\sqrt{n}\}$$

$$C=\{n:1\leqslant n\leqslant x, P(n)\leqslant n^{\frac{1}{3}}\}$$

其中 $P(n)$ 表示 $n$ 的最大素因子.

现在我们将定理的证明分为下面几个简单引理.

**引理 1** 对任意正整数 $n>2$，我们有恒等式：

(i) 如果 $n\in A$ 且 $2\nmid n$，那么 $SDF(n)=P(n)$；如果 $n\in A$ 且 $2\mid n$，那么 $SDF(n)=2P(n)$.

(ii) 如果 $n=mp_1P(n)$ 且 $n\in B$，那么当 $2\nmid n$ 时有 $SDF(n)=P(n)$；当 $2\mid n$ 时有 $SDF(n)=2P(n)$.

(iii) 如果 $n=mP^2(n)$ 且 $n\in B$，那么当 $2\nmid n$ 时有 $SDF(n)=3P(n)$；当 $2\mid n$ 时有 $SDF(n)=4P(n)$.

**证明** 由 Smarandache 二重阶乘函数 $SDF(n)$ 的定义及性质容易推出这些结论.

**引理 2** 对任意实数 $x\geqslant 3$，我们有估计式

$$\sum_{\substack{n\leqslant x\\ P(n)\leqslant n^{\frac{1}{3}}}}\left(SDF(n)-\frac{3+(-1)^n}{2}P(n)\right)^2\ll x^{\frac{4}{3}}\ln x$$

**证明** 设 $n=p_1^{\alpha_1}p_2^{\alpha_2}\cdots p_r^{\alpha_r}$ 表示 $n$ 的标准素幂分解，那么当 $n$ 为奇数时，我们有

$$SDF(n)=\max_{1\leqslant i\leqslant r}\{SDF(p_i^{\alpha_i})\}\leqslant\max_{1\leqslant i\leqslant r}\{(2\alpha_i-1)p_i\}$$

而当 $n$ 为偶数时，我们有

$$SDF(n)=\max_{1\leqslant i\leqslant r}\{SDF(2p_i^{\alpha_i})\}\leqslant\max_{1\leqslant i\leqslant r}\{2\alpha_i p_i\}$$

设 $\alpha p=\max_{1\leqslant i\leqslant r}\{2\alpha_i p_i\}$，则显然有 $\alpha\leqslant\ln n$，所以 $SDF(n)\ll p\ln n$. 于是，我们有

$$\begin{aligned}&\sum_{\substack{n\leqslant x\\ P(n)\leqslant n^{\frac{1}{3}}}}\left(SDF(n)-\frac{3+(-1)^n}{2}P(n)\right)^2\\ \ll&\sum_{\substack{n\leqslant x\\ P(n)\leqslant n^{\frac{1}{3}},P^2(n)\mid n}}P^2(n)\ln^2 x\\ \ll&\sum_{\substack{np^2\leqslant x\\ p\leqslant x^{\frac{1}{3}}}}p^2\ln^2 x\\ \ll&\sum_{p\leqslant x^{\frac{1}{3}}}p^2\sum_{n\leqslant\frac{x}{p^2}}\ln^2 x\\ =&O(x^{\frac{4}{3}}\ln x)\end{aligned}$$

于是证明了引理 2.

**引理 3**　设 $p$ 表示素数，$m$ 是一个正整数且 $m\leqslant x^{\frac{1}{3}}$. 那么，我们有

$$\sum_{m\leqslant p\leqslant\sqrt{\frac{x}{m}}}p^2=\frac{2x^{\frac{3}{2}}}{3m^{\frac{3}{2}}(\ln x-\ln m)}+O\left(\frac{x^{\frac{3}{2}}}{m^{\frac{3}{2}}\left(\ln^2\sqrt{\frac{x}{m}}\right)}\right)$$

**证明**　这个渐近公式可由 Abel 求和公式及素数定理推出. 有关内容可参阅文[6]～[9].

## §3　定理的证明

本节我们利用前面三个简单引理来完成定理的证

明. 首先由引理1,引理2以及集合$A$,$B$及$C$的定义,我们有

$$\begin{aligned}
&\sum_{n\leqslant x}\left(SDF(n)-\frac{3+(-1)^n}{2}P(n)\right)^2\\
=&\sum_{\substack{n\leqslant x\\ n\in A}}\left(SDF(n)-\frac{3+(-1)^n}{2}P(n)\right)^2+\\
&\sum_{\substack{n\leqslant x\\ n\in B}}\left(SDF(n)-\frac{3+(-1)^n}{2}P(n)\right)^2+\\
&\sum_{\substack{n\leqslant x\\ n\in C}}\left(SDF(n)-\frac{3+(-1)^n}{2}P(n)\right)^2\\
=&\sum_{\substack{n\leqslant x\\ n\in B}}\left(SDF(n)-\frac{3+(-1)^n}{2}P(n)\right)^2+O(x^{\frac{4}{3}}\ln x)
\end{aligned}\tag{1}$$

注意到,当$n^{\frac{1}{3}}<P(n)\leqslant\sqrt{n}$时,存在以下三种情况:

(a)$n=m\cdot P^2(n)$且$m<P(n)$;

(b)$n=m\cdot p_1\cdot P(n)$且$m<n^{\frac{1}{3}}<p_1<P(n)$,$p_1$为素数;

(c)$n=m\cdot P(n)$且$P(m)\leqslant n^{\frac{1}{3}}$.

当$n$属于情形(b)和(c)时,显然$SDF(n)-\frac{3+(-1)^n}{2}P(n)=0$. 当$n$属于情形(a)时,由引理1的(iii),我们有

$$\begin{aligned}
&\sum_{\substack{n\leqslant x\\ n\in B}}\left(SDF(n)-\frac{3+(-1)^n}{2}P(n)\right)^2\\
=&\sum_{\substack{n\leqslant x\\ n^{\frac{1}{3}}<P(n)\leqslant\sqrt{n}}}(2P(n))^2\\
=&\sum_{\substack{mp^2\leqslant x\\ (mp^2)^{\frac{1}{3}}<p\leqslant\sqrt{mp^2}}}(2P(n))^2
\end{aligned}$$

$$=4\sum_{m<x^{\frac{1}{3}}}\sum_{m^2<p^2\leqslant\frac{x}{m}}p^2 \tag{2}$$

结合式(1)(2)及引理 3,我们有

$$\sum_{n\leqslant x}\left(SDF(n)-\frac{3+(-1)^n}{2}P(n)\right)^2$$

$$=\frac{8}{3}\cdot\zeta\left(\frac{3}{2}\right)\cdot\frac{x^{\frac{3}{2}}}{\ln x}+O\left(\frac{x^{\frac{3}{2}}}{\ln^2 x}\right)$$

其中 $\zeta(s)$ 表示 Riemann $\zeta$－函数. 于是完成了定理的证明.

## 参考文献


[1]SMARANDACHE F. Only problems, not solutions[M]. Chicago:Xiquan Publishing House,1993.

[2]PEREZ M L. Florentin Smarandache definitions, solved and unsolved problems, conjectures and theorems in number theory and geometry[M]. Chicago: Xiquan Publishing House,2000.

[3]DUMITRESCU C,SELECCU V. Some notions and questions in number theory[M]. Gelndale:Erhus University Press,1994.

[4]徐哲峰. Smarandache 函数的值分布[J]. 数学学报,2006,49(5):1009-1012.

[5]CHEN J B. Value distribution of the F. Smarandache LCM function[J]. Scientia Magna,2007,3(2):15-18.

[6]张文鹏. 初等数论[M]. 西安:陕西师范大学出版社,2007.

[7]TOM M A. Introduction to analytical number theory[M]. New York:Spring-Verlag,1976.

[8]潘承洞,潘承彪. 素数定理的初等证明[M]. 上海:上海科学技术出版社,1988.

[9]赵院娥. 一个新的数论函数及其初值[J]. 纯粹数学与应用数学,2006,22(2):163-166.

# Smarandache 函数的一个下界估计

第9章

## §1 引言及结论

我们在本书第 6 章第 1 节中已经定义了 Smarandache 函数，关于 Smarandache 函数 $S(n)$ 的进一步性质，许多学者也进行了研究，获得了不少有趣的结果. 参阅文献[1]～[5]. 例如，陆亚明[2] 研究了方程

$$S(m_1+m_2+\cdots+m_k)=\sum_{i=1}^{k}S(m_i)$$

的可解性，利用解析数论中著名的三素数定理证明了对任意正整数 $k\geqslant 3$，该方程有无穷多组正整数解 $(m_1, m_2, \cdots, m_k)$.

徐哲峰[3] 研究了 $S(n)$ 的值分布问题，证明了渐近公式

$$\sum_{n\leqslant x}(S(n)-P(n))^2=\frac{2\zeta\left(\frac{3}{2}\right)x^{\frac{3}{2}}}{3\ln x}+O\left(\frac{x^{\frac{3}{2}}}{\ln^2 x}\right)$$

其中 $P(n)$ 表示 $n$ 的最大素因子,$\zeta(s)$ 表示 Riemann $\zeta$ - 函数.

乐茂华教授在文献[4]中研究了 $S(2^{p-1}(2^p-1))$ 的下界估计问题,并给出了估计式

$$S(2^{p-1}(2^p-1))\geqslant 2p+1$$

其中 $p$ 为任意奇素数.

苏娟丽在文献[5]中改进了文献[4]中的结论,给出了更强的下界估计.也就是证明了对任意素数 $p\geqslant 7$,有

$$S(2^{p-1}(2^p-1))\geqslant 6p+1$$

苏娟丽在文献[6]中还研究了 $S(2^p+1)$ 的下界估计问题,证明了对任意素数 $p\geqslant 7$,同样可得到估计式

$$S(2^p+1)\geqslant 6p+1$$

以上文献中所涉及的数列 $2^{p-1}(2^p-1)$ 有着重要的数论背景,事实上,数列 $M_p=2^p-1$ 称为梅森尼(Mersenne)数.梅森尼曾猜测对所有素数 $p$,$M_p$ 为素数.然而这一猜测后来被验证是错误的,因为 $M_{11}=2^{11}-1=23\times 89$ 是个合数.而数列 $2^{p-1}(2^p-1)$ 与一个古老的数论难题——偶完全数密切相关.有关内容可参阅文献[8]和[9].

此外,文献[7]讨论了 Smarandache 函数的另一种下界估计问题,也就是 Smarandache 函数对 Fermat 数的下界估计问题,证明了对任意正整数 $n\geqslant 3$ 有估计式

$$S(F_n)=S(2^{2^n}+1)\geqslant 8\cdot 2^n+1$$

其中 $F_n=2^{2^n}+1$ 为著名的 Fermat 数.

新疆财经大学应用数学学院的温田丁教授于 2010 年利用初等方法及组合技巧改进了上面的两个结论,获得了更强的下界估计.具体地说,也就是证明了下面的定理.

**定理** 对于任意素数 $p\geqslant 17$,有估计式:

(a)$S(2^p-1)\geqslant 10p+1$;

(b)$S(2^p+1)\geqslant 10p+1$.

显然,定理中的下界估计优于文献[4]~[7]中的结论,而且证明过程更具有技巧性!

## §2 定理的证明

这节利用初等方法及组合技巧直接给出定理的证明.我们只证明定理中的(a),同理可推出定理中的(b).由 Smarandache 函数的性质知对于任意素数 $p\mid n$,有 $S(n)\geqslant p$ 且 $p\mid S(p^\alpha)$ 对所有正整数 $\alpha$ 成立.现在,对于任意素数 $p\geqslant 17$,设 $q$ 为 $2^p-1$ 的任一素因子,显然,$q\geqslant 5$.于是由 $S(n)$ 的性质知

$$S(2^p-1)\geqslant q \tag{1}$$

又由于 $q\mid 2^p-1$,所以 $2^p\equiv 1 \bmod q$.因此 $p$ 是 2 模 $q$ 的指标.所以由文献[8]及[9]中指标的性质知 $p\mid \phi(q)=q-1$,或者 $q=mp+1$.由于 $q$ 为奇素数,所以 $m$ 一定为偶数,因此可设

$$q=2kp+1\quad (k=1,2,3,\cdots) \tag{2}$$

显然 $2^p-1$ 不可能是一个完全平方数,否则有 $2^p-1=$

$u^2$,或者 $2^p = u^2 + 1$,由此推出 $0 \equiv 2^p \equiv u^2 + 1 \equiv 2 \pmod 4$,矛盾.于是 $2^p - 1$ 有下列五种可能:

(a)$2^p - 1$ 为素数,此时注意到 $p \geqslant 17$,我们有 $S(2^p - 1) \geqslant 2^p - 1 \geqslant 10p + 1$.

(b)$2^p - 1$ 恰好为一个素数 $q$ 的 $m$ 次幂,$m \geqslant 3$.由于 $2^p - 1$ 不可能为完全平方,所以 $m = 3, 5, \cdots$.若 $m \geqslant 5$,则此时结合式(1)及(2)有

$$S(2^p - 1) \geqslant S(q^m) \geqslant mq > 5(2p + 1) > 10p + 1$$

若 $m = 3$,则当 $q = 2kp + 1$ 且 $k \geqslant 2$ 时仍有

$$S(2^p - 1) \geqslant S(q^3) \geqslant 3q > 3(4p + 1) > 10p + 1$$

显然 $2^p - 1 \neq (2p + 1)^3$,因为当 $p \geqslant 17$ 时等式 $2^p - 1 = (2p + 1)^3$ 不可能成立,因为 $2^p - 1 > (2p + 1)^3$,如果 $p \geqslant 17$.

(c)$2^p - 1$ 至少含有四个不同的素因子.此时由式(2)可知至少有一个素数满足 $q = 2kp + 1$ 且 $k \geqslant 5$,因为 $2p + 1$ 和 $4p + 1$ 不可能同时为素数.此时就有 $S(2^p - 1) \geqslant q \geqslant 10p + 1$.

(d)$2^p - 1$ 恰好含有三个不同的素因子,如果其中至少有一个素因子满足 $q = 2kp + 1$ 且 $k \geqslant 5$,那么就有 $S(2^p - 1) \geqslant q \geqslant 10p + 1$.如果所有素因子中的 $k \leqslant 4$,则注意到 $2p + 1$ 和 $4p + 1$ 不可能同时为素数,$4p + 1$ 和 $8p + 1$ 不可能同时为素数,所以可设

$$2^p - 1 = (2p + 1)^\alpha \cdot (6p + 1)^\beta \cdot (8p + 1)^\gamma$$

此时当 $\beta \geqslant 2$ 或者 $\gamma \geqslant 2$ 或者 $\alpha \geqslant 5$ 时定理显然成立.所以不失一般性可假定

$$2^p - 1 = (2p + 1)^\alpha \cdot (6p + 1) \cdot (8p + 1) \quad (1 \leqslant \alpha \leqslant 4)$$

这种情况也是不可能的.因为如果 $2^p - 1 = (2p + 1)^\alpha \cdot$

$(6p+1)\cdot(8p+1)$，则由二次剩余的性质可知 2 是素数 $2p+1$ 及 $6p+1$ 的二次剩余. 然而当 $p\equiv 3 \pmod 4$ 时，设 $p=4k+3$，此时

$$\left(\frac{2}{6p+1}\right)=(-1)^{\frac{(6p+1)^2-1}{8}}$$
$$=(-1)^{\frac{3p(3p+1)}{2}}=(-1)^{6k+5}=-1$$

这与 2 是素数 $6p+1$ 的二次剩余矛盾. 当 $p\equiv 1 \pmod 4$ 时，设 $p=4k+1$，此时

$$\left(\frac{2}{2p+1}\right)=(-1)^{\frac{(2p+1)^2-1}{8}}$$
$$=(-1)^{\frac{p(p+1)}{2}}=(-1)^{2k+1}=-1$$

这与 2 是素数 $2p+1$ 的二次剩余矛盾. 所以当 $2^p-1$ 恰好含有三个不同的素因子时，一定有 $S(2^p-1)\geqslant 10p+1$.

(e) $2^p-1$ 恰好含有两个不同的素因子. 此时由式(2)以及(d)中的证明过程可知 $2^p-1$ 不可能同时含有素因子 $2p+1$ 及 $6p+1$. 同时 $2^p-1$ 也不可能同时含有素因子 $2p+1$ 和 $4p+1$，因为素数 $p>3$ 时，两个数 $2p+1$ 及 $4p+1$ 中至少有一个被 3 整除，因此它们不可能同时为素数. 所以由式(2)知当 $2^p-1$ 恰好含有两个不同的素因子时可设：$2^p-1=(2p+1)^{\alpha}\cdot(8p+1)^{\beta}$ 或者 $2^p-1=(4p+1)^{\alpha}\cdot(6p+1)^{\beta}$，因为 $4p+1$ 和 $8p+1$ 不可能同时为素数，其中至少有一个被 3 整除. 显然当 $\beta\geqslant 2$ 或者 $\alpha\geqslant 5$ 时有

$$S(2^p-1)\geqslant \beta\cdot(6p+1)\geqslant 10p+1$$

或者

$$S(2^p-1)\geqslant \alpha\cdot(2p+1)\geqslant 10p+1$$

当 $\beta=1$，$1\leqslant\alpha\leqslant 4$ 时有

$$2^p-1=(2p+1)^{\alpha}\cdot(8p+1)$$

或者

$$2^p-1=(4p+1)^{\alpha}\cdot(6p+1)$$

若 $2^p-1=(2p+1)^{\alpha}\cdot(8p+1)$，显然 $\alpha\neq 4$. 否则由 $2^p-1=(2p+1)^4\cdot(8p+1)$ 立刻推出同余式

$$2^p-1\equiv -1\equiv(2p+1)^4\cdot(8p+1)\equiv 1 \pmod 8$$

矛盾！

而在 $2^p-1=(4p+1)^3\cdot(6p+1)$ 成立时，仍然有

$$S(2^p-1)\geqslant 3\cdot(4p+1)>10p+1$$

所以不妨设 $1\leqslant\alpha\leqslant 3$. 此时当 $p\geqslant 17$ 时，等式 $2^p-1=(2p+1)^3\cdot(8p+1)$ 或者 $2^p-1=(4p+1)^2\cdot(6p+1)$ 不可能成立，因为 $2^p-1>(2p+1)^3\cdot(8p+1)$ 及 $2^p-1>(4p+1)^2\cdot(6p+1)$. 综合各种可能不难推出，当 $2^p-1$ 恰好含有两个不同素因子时，$S(2^p-1)\geqslant 10p+1$.

结合以上五种情况我们立刻完成了定理中(a)的证明. 类似地，可以推出定理中的(b).

## 参考文献

[1] SMARANDACHE F. Only problems, not solutions[M]. Chicago: Xiquan Publishing House, 1993.

[2] LIU Y M. On the solutions of an equation involving the Smarandache function[J]. Scientia Magna, 2006, 2(1): 76-79.

[3] 徐哲峰. Smarandache 函数的值分布[J]. 数学学报, 2006, (49)5: 1009-1012.

[4] LE M H. A lower bound for $S(2^{p-1}(2^p-1))$[J]. Smarandache Notions Journal, 2001, 12(1/2/3): 217-218.

[5] 苏娟丽. 关于 Smarandache 函数的一个下界估计[J]. 纺织

高校基础科学学报,2009,22(1):133-134.
[6]苏娟丽.关于 Smarandache 函数的一个新的下界估计[J].纯粹数学与应用数学,2008,24(4):706-708.
[7]WANG J R. On the Smarandache function and the Fermat numbers[J]. Scientia Magna,2008,4(2):25-28.
[8]APOSTOL T M. Introduction to Analytic Number Theory[M]. New York:Springer-Verlag,1976.
[9]张文鹏.初等数论[M].西安:陕西师范大学出版社,2007.

# 关于 Smarandache 函数与 Fermat 数

# 第 10 章

## §1　引言及结论

关于 Smarandache 函数 $S(n)$ 的初等性质，许多学者进行了研究，获得了不少有趣的结论[1-6]. 例如，文献[2] 研究了 $S(n)$ 的值分布性质，证明了下面的结论：

设 $P(n)$ 表示 $n$ 的最大素因子，那么对任意实数 $x > 1$，有渐近公式

$$\sum_{n \leqslant x} (S(n) - P(n))^2 = \frac{2\zeta\left(\frac{3}{2}\right) x^{\frac{3}{2}}}{3\ln x} + O\left(\frac{x^{\frac{3}{2}}}{\ln^2 x}\right)$$

其中 $\zeta(s)$ 表示 Riemann $\zeta$ 一 函数.

文献[3]研究了 $S(2^{p-1}(2^p-1))$ 的下界估计，证明了对任意奇素数 $p$，有估计式

$$S(2^{p-1}(2^p-1)) \geqslant 2p+1$$

文献[4]研究了 $S(2^p+1)$ 下界估计问题，证明了对任意素数 $p \geqslant 7$，有估计式

$$S(2^p+1) \geqslant 6p+1$$

以上文献中所涉及的数列 $2^{p-1}(2^p-1)$ 有着重要的数论背景，事实上，数列 $M_p=2^p-1$ 称为梅森尼数. 梅森尼曾猜测对所有素数 $p$，$M_p$ 为素数. 然而，这一猜测后来被验证是错误的，因为 $M_{11}=2^{11}-1=23\times 89$ 是个合数，而数列 $2^{p-1}(2^p-1)$ 与一个古老的数论难题——偶完全数密切相关. 有关内容可参阅文献[7]及[8].

此外，文献[5]研究了 $S(F_n)$ 的下界估计问题，证明了对任意正整数 $n \geqslant 3$，有估计式

$$S(F_n)=S(2^{2^n}+1) \geqslant 8 \cdot 2^n+1$$

其中 $F_n$ 为 Fermat 数，定义为

$$F_n=2^{2^n}+1$$

西安工程大学理学院的朱敏慧教授于 2010 年利用初等方法、原根的性质以及组合技巧改进了文献[5]中的结论，获得了更强的下界估计. 具体地说，即证明了下面的定理.

**定理** 对任意正整数 $n \geqslant 3$，有估计式

$$S(F_n) \geqslant 12 \cdot 2^n+1$$

## §2 定理的证明

利用初等方法、原根的性质以及组合技巧直接给

出定理1的证明. 首先注意到 $F_3=257, F_4=65\ 537$,它们都是素数. 因此对 $n=3,4$,有

$$S(F_3)=257\geqslant 12\cdot 2^3+1$$

$$S(F_4)=65\ 537\geqslant 12\cdot 2^4+1$$

因此不失一般性假定 $n\geqslant 5$. 如果 $F_n$ 是一个素数,设 $F_n=p$,那么由 $S(n)$ 的性质有

$$\begin{aligned}S(F_n)=S(p)=p=F_n&=2^{2^n}+1\\&\geqslant 12\cdot 2^n+1\end{aligned}$$

如果 $F_n$ 是一个复合数,那么设 $p$ 是 $F_n$ 的任意素因子,显然 $(2,p)=1$. 设 $m$ 表示 $2\ (\bmod\ p)$ 的指标,即 $m$ 表示最小的正整数 $r$,使得

$$2^r\equiv 1(\bmod\ p)$$

因为 $p\mid F_n$,所以 $F_n=2^{2^n}+1\equiv 0(\bmod\ p)$ 或者 $2^{2^n}\equiv -1(\bmod\ p)$,及 $2^{2^{n+1}}\equiv 1(\bmod\ p)$. 由同余式及指标的性质[7] 有 $m\mid 2^{n+1}$,因此 $m$ 是 $2^{n+1}$ 的一个因子. 设 $m=2^d$,其中 $1\leqslant d\leqslant n+1$. 显然 $p\nmid 2^{2^d}-1$,如果 $d\leqslant n$,有 $m=2^{n+1}$ 以及 $m\mid\phi(p)$. 又 $\phi(p)=p-1$,于是 $2^{n+1}\mid p-1$ 或者

$$p=h\cdot 2^{n+1}+1\tag{1}$$

现在分下列3种情况讨论:

(a) 如果 $F_n$ 有至少3个不同的素因子,根据式(1),不妨设 $p_i=h_i\cdot 2^{n+1}+1, i=1,2,3$. 因为 $2^{n+1}+1$ 和 $2\cdot 2^{n+1}+1$ 不可能同时为素数(至少有一个能被3整除),$2^{n+1}+1$ 和 $5\cdot 2^{n+1}+1$ 不可能同时为素数(至少有一个能被3整除),$2\cdot 2^{n+1}+1$ 和 $4\cdot 2^{n+1}+1$ 不可能同时为素数(至少有一个能被3整除),$2^{n+1}+1$ 和 $4\cdot 2^{n+1}+1$ 不可能同时为素数(至少有一个能被3或者5整除),$2\cdot 2^{n+1}+1$ 和 $3\cdot 2^{n+1}+1$ 不可能同时为素数(至

少有一个能被 3 或者 5 整除)，$4\cdot 2^{n+1}+1$ 和 $5\cdot 2^{n+1}+1$ 不可能同时为素数(至少有一个能被 3 整除)，这样一来，在 $F_n$ 所含的 3 个不同素因子中，至少有一个 $p_i=h_i\cdot 2^{n+1}+1$ 中的 $h_i\geqslant 6$. 不妨设 $h_3\geqslant 6$，由 $S(n)$ 的性质知

$$S(F_n)\geqslant p_3\geqslant 6\cdot 2^{n+1}+1=12\cdot 2^n+1$$

(b) 如果 $F_n$ 恰好含两个不同的素因子，不失一般性可设

$$F_n=(2^{n+1}+1)^{\alpha}\cdot(3\cdot 2^{n+1}+1)^{\beta}$$

或者

$$(2\cdot 2^{n+1}+1)^{\alpha}\cdot(5\cdot 2^{n+1}+1)^{\beta}$$

或者

$$(3\cdot 2^{n+1}+1)^{\alpha}\cdot(4\cdot 2^{n+1}+1)^{\beta}$$

如果 $F_n=(2^{n+1}+1)^{\alpha}\cdot(3\cdot 2^{n+1}+1)^{\beta}$ 且 $\alpha\geqslant 6$ 或者 $\beta\geqslant 2$，那么由 $S(n)$ 的性质立刻推出估计式

$$\begin{aligned}&S(F_n)\\ \geqslant&\max\{S((2^{n+1}+1)^{\alpha}),\\ &S((3\cdot 2^{n+1}+1)^{\beta})\}\\ =&\max\{\alpha\cdot(2^{n+1}+1),\\ &\beta\cdot(3\cdot 2^{n+1}+1)\}\\ \geqslant&12\cdot 2^n+1\end{aligned}$$

如果 $F_n=2^{2^n}+1=(2^{n+1}+1)\cdot(3\cdot 2^{n+1}+1)=3\cdot 2^{2n+2}+2^{n+3}+1$，那么注意到 $n\geqslant 5$，有同余式

$$\begin{aligned}0&\equiv 2^{2^n}+1-1=3\cdot 2^{2n+2}+2^{n+3}\\ &\equiv 2^{n+3}\pmod{2^{n+4}}\end{aligned}$$

矛盾. 因此

$$F_n=2^{2^n}+1\neq(2^{n+1}+1)\cdot(3\cdot 2^{n+1}+1)$$

如果

$$F_n=(2^{n+1}+1)^2\cdot(3\cdot 2^{n+1}+1)$$
$$=3\cdot 2^{3n+3}+3\cdot 2^{2n+3}+3\cdot 2^{n+1}+$$
$$2^{2n+2}+2^{n+2}+1$$

那么,仍然有

$$0\equiv 2^{2^n}+1-1$$
$$=3\cdot 2^{3n+3}+3\cdot 2^{2n+3}+3\cdot 2^{n+1}+2^{2n+2}+2^{n+2}$$
$$\equiv 3\cdot 2^{n+1}\pmod{2^{n+2}}$$

矛盾. 因此

$$F_n=2^{2^n}+1\neq(2^{n+1}+1)^2\cdot(3\cdot 2^{n+1}+1)$$

如果

$$F_n=2^{2^n}+1=(2^{n+1}+1)^3\cdot(3\cdot 2^{n+1}+1)$$

那么

$$2^{2^n}+1\equiv(3\cdot 2^{n+1}+1)^2\equiv 3\cdot 2^{n+2}+1\pmod{2^{n+4}}$$

或者

$$0\equiv 2^{2^n}\equiv(3\cdot 2^{n+1}+1)^2-1$$
$$\equiv 3\cdot 2^{n+2}\pmod{2^{n+4}}$$

这与 $2^{n+4}\nmid 3\cdot 2^{n+2}$ 矛盾.

如果

$$F_n=2^{2^n}+1=(2^{n+1}+1)^4\cdot(3\cdot 2^{n+1}+1)$$

那么

$$0\equiv 2^{2^n}\equiv(2^{n+1}+1)^4\cdot(3\cdot 2^{n+1}+1)-1$$
$$\equiv 3\cdot 2^{n+1}\pmod{2^{n+3}}$$

这与 $2^{n+3}\nmid 3\cdot 2^{n+1}$ 矛盾.

如果

$$F_n=2^{2^n}+1=(2^{n+1}+1)^5\cdot(3\cdot 2^{n+1}+1)$$

那么

$$0\equiv 2^{2^n}\equiv(2^{n+1}+1)^5\cdot(3\cdot 2^{n+1}+1)-1$$
$$\equiv 2^{n+4}\pmod{2^{2n+2}}$$

这与 $2^{2n+2} \nmid 2^{n+4}$ 矛盾，因为 $n \geqslant 5$.

如果 $F_n = (2 \cdot 2^{n+1} + 1)^\alpha \cdot (5 \cdot 2^{n+1} + 1)^\beta$ 且 $\alpha \geqslant 3$ 或者 $\beta \geqslant 2$，那么由 $S(n)$ 的性质有

$$\begin{aligned} S(F_n) \geqslant & \max\{S((2 \cdot 2^{n+1} + 1)^\alpha), \\ & S((5 \cdot 2^{n+1} + 1)^\beta\} \\ = & \max\{\alpha \cdot (2 \cdot 2^{n+1} + 1), \\ & \beta \cdot (5 \cdot 2^{n+1} + 1)\} \\ \geqslant & 12 \cdot 2^n + 1 \end{aligned}$$

如果

$$F_n = 2^{2^n} + 1 = (2 \cdot 2^{n+1} + 1) \cdot (5 \cdot 2^{n+1} + 1)$$

那么有

$$F_n = 2^{2^n} + 1 = (5 \cdot 2^{2n+3} + 7 \cdot 2^{n+1} + 1)$$

从而可推出同余式

$$\begin{aligned} 0 \equiv 2^{2^n} & = 5 \cdot 2^{2n+3} + 7 \cdot 2^{n+1} \\ & \equiv 7 \cdot 2^{n+1} \pmod{2^{2n+3}} \end{aligned}$$

这是不可能的，因为 $2^{2n+3} \nmid 7 \cdot 2^{n+1}$.

如果

$$F_n = 2^{2^n} + 1 = (2 \cdot 2^{n+1} + 1)^2 \cdot (5 \cdot 2^{n+1} + 1)$$

那么有

$$\begin{aligned} 0 \equiv 2^{2^n} & = (2 \cdot 2^{n+1} + 1)^2 \cdot (5 \cdot 2^{n+1} + 1) - 1 \\ & \equiv 5 \cdot 2^{n+1} \pmod{2^{n+3}} \end{aligned}$$

这是不可能的，因为 $2^{2n+3} \nmid 7 \cdot 2^{n+1}$.

(c) 如果 $F_n$ 恰好有一个素因子，这时当 $F_n$ 为素数时，定理显然成立. 于是假定 $F_n = (2^{n+1} + 1)^\alpha$ 或者 $F_n = (2 \cdot 2^{n+1} + 1)^\alpha$，$\alpha \geqslant 2$.

如果 $F_n = (2^{n+1} + 1)^\alpha$，那么当 $\alpha \geqslant 6$ 时定理 1 显然成立. 如果 $\alpha = 1, 2, 3, 4$ 或者 5，那么由同余式不难推出矛盾. 因此 $F_n \neq (2^{n+1} + 1)^\alpha$，$1 \leqslant \alpha \leqslant 5$.

如果 $F_n=(2\cdot 2^{n+1}+1)^{\alpha}$，那么当 $\alpha\geqslant 3$ 时，由 $S(n)$ 的性质可知定理显然成立. 如果 $\alpha=1$，那么 $F_n$ 为素数，定理 1 也成立. 当 $F_n=(2\cdot 2^{n+1}+1)^{\alpha}$ 时，由同余式

$$\begin{aligned}0&\equiv 2^{2^n}=(2^{n+2}+1)^2-1\\&\equiv 2^{n+3}\pmod{2^{2n+2}}\end{aligned}$$

立刻推出矛盾. 因为当 $n\geqslant 5$ 时，$2^{2n+2}\nmid 2^{n+3}$.

## 参考文献

[1]SMARANDACHE F. Only problems, not solutions[M]. Chicago: Xiquan Publishing House, 1993.

[2]徐哲峰. Smarandache 函数的值分布[J]. 数学学报, 2006, 49(5): 1009-1012.

[3]LE M H. A lower bound for $(2^{p-1}(2^p-1))$[J]. Smarandache Notions Journal, 2001, 12(1-2-3): 217-218.

[4]苏娟丽. 关于 Smarandache 函数的一个新的下界估计[J]. 纯粹数学与应用数学, 2008, 24(4): 706-708.

[5]WANG J R. On the Smarandache function and the Fermat number[J]. Scientia Magna, 2008, 4(2): 25-28.

[6]LU Y M. On the solutions of an equation involving the Smarandache function[J]. Scientia Magna, 2006, 2(1): 76-79.

[7]APOSTOL T M. Introduction to analytic number theory[M]. New York: Springer-Verlag, 1976.

[8]张文鹏. 初等数论[M]. 西安: 陕西师范大学出版社, 2007.

# Fermat 数的 Smarandache 函数值的下界

第 11 章

## §1 引 言

设 $\mathbf{N}^*$ 是全体正整数的集合. 对于正整数 $m$,设

$$S(m)=\min\{t \mid m \backslash t!, t \in \mathbf{N}^*\} \quad (1)$$

为 $m$ 的 Smarandache 函数. 近几年来,人们对于此类数论函数及其推广形式的性质进行了广泛的研究(见文[1]～[7]). 本文将讨论 Fermat 数的 Smarandache 函数的下界.

对于正整数 $n$,设 $F_n=2^{2^n}+1$ 是第 $n$ 个 Fermat 数. 对此,文[8]证明了:当 $n\geqslant 3$ 时,$S(F_n)\geqslant 8\cdot 2^n+1$. 最近,文[9]进一步证明了:当 $n\geqslant 3$ 时,$S(F_n)\geqslant 12\cdot 2^n+1$. 空军工程大学理学院的刘妙华和西藏民族学院教育学

院的金英姬两位教授于 2015 年运用初等方法对 $S(F_n)$ 的下界给出了本质上的改进，即证明了：

**定理**　当 $n \geqslant 4$ 时

$$S(F_n) \geqslant 4(4n+9) \cdot 2^n + 1 \tag{2}$$

## §2　几个引理

**引理 1**　如果实数 $x$ 和 $y$ 适合 $3 \leqslant x < y$，则必有

$$\frac{\log(y+1)}{\log(x+1)} < \frac{\log y}{\log x} \tag{3}$$

**证明**　对于实数 $x$，设

$$f(z) = \frac{\log(z+1)}{\log z} \tag{4}$$

由于当 $z \geqslant 3$ 时，$f(z)$ 连续可导，而且从式(4)可知

$$f'(z) = \frac{z\log z - (z+1)\log(z+1)}{z(z+1)(\log z)^2} < 0 \quad (z \geqslant 3) \tag{5}$$

所以根据函数单调性的判别条件(见文[10]中的定理 5.9)，从式(5)可知 $f(z)$ 在 $z \geqslant 3$ 时是单调递减的. 因此，当 $3 \leqslant x < y$ 时，必有

$$\frac{\log(y+1)}{\log y} < \frac{\log(x+1)}{\log x} \tag{6}$$

从式(6)可知此时式(3)成立. 引理证完.

**引理 2**　Fermat 数 $F_n$ 的素因数 $p$ 都满足 $p \equiv 1 \pmod{2^{n+2}}$.

**证明**　参见文[11]中的定理 3.7.2.

另外，以下有关 Smarandache 函数的三个引理的

证明可参见文[12].

**引理 3** 如果 $m=p_1^{r_1},\cdots,p_k^{r_k}$ 是正整数 $m$ 的标准分解式,则

$$S(m)=\max\{S(p_1^{r_1}),\cdots,S(p_k^{r_k})\}$$

**引理 4** 对于素数 $p$ 必有 $S(p)=p$.

**引理 5** 如果 $x$ 和 $y$ 是适合 $x<y$ 的正整数,则对于素数 $p$ 必有 $S(p^x)\leqslant S(p^y)$.

## §3 定理的证明

首先讨论 Fermat 数 $F_n$ 的最大素因数的下界. 设 $n$ 是适合 $n\geqslant 4$ 的正整数,又设

$$F_n=p_1^{r_1}\cdots p_k^{r_k} \tag{7}$$

是 $F_n$ 的标准分解式,其中 $p_1,\cdots,p_k$ 是适合

$$p_1<\cdots<p_k \tag{8}$$

的奇素数,$r_1,\cdots,r_k$ 是正整数. 因为从引理 2 可知

$$p_i\equiv 1(\bmod 2^{n+2})\quad (i=1,\cdots,k)$$

故有

$$p_i=2^{n+2}s_i+1,s_i\in\mathbf{N}^*\quad (i=1,\cdots,k) \tag{9}$$

而且从式(8) 和(9) 可知

$$s_1<\cdots<s_k \tag{10}$$

从式(7) 和(9) 可知

$$F_n=2^{2^n}+1\geqslant(2^{n+2}+1)^{r_1+\cdots+r_k} \tag{11}$$

从式(11) 可得

$$r_1+\cdots+r_k\leqslant\frac{\log(2^{2^n}+1)}{\log(2^{n+2}+1)} \tag{12}$$

由于当 $n\geqslant 4$ 时,$2^{2^n}>2^{n+2}>3$,所以根据引理 1

可知

$$\frac{\log(2^{2^n}+1)}{\log(2^{n+2}+1)}<\frac{\log 2^{2^n}}{\log 2^{n+2}}$$

故从式(12) 可得

$$r_1+\cdots+r_k\leqslant\frac{2^n}{n+2} \tag{13}$$

另外，从式(9) 可知

$$\begin{aligned}p_i^{r_i} &\equiv (2^{n+2}s_i+1)^{r_i}\\ &\equiv 2^{n+2}s_ir_i+1 \pmod{2^{2n+4}} \quad (i=1,\cdots,k)\end{aligned} \tag{14}$$

因为当 $n\geqslant 4$ 时，必有 $2^n>2n+4$，所以从式(7) 和(14) 可得

$$\begin{aligned}1 &\equiv 2^{2^n}+1\\ &\equiv F_n\equiv\prod_{i=1}^{k}(2^{n+2}s_ir_i+1)\\ &\equiv 1+2^{n+2}\sum_{i=1}^{k}s_ir_i \pmod{2^{2n+4}}\end{aligned} \tag{15}$$

从式(15) 立得

$$\sum_{i=1}^{k}s_ir_i\equiv 0 \pmod{2^{n+2}} \tag{16}$$

由于同余关系式(16) 的左边是正整数，故从式(16) 可知

$$\sum_{i=1}^{k}s_ir_i\geqslant 2^{n+2} \tag{17}$$

又从式(10) 和(17) 可得

$$s_k\sum_{i=1}^{K}r_i\geqslant 2^{n+2} \tag{18}$$

结合式(13) 和(18) 可知

$$s_k>\frac{2^{n+2}(n+2)}{2^n}=4n+8 \tag{19}$$

因为 $s_k$ 是正整数，所以从式(19) 可得 $s_k\geqslant 4n+9$.

于是，从式(8)(9)和(19)可知 $F_n$ 的最大素因数 $p_k$ 满足

$$p_k = 2^{n+2} s_k + 1 \geqslant 2^{n+2}(4n+9)+1 \qquad (20)$$

最后证明下界式(2)的正确性. 根据引理 3，从 $F_n$ 的标准分解式(7)可知

$$S(F_n) = \max\{S(p_1^{r_1}), \cdots, S(p_k^{r_k})\} \qquad (21)$$

又从引理 4 和 5 可知

$$S(p_i^{r_i}) \geqslant S(p_i) = p_i \quad (i=1,\cdots,k) \qquad (22)$$

因此，从式(8)(21)和(22)可得

$$S(F_n) \geqslant \max\{S(p_1), \cdots, S(p_k)\} = \max\{p_1, \cdots, p_k\} = p_k \qquad (23)$$

于是，从式(20)和(23)立得式(2). 定理证毕.

## 参 考 文 献

[1]张文鹏. 初等数论[M]. 西安：陕西师范大学出版社，2007.

[2]徐哲峰. Smarandache 幂函数的均值[J]. 数学学报，2006，49(1)：77-80.

[3]徐哲峰. Smarandache 函数的值分布性质[J]. 数学学报，2006，49(5)：1009-1012.

[4]李洁. 一个包含 Smarandache 原函数的方程[J]. 数学学报，2007，50(2)：333-336.

[5]马金萍，刘宝利. 一个包含 Smarandache 函数的方程[J]. 数学学报，2007，50(5)：1185-1190.

[6]朱伟义. 一个包含 F. Smarandache LCM 函数的猜想[J]. 数学学报，2008，51(5)：955-958.

[7]贺艳峰，潘晓玮. 一个包含 F. Smarandache LCM 函数的方程[J]. 数学学报，2008，51(4)：779-786.

[8]WANG J R. On the Smarandache function and the Fermat number[J]. Scientia Magna，2008，4(2)：25-28.

[9]朱敏慧.关于 Smarandache 函数与费尔马数[J].西北大学学报(自然科学版),2010,40(4):583-585.

[10]邓东皋,尹小玲.数学分析简明教程,上册[M].北京:高等教育出版社,1999.

[11]孙琦,郑德勋,沈仲琦.快速数论变换[M].北京:科学出版社,1980.

[12]BALACENOIU I, SELEACU V. History of the Smarandache function[J]. Smarandache Notions J,1999,10(1):192-201.

# 第二编

## 含有 Smarandache 函数的方程

# 关于 Smarandache ceil 函数的一个方程

第 1 章

## §1　引言及引论

对任意正整数 $n$ 及给定的整数 $k\geqslant 2$，著名的 Smarandache ceil 函数 $S_k(n)$ 是这样定义的：$S_k(n)=\min\{x:n\mid x^k,x\in\mathbf{N}^*\}$，如 $S_2(2)=2,S_2(3)=3,S_2(4)=2,S_2(5)=5,S_2(8)=4,S_2(9)=3,\cdots$.

在文[1]中，美籍罗马尼亚著名数论专家 Smarandache 教授提出了研究 $S_k(n)$ 的性质，关于这个问题，已引起了很多学者的关注，并研究了它们的均值性质. 如文[2]中的作者给出了

$$(\forall a,b\in\mathbf{N}^*)(a,b)=1$$
$$\Rightarrow S_k(a\cdot b)=S_k(a)\cdot S_k(b)$$
$$S_k(p_1^{\alpha_1}\cdots p_s^{\alpha_s})=S_k(p_1^{\alpha_1})\cdots S_k(p_s^{\alpha_s})$$

及

$$S_k(p^\alpha)=p^{\left[\frac{\alpha}{k}\right]}\Rightarrow S_k(p_1^{\alpha_1}\cdots p_s^{\alpha_s})=p^{\left[\frac{\alpha_1}{k}\right]}\cdots p^{\left[\frac{\alpha_s}{k}\right]}$$

并在此基础上得出以下结论

$$S_k(n)\mid S_{k+1}(n),\forall n>1,n=p_1\cdots p_s\Rightarrow S_2(n)=n$$

西安邮电学院应用数理系的苟素教授于 2006 年利用初等方法研究了一个关于 ceil 函数的方程，并得到一个有趣的结果，也就是证明了下面的：

**定理** 对任意正整数 $n$ 及给定的整数 $k\geqslant 2$，方程 $S_k(1)+S_k(2)+\cdots+S_k(n)=S_k(1+2+\cdots+n)$ 当且仅当 $n=1,2,3$ 时成立.

## §2 定理的证明

注意到

$$S_k(1)=1,S_k(2)=2,S_k(3)=3,S_k(6)=6$$

因此容易验证 $n=1,2,3$ 为方程 $S_k(1)+S_k(2)+\cdots+S_k(n)=S_k(1+2+\cdots+n)$ 的解.

当 $n\geqslant 4$ 时，若 $\frac{n(n+1)}{2}$ 无大于 1 的平方因子，则 $S_k(1+2+\cdots+n)=S_k\left(\frac{n(n+1)}{2}\right)=\frac{n(n+1)}{2}$，而 $S_k(n)\leqslant n$，且 $S_k(4)=2$，故有 $S_k(1)+S_k(2)+\cdots+S_k(n)<S_k(1+2+\cdots+n)$，即此时方程无解.

若 $\frac{n(n+1)}{2}$ 有大于 1 的平方因子，则

$$S_k(1+2+\cdots+n)\leqslant\frac{n(n+1)}{4}$$

设 $A$ 为无大于 1 的平方因子的数的集合，则

$$
\begin{aligned}
&S_k(1)+S_k(2)+\cdots+S_k(n)\\
\geqslant &\sum_{\substack{a\leqslant n\\ a\in A}} S_k(a)\\
= &\sum_{\substack{a\leqslant n\\ a\in A}} a\\
= &\sum_{a\leqslant n} a\mid \mu(a)\mid\\
= &\sum_{a\leqslant n} a\sum_{d^2\mid a}\mu(d)\\
= &\sum_{d^2u\leqslant n} d^2u\mu(d)\\
= &\sum_{d^2\leqslant n} d^2\mu(d)\sum_{u\leqslant \frac{n}{d^2}} u\\
= &\sum_{d\leqslant\sqrt{n}} d^2\mu(d)\cdot\frac{\left[\frac{n}{d^2}\right]\left(\left[\frac{n}{d^2}\right]+1\right)}{2}
\end{aligned}
$$

利用$[x]=x-\{x\}$，可以得到

$$
\begin{aligned}
&S_k(1)+S_k(2)+\cdots+S_k(n)\\
\geqslant &\sum_{d\leqslant\sqrt{n}} d^2\mu(d)\left(\frac{n^2}{2d^4}-\frac{n}{d^2}\left\{\frac{n}{d^2}\right\}+\frac{n}{2d^2}+\right.\\
&\left.\frac{1}{2}\left\{\frac{n}{d^2}\right\}^2-\frac{1}{2}\left\{\frac{n}{d^2}\right\}\right)\\
= &\frac{n^2}{2}\sum_{d\leqslant\sqrt{n}}\frac{\mu(d)}{d^2}-n\sum_{d\leqslant\sqrt{n}}\mu(d)\left\{\frac{n}{d^2}\right\}+\frac{n}{2}\sum_{d\leqslant\sqrt{n}}\mu(d)+\\
&\frac{1}{2}\sum_{d\leqslant\sqrt{n}} d^2\mu(d)\left\{\frac{n}{d^2}\right\}-\frac{1}{2}\sum_{d\leqslant\sqrt{n}} d^2\mu(d)\left\{\frac{n}{d^2}\right\}\\
\geqslant &\frac{n^2}{2}\sum_{d=1}^{\infty}\frac{\mu(d)}{d^2}-\frac{n^2}{2}\sum_{d>\sqrt{n}}\frac{\mu(d)}{d^2}-n\sqrt{n}-\\
&\frac{n\sqrt{n}}{2}-\frac{n\sqrt{n}}{2}-\frac{n\sqrt{n}}{2}
\end{aligned}
$$

这里我们用到恒等式$\sum_{n=1}^{\infty}\frac{\mu(n)}{n^2}=\frac{1}{\zeta(2)}=\frac{6}{\pi^2}$,因而有

$$\begin{aligned}&S_k(1)+S_k(2)+\cdots+S_k(n)\\ \geqslant&\frac{n^2}{2}\cdot\frac{6}{\pi^2}-\frac{5}{2}n^{\frac{3}{2}}\\ =&\frac{3n^2}{\pi^2}-\frac{5}{2}n^{\frac{3}{2}}\end{aligned}$$

如果$\frac{3n^2}{\pi^2}-\frac{5}{2}n^{\frac{3}{2}}>\frac{n^2+n^{\frac{3}{2}}}{4}$,就有$\frac{3n^2}{\pi^2}-\frac{5}{2}n^{\frac{3}{2}}>\frac{n(n+1)}{4}$,即$\sqrt{n}>\frac{11\pi^2}{12-\pi^2}$,可解得$n>2\ 600$满足不等式,此时

$$S_k(1)+S_k(2)+\cdots+S_k(n)>S_k(1+2+\cdots+n)$$

故方程无解.

事实上,若$\frac{n(n+1)}{2}$有大于或等于 3 的平方因子,只要验证$n$从 4 到 400 即可,故当$4\leqslant n\leqslant 2\ 600$时,只要验证$\frac{n(n+1)}{2}$含 2 的平方因子即可,这样很容易验证当$n$从 4 到 2 600 时,方程$S_k(1)+S_k(2)+\cdots+S_k(n)>S_k(1+2+\cdots+n)$无解.

因此,方程$S_k(1)+S_k(2)+\cdots+S_k(n)=S_k(1+2+\cdots+n)$仅有三个正整数解$n=1,2,3$.

于是完成了定理的证明.

## 参 考 文 献

[1] SMARANDACHE F. Only problems not solutions[M]. Chicago:Xiquan Publishing House,1993.

[2] IBSTEDT. Surfinig on the ocean of numbers—a few sma-

randache nothins and similar topics[M]. New Mexico, USA:Erhus University Press,1997.

[3]SABIN T, TATIANA T. Some new results concerning the Smarandache ceil function[J]. Smarandache nothins journal,2002,13(1/2/3):30-36.

[4]YI Y, LIANG F C. On the primitive numbers of power $p$ and $k$-power root[C]//ZHANG W P. Reseach on Smarandache problems in number theory. Phoenix, USA: Hexis, 2004,5-8.

[5]潘承洞,潘承彪. 初等数论基础[M]. 北京:北京大学出版社,1992.

# 一个包含伪 Smarandache 函数及 Smarandache 可乘函数的方程

第2章

## §1 引言及结论

对任意正整数 $n$，定义著名的伪 Smarandache 函数 $Z(n)$ 为最小的正整数 $m$，使得 $n$ 整除 $\frac{m(m+1)}{2}$，即

$$Z(n)=\min\left\{m:n\left|\frac{m(m+1)}{2},m\in\mathbf{N}^*\right.\right\}$$

其中 $\mathbf{N}^*$ 表示所有正整数之集合. 从 $Z(n)$ 的定义容易推出 $Z(n)$ 的具体值，例如 $Z(n)$ 的前几项为：$Z(1)=1$，$Z(2)=3$，$Z(3)=2$，$Z(4)=7$，$Z(5)=4$，$Z(6)=3$，$Z(7)=6$，$Z(8)=15$，$Z(9)=8$，$Z(10)=4$，$Z(11)=10$，$Z(12)=8$，$Z(13)=12$，$Z(14)=7$，$Z(15)=5$，$Z(16)=31$，….

关于 $Z(n)$ 的初等性质，许多学者进行了研究，获得了不少有意义结果[1-4]. 这里我们列出下面几条简单性质：

(a) 对任意正整数 $\alpha$ 及奇素数 $p$，$Z(p^{\alpha})=p^{\alpha}-1$；

(b) 对任意正整数 $\alpha$，$Z(2^{\alpha})=2^{\alpha+1}-1$；

(c) $Z(n)$ 不是加性函数，也就是 $Z(m+n)=Z(m)+Z(n)$ 不恒成立；

(d) $Z(n)$ 不是可乘函数，也就是 $Z(m\cdot n)=Z(m)\cdot Z(n)$ 不恒成立.

现在我们定义另一个算术函数 $U(n)$ 如下：$U(1)=1$. 当 $n>1$ 且 $n=p_1^{\alpha_1}p_2^{\alpha_2}\cdots p_s^{\alpha_s}$ 为 $n$ 的标准素因数分解式时，定义

$$U(n)=\max\{\alpha_1p_1,\alpha_2p_2,\cdots,\alpha_sp_s\}$$

这个函数有时也被称为 Smarandache 可乘函数. 之所以这样称是因为任意一个算数函数 $f(n)$，如果它满足性质 $f(1)=1$，当 $n>1$ 且 $n=p_1^{\alpha_1}p_2^{\alpha_2}\cdots p_s^{\alpha_s}$ 为 $n$ 的标准分解式时

$$f(n)=\max\{f(p_1^{\alpha_1}),f(p_2^{\alpha_2}),\cdots,f(p_s^{\alpha_s})\}$$

把这样的函数均称为 Smarandache 可乘函数. 关于它的简单性质，虽然我们至今知道的不多，但是也有不少人进行过研究，获得了一些有理论价值的研究成果，参阅文[5]和[6]. 例如，沈虹在文[5]中证明了渐近公式

$$\sum_{n\leqslant x}(U(n)-P(n))^2=\frac{2\zeta\left(\frac{3}{2}\right)}{3}\cdot\frac{x^{\frac{3}{2}}}{\ln x}+O\left(\frac{x^{\frac{3}{2}}}{\ln^2 x}\right)$$

其中 $\zeta(s)$ 表示 Riemann $\zeta$－函数，$P(n)$ 表示 $n$ 的最大素因子.

汉中职业技术学院的闫晓霞教授于 2008 年利用初等方法研究了方程 $Z(n)=U(n)$ 及 $Z(n)+1=U(n)$

的可解性，并获得了这两个方程的所有正整数解，具体地说，也就是证明了下面的：

**定理 1** 对任意正整数 $n>1$，函数方程

$$Z(n)=U(n)$$

成立，当且仅当 $n=p\cdot m$，其中 $p$ 为奇素数，$m$ 为 $\frac{p+1}{2}$ 的任意大于 1 的因数，即 $m\left|\frac{p+1}{2}\right.$ 且 $m>1$.

**定理 2** 对任意正整数 $n$，函数方程

$$Z(n)+1=U(n)$$

成立，当且仅当 $n=p\cdot m$，其中 $p$ 为奇素数，$m$ 为 $\frac{p-1}{2}$ 的任意正因数，即 $m\left|\frac{p-1}{2}\right.$.

显然，我们的定理彻底解决了方程 $Z(n)=U(n)$ 及 $Z(n)+1=U(n)$ 的可解性问题. 也就是证明了这两个方程有无穷多个正整数解，并给出了它们每个解的具体形式！特别是在区间[1,100]中，方程 $Z(n)=U(n)$ 有 9 个解，它们分别是 $n=1,6,14,15,22,28,33,66,91$. 而方程 $Z(n)+1=U(n)$ 在区间[1,50]中有 19 个解，它们分别是 $n=3,5,7,10,11,13,17,19,21,23,26,29,31,34,37,39,41,43,47$.

## §2 定理的证明

这节我们利用初等方法给出定理的直接证明. 首先，证明定理 1. 事实上，当 $n=1$ 时，方程 $Z(n)=U(n)=1$ 成立. 当 $n=2,3,4,5$ 时，显然 $n$ 不满足方程

$Z(n)=U(n)$. 于是假定 $n\geqslant 6$ 且满足方程 $Z(n)=U(n)$,不妨设 $n=p_1^{\alpha_1}p_2^{\alpha_2}\cdots p_s^{\alpha_s}$ 为 $n$ 的标准素因数分解式,并令 $U(n)=U(p^{\alpha})=\alpha p$. 于是由函数 $Z(n)$ 及 $U(n)$ 的定义可知 $\alpha p$ 是最小的正整数,使得 $n$ 满足下面的整除式

$$n\left|\frac{\alpha p(\alpha p+1)}{2},p^{\alpha}\right| n \tag{1}$$

现在我们证明在式(1)中 $\alpha=1$. 事实上,如果 $\alpha>1$,则由 $p^{\alpha}\mid n$ 立刻推出

$$p^{\alpha}\left|\frac{\alpha p(\alpha p+1)}{2}\right. \tag{2}$$

由于 $(p,\alpha p+1)=1$,所以由上式立刻推出 $p^{\alpha-1}\mid\alpha$. 当 $p$ 为奇素数时显然式(2)是不可能的,因为此时 $p^{\alpha-1}>\alpha$,与 $p^{\alpha-1}\mid\alpha$ 矛盾. 当 $p=2$ 时,推出 $\alpha=2$. 这时式(2)成为 $4\left|\frac{4\times 5}{2}\right.=10$,矛盾!所以在式(1)中一定有 $\alpha=1$ 且 $p$ 为奇素数. 此时可设 $n=p\cdot m$,则由式(1)可推出 $p\cdot m\left|\frac{p(p+1)}{2}\right.$,也就是 $m\left|\frac{p+1}{2}\right.$. 显然 $m\neq 1$. 否则 $n=p$,$Z(p)=p-1$,$U(p)=p$ 与 $Z(n)=U(n)$ 矛盾!而当 $n=p\cdot m$,$m$ 为 $\frac{p+1}{2}$ 的任意大于1的因数时,$Z(n)=p$,$U(n)=p$,所以一定有 $Z(n)=U(n)$. 从而推出 $n>1$ 且满足方程 $Z(n)=U(n)$,当且仅当 $n=p\cdot m$,$m$ 为 $\frac{p+1}{2}$ 的任意大于1的因数. 于是完成了定理1的证明.

现在我们证明定理2. 显然 $n=1$ 不满足方程 $Z(n)+1=U(n)$. 于是不妨设 $n>2$ 且满足方程 $Z(n)+1=U(n)$,并令 $U(n)=U(p^{\alpha})=\alpha p$. 于是由

$Z(n)+1=U(n)$ 可得 $Z(n)=\alpha p-1$. 再由函数 $Z(n)$ 及 $U(n)$ 的定义可推出

$$n \left| \frac{\alpha p(\alpha p-1)}{2}, p^{\alpha} \right| n \tag{3}$$

由于 $(p,\alpha p-1)=1$,所以由式(3)立刻推出 $p^{\alpha-1} \mid \alpha$. 从而利用证明定理1的分析过程不难推出 $\alpha=1$ 且 $p$ 为奇素数. 所以可设 $n=p\cdot m$. 再利用式(3)不难推出 $m \left| \frac{p-1}{2} \right.$. 而当 $n=p\cdot m$,$m$ 为 $\frac{p-1}{2}$ 的任意正因数时,容易验证 $n$ 满足方程 $Z(n)+1=U(n)$. 所以方程 $Z(n)+1=U(n)$ 成立,当且仅当 $n=p\cdot m$,$m$ 为 $\frac{p-1}{2}$ 的任意正因数. 于是完成了定理 2 的证明.

## 参考文献

[1]SMARANDACHE F. Only problems, not solutions[M]. Chicago:Xiquan Publishing House,1993.

[2]DAVID G. The pseudo Smarandache functions[J]. Smarandache notions journal,2000,12:140-145.

[3]LE M H. Two function equations[J]. Smarandache notions journal,2004,14:180-182.

[4]JOZSEF S. On a dual of the pseudo—Smarandache function[J]. Smarandache notions(Book series),2002,13:16-23.

[5]沈虹. 一个新的数论函数及其他的值分布[J]. 纯粹数学与应用数学,2007,23(2):235-238.

[6]JOZSEF S. On additive analogues of certain arithmetic function [J]. Smarandache notions journal,2004,14:128-132.

[7]KENICHIRO K. Comments and topics on Smarandache notions and problems[M]. USA: Erhus University Press, 1996.

[8]张文鹏.初等数论[M].西安:陕西师范大学出版社,2007.
[9]潘承洞,潘承彪.素数定理的初等证明[M].上海:上海科学技术出版社,1988.

# 一个包含 $Z(n)$ 和 $D(n)$ 函数的方程及其正整数解

第3章

## §1 引言及结论

对于任意正整数 $n$，定义著名的伪 Smarandache 函数 $Z(n)$ 为最小的正整数 $m$，使得 $n \left| \frac{m(m+1)}{2} \right.$，也就是

$$Z(n)=\min\left\{m:n\left|\frac{m(m+1)}{2}\right.,m\in\mathbf{N}^*\right\}$$

例如，$Z(1)=1$，$Z(2)=3$，$Z(3)=2$，$Z(4)=7$，$Z(5)=4$，$Z(6)=3$，$Z(7)=6$，$Z(8)=15$，$Z(9)=8$，$Z(10)=4$，$Z(11)=10$，$Z(12)=8$，$Z(13)=12$，$Z(14)=7$，$Z(15)=5$，$Z(16)=31$，$Z(17)=16$，$Z(18)=8$，$Z(19)=18$，$\cdots$.

这一函数是美籍罗马尼亚著名数论专家 Smarandache 教授提出的[1]，并建议人们研究它的性质.关于这一问题，许多学者进行了研究，获得了不少有价值的研究结果[2-5].例如，文[2]的作者利用初等方法及其素数分布定理给出了渐近公式

$$\sum_{n\leqslant x}\ln Z(n)=x\ln x+O(x)$$

然而我们对函数 $Z(n)$ 的初等性质至今仍然了解得很少，甚至也不知道是否存在 $\sum\limits_{n\leqslant x}Z(n)$ 及 $\sum\limits_{n\leqslant x}\dfrac{1}{Z(n)}$ 的一个非平凡的渐近公式.我们猜测当 $x\to\infty$ 时有渐近式

$$\sum_{n\leqslant x}Z(n)\sim c_1x^2$$

$$\sum_{n\leqslant x}\frac{1}{Z(n)}\sim c_2\ln x$$

其中 $c_1$ 和 $c_2$ 为常数.这是两个没有解决的问题.

另外，在文[8]中，作者引入了一个新的数论函数 $D(n)$，它的定义为最小的正整数 $m$，使得 $n\mid d(1)d(2)d(3)\cdots d(m)$，其中 $d(n)$ 为 Dirichlet 除数函数，也就是

$$D(n)=\min\left\{m:n\left|\prod_{i=1}^{m}d(i),m\in\mathbf{N}^*\right.\right\}$$

例如，$D(1)=1$，$D(2)=2$，$D(3)=4$，$D(4)=3$，$D(5)=2^4$，$D(6)=4$，$D(7)=2^6$，$D(8)=4$，$D(9)=9$，$D(10)=16$，$D(11)=2^{10}$，$D(12)=4$，$D(13)=2^{12}$，$D(14)=64$，$D(15)=16$，$D(16)=6$，$\cdots$，$D(p)=2^{p-1}$，其中 $p$ 为素数.关于 $D(n)$ 的一些初等性质，文[7]以及[8]都进行了研究，文[7]还利用解析方法给出了渐近公式

$$\sum_{n\leqslant x}\ln(D(n))=\frac{\pi^2\cdot\ln 2}{12}\cdot\frac{x^2}{\ln x}+\sum_{i=2}^{k}\frac{c_i\cdot x^2}{\ln^i x}+O\left(\frac{x^2}{\ln^{k+1}x}\right)$$

这里 $k$ 为任意给定的正整数，$c_i(i=2,3,\cdots,k)$ 是可计算的常数.

张文鹏教授建议我们研究一个包含数论函数 $D(n)$ 及伪 Smarandache 函数 $Z(n)$ 的方程 $2^{Z(n)}=D(n)$ 的可解性，并求出它的所有正整数解. 西安财经学院统计学院的葛键教授于 2009 年利用初等方法研究了这一问题，并得到了完全解决. 具体地说，也就是证明了下面的定理.

**定理** 对任意整数 $n\geqslant 1$，方程 $2^{Z(n)}=D(n)$ 成立，当且仅当 $n$ 具有如下形式：

(1) $n=p$，其中 $p\geqslant 3$ 为素数；

(2) $n=k\cdot p$，其中 $p\geqslant 5$ 为素数，$k$ 为 $\frac{p-1}{2}$ 的任意大于 1 的因数，也就是 $k\left|\frac{p-1}{2}\right.$ 且 $k>1$.

显然，我们的定理不仅完全解决了方程 $2^{Z(n)}=D(n)$ 的可解性问题，同时证明了该方程有无穷多个正整数解，并获得了该方程所有正整数解的具体形式.

## §2 定理的证明

本节我们利用初等方法以及 $Z(n)$ 和 $D(n)$ 的性质直接给出定理的证明. 关于 $Z(n)$ 的性质，参阅文[3]和[4]. 关于 $D(n)$ 的性质，只有文[8]中讨论得比较仔细，可以参考．现在我们分以下几种情况进行讨论：

首先，当 $n=1$ 时，$Z(1)=1$，$D(1)=1$，显然 $n=1$ 不是方程的解；当 $n=2$ 时，$Z(2)=3$，$D(2)=2$，显然 $n=2$ 不是方程的解．

其次，当 $n=p$ 时，设 $D(p)=m$，则由 $D(n)$ 的定义，我们有

$$p\left|\prod_{i=1}^{m}d(i),p\nmid\prod_{i=1}^{j}d(i)\quad(0<j<m)\right.$$

因此，$p\mid d(m)$，令 $m=p_1^{\alpha_1}p_2^{\alpha_2}\cdots p_r^{\alpha_r}$，则由 $p\mid d(m)=(\alpha_1+1)(\alpha_2+1)\cdots(\alpha_r+1)$ 可知，$p$ 整除 $\alpha_i+1$ 中的某一个，这里 $1\leqslant i\leqslant r$．不妨设 $p$ 整除 $\alpha_i+1$，于是有 $m\geqslant p_i^{\alpha_i}\geqslant 2^{p-1}$．故 $m=2^{p-1}$ 是使得 $p\mid d(m)$ 的最小正整数，即 $D(p)=2^{p-1}$．由 $Z(n)$ 的定义易知，当 $p\geqslant 3$ 时，$Z(p)=p-1$．因此，任意的素数 $p\geqslant 3$ 都是方程 $2^{Z(n)}=D(n)$ 的解．

下面我们讨论 $n$ 为合数的情况：定义两个集合 $A=\{n:P(n)<\sqrt{n}\}$ 和 $B=\{n:P(n)\geqslant\sqrt{n}\}$，其中 $P(n)$ 为 $n$ 的最大素因子．由 $Z(n)$ 的定义知，$Z(n)\geqslant\sqrt{2n}-\frac{1}{2}$．事实上，设 $Z(n)=m$，则 $n\left|\frac{m(m+1)}{2}\right.$，于是有 $n\leqslant\frac{m(m+1)}{2}$ 或者 $m^2+m\geqslant 2n$，解不等式可得 $Z(n)\geqslant\sqrt{2n}-\frac{1}{2}$．

由于 $D(n)$ 是一个 Smarandache 可乘函数[8]，也就是当 $n=p_1^{\alpha_1}p_2^{\alpha_2}\cdots p_k^{\alpha_k}$ 为 $n$ 的标准分解式时，$D(n)=\max\{D(p_1^{\alpha_1}),D(p_2^{\alpha_2}),\cdots,D(p_k^{\alpha_k})\}$．所以当 $n\in A$ 时，

$D(n) \leqslant 2^{\sqrt{n}}$，则 $2^{Z(n)} \geqslant 2^{\sqrt{2n}-\frac{1}{2}} \geqslant 2^{\sqrt{n}} \geqslant D(n)$，显然当 $n \in A$ 时方程 $2^{Z(n)}=D(n)$ 无整数解. 当 $n \in B$ 时，由于 $P(n) \geqslant \sqrt{n}$，注意到 $D(n)$ 为 Smarandache 可乘函数，所以当 $n \in B$ 时有 $D(n)=2^{p-1}$，于是当 $D(n)=D(P(n))=2^{p-1}=2^{Z(n)}$ 时可得 $Z(n)=p-1$，由伪 Smarandache 函数 $Z(n)$ 的定义可得 $n$ 整除$\frac{p(p-1)}{2}$，注意到 $Z(n) \geqslant \sqrt{2n}-\frac{1}{2}$. 于是可设 $n=k \cdot p$，由 $Z(n)$ 的性质及 $B$ 的定义可知 $k \left| \frac{p-1}{2} \right.$. 又由于 $n$ 为合数，所以 $k \neq 1$，也就是 $k$ 为整除$\frac{p-1}{2}$并且大于 1 的整数.

结合以上两种情况我们立刻完成定理的证明.

## 参考文献

[1]SMARANDACHE F. Only problems, not solutions[M]. Chicago: Xiquan Publishing House, 1993.

[2]LOU Y B. On the pseudo the Smarandache function[J]. Scientia magna, 2007, 3(4): 48-50.

[3]LE M H. Two functional equations[J]. Smarandache notions journal, 2004, 14: 180-182.

[4]张文鹏. 关于 Smarandache 函数的两个问题[J]. 西北大学学报, 2008, 173(2): 173-176.

[5]DAIVD G. The pseudo—Smarandache function[J]. Smarandche notions, 2002, 13: 140-149.

[6]HARDY G H, WRIGHT E M. An introduction to the theory of numbers[M]. Oxford: Oxford Univ. Press, 1937.

[7]SHANG S Y, CHEN G H. An new Smarandache multiplica-

tive function and its mean value formula, research on number theory and Smarandache notions(collected papers)[M]. USA: Hexis, 2009.

[8] LI L. An new Smarandache multiplicative function and its arithmetical properties, research on number theory and Smarandache notions(Collected papers)[M]. USA: Hexis, 2009.

[9] APOSTOL T M. Introduction to Analytic number theory[M]. New York: Springer-Verlag, 1976.

# 关于 Smarandache 函数的一个同余方程

第 4 章

## §1 引言及结论

关于 Smarandache 函数 $S(n)$ 及其有关函数的算术性质，许多学者进行了研究，获得了许多重要的结果！有兴趣的读者可参阅文[2]～[5]，[9]. 例如，文[2] 证明了下面的结论：设 $P(n)$ 表示 $n$ 的最大素因子，那么对任意实数 $x>1$，我们有渐近公式
$$\sum_{n\leqslant x}(S(n)-P(n))^2=\frac{2\zeta\left(\frac{3}{2}\right)x^{\frac{3}{2}}}{3\ln x}+O\left(\frac{x^{\frac{3}{2}}}{\ln^2 x}\right)$$
，其中 $\zeta(s)$ 是 Riemann $\zeta$－函数.

乐茂华教授在文[4]中研究了函数 $S(2^{p-1}(2^p-1))$ 的下界估计问题,并证明了对任意素数 $p$ 有估计式 $S(2^{p-1}(2^p-1))\geqslant 2p+1$.

杜凤英在文[5]中研究了和式

$$\sum_{d\mid n}\frac{1}{S(d)} \tag{1}$$

为整数的问题,并证明了下面三个结论:

(a) 当 $n$ 为无平方因子数时,式(1)不可能是正整数;

(b) 对任意奇素数 $p$ 及任意正整数 $\alpha$,当 $n=p^{\alpha}$ 且 $\alpha\leqslant p$ 时,式(1)不可能是正整数;

(c) 对于任意正整数 $n$,当 $n$ 的标准分解式为 $p_1^{\alpha_1}\cdot p_2^{\alpha_2}\cdot\cdots\cdot p_{k-1}^{\alpha_{k-1}}\cdot p_k$ 且 $S(n)=p_k$ 时,式(1)不可能是正整数.

此外,文[6]中介绍了函数 $S(n)$ 的一系列初等性质,同时建议人们研究同余方程

$$1^{S(n-1)}+2^{S(n-1)}+\cdots+(n-1)^{S(n-1)}+1\equiv 0\ (\mathrm{mod}\ n) \tag{2}$$

的所有正整数解.

关于这一问题,至今很少有人研究,我们翻阅了大量的资料,发现仅有一篇相关的论文中研究了这一问题[7],证明了下面的结论:

同余方程(2)的素数解仅有三个,它们分别是 $n=2,3$ 及 5.

延安大学数学与计算机学院的赵院娥教授于 2009 年研究了同余方程(2)对一般整数的可解性,并完全解决了这一问题!具体地说,就是证明了下面的:

**定理**　对任意正整数 $n>1$,同余方程 $1^{S(n-1)}+$

$2^{S(n-1)}+\cdots+(n-1)^{S(n-1)}+1\equiv 0 \pmod n$ 成立，当且仅当 $n=2,3,5$.

由定理可知同余方程(2) 没有合数解，所以文[6]实际上得到了同余方程(2) 的所有正整数解！因此本文彻底解决了文[6] 提出的问题！

## §2 定理的证明

这节我们利用初等方法及原根的性质来完成定理的证明. 关于原根的存在性及其有关性质，可以参阅文[8] 和[9]. 我们分几种情况讨论：首先，当 $n>1$ 且为素数时，由[6] 可知同余方程(2) 有且仅有三个解 $n=2,3$ 及 5. 其次，当 $n=p^{\alpha}$ 为素数的方幂时($\alpha>1$)，容易验证 $p=2$ 不是同余方程(2) 的解，因为此时 $\alpha\geqslant 2$，而 $1^{S(n-1)}+2^{S(n-1)}+\cdots+(n-1)^{S(n-1)}$ 为偶数，所以 $1^{S(n-1)}+2^{S(n-1)}+\cdots+(n-1)^{S(n-1)}+1$ 为奇数，从而 $n$ 不可能是同余方程(2) 的解. 于是假定 $p\geqslant 3$，由 Smarandache 函数的性质可知

$$S(n-1)<\frac{1}{2}n$$

所以 $\phi(n)=p^{\alpha}\left(1-\frac{1}{p}\right)$ 不可能整除 $S(n-1)$. 由原根的存在定理可知 $n=p^{\alpha}$ 存在原根，设 $g$ 为模 $n=p^{\alpha}$ 的任一原根，显然当 $p\mid k$ 时有 $p^{\alpha}\mid k^{S(n-1)}$，所以由原根的性质可得

$$\begin{aligned}&1^{S(n-1)}+2^{S(n-1)}+\cdots+(n-1)^{S(n-1)}+1\\=&\sum_{\substack{i=1\\(i,p)=1}}^{n-1} i^{S(n-1)}+\sum_{i=1}^{p^{\alpha-1}-1}(ip)^{S(n-1)}+1\end{aligned}$$

$$\equiv g^{0\cdot(n-1)}+g^{1\cdot S(n-1)}+\cdots+g^{(\phi(n)-1)\cdot S(n-1)}+1$$

$$\equiv \frac{1-g^{\phi(n)\cdot S(n-1)}}{1-g^{S(n-1)}}+1 \pmod n \tag{3}$$

因为 $g$ 为模 $n$ 的原根，所以 $g^{\phi(n)}\equiv 1 \pmod n$，从而推出 $g^{\phi(n)\cdot S(n-1)}\equiv 1 \pmod n$，而 $(g^{S(n-1)}-1,n)=1$，因此有

$$\frac{g^{\phi(n)\cdot S(n-1)}-1}{g^{S(n-1)-1}}\equiv 0 \pmod n \tag{4}$$

结合同余式(3)及(4)立刻得到 $1^{S(n-1)}+2^{S(n-1)}+3^{S(n-1)}+\cdots+(n-1)^{S(n-1)}+1\equiv 1 \pmod n$，所以 $n=p^{\alpha}$ 不可能是同余方程(2)的解.

最后，当 $n$ 至少含有两个不同的素因子时，设 $n=p_1^{\alpha_1}\cdot p_2^{\alpha_2}\cdot\cdots\cdot p_k^{\alpha_k}$ 为 $n$ 的标准分解式. 由于 $(n-1,n)=1$，$S(n-1)=\beta\cdot p$，这里 $p$ 为 $n-1$ 的一个素因子，$\beta$ 小于或等于 $p$ 在 $n-1$ 的标准分解式中的方幂. 所以所有 $\phi(p_i^{\alpha_i})$ 不可能都整除 $S(n-1)$，其中 $i=1,2,\cdots,k$. 不失一般性假定 $\phi(p_k^{\alpha_k})$ 不整除 $S(n-1)$. 注意到，当 $p_k\mid i$ 时，有 $p_k^{\alpha_k}\mid i^{S(n-1)}$，设 $g$ 为模 $p_k^{\alpha_k}$ 的任一原根，于是由原根的定义及性质可得

$$1^{S(n-1)}+2^{S(n-1)}+\cdots+(n-1)^{S(n-1)}+1$$

$$=\frac{n}{p_k^{\alpha_k}}\Big[\sum_{\substack{i=1\\(i,p_k)=1}}^{n-1} i^{S(n-1)}+\sum_{i=1}^{\frac{n}{p_k^{\alpha_k}}-1}(ip)^{S(n-1)}\Big]+1$$

$$\equiv\frac{n}{p_k^{\alpha_k}}(g^{0\cdot S(n-1)}+\cdots+g^{(\phi(p_k^{\alpha_k})-1)\cdot S(n-1)})+1$$

$$\equiv\frac{n}{p_k^{\alpha_k}}\cdot\frac{g^{\phi(p_k^{\alpha_k})\cdot S(n-1)}-1}{g^{S(n-1)}-1}+1 \pmod{p_k^{\alpha_k}} \tag{5}$$

由于 $g$ 为模 $p_k^{\alpha_k}$ 的原根且 $\phi(p_k^{\alpha_k})$ 不整除 $S(n-1)$，所以有同余式

$$\frac{g^{\phi(p_k^{\alpha_k})\cdot S(n-1)}-1}{g^{S(n-1)}-1}\equiv 0\ (\bmod\ p_k^{\alpha_k}) \qquad (6)$$

结合式(5)及(6)可得 $1^{S(n-1)}+2^{S(n-1)}+3^{S(n-1)}+\cdots+(n-1)^{S(n-1)}+1\equiv 1\ (\bmod\ p_k^{\alpha_k})$. 因此 $n=p_1^{\alpha_1}\cdot p_2^{\alpha_2}\cdot\cdots\cdot p_k^{\alpha_k}$ 不可能为同余方程(2)的解.

于是完成了定理的证明.

## 参考文献

[1] SMARANDACHE F. Only problems, not solutions[M]. Chicago: Xiquan Publishing House, 1993.

[2]徐哲峰. Smarandache 函数的值分布[J]. 数学学报, 2006, 49(5): 1009-1012.

[3]LU Y M. On the solutions of an equation involving the Smarandache function[J]. Scientia Magna, 2006, 2(1): 76-79.

[4]乐茂华. 关于 Smarandache 函数的一个猜想[J]. 黑龙江大学学报:自然科学版, 2007, 24(5): 687-688.

[5]杜凤英. 关于 Smarandache 函数 $S(n)$ 的一个猜想[J]. 纯粹数学与应用数学, 2007, 23(2): 205-208.

[6]DUMITRESCU C, SELEACU V. The Smarandache function[M]. USA: Erhus University Press, 1996.

[7]QIN W. On a problem related to the Smarandache function[J]. Scientia Magna, 2008, 4(3): 106-108.

[8]TOM M A. Introduction to Analytic Number Theory[M]. New York: Springer-Verlag, 1976.

[9]张文鹏. 初等数论[M]. 西安:陕西师范大学出版社, 2007.

[10] KENICHIRO K. Comments and topics on Smarandache notions and problems[M]. USA: Erhus University Press, 1996.

# 一个包含新的 Smarandache 函数的方程

## 第 5 章

### §1　引言及结论

对任意正整数 $n$，定义著名的 Smarandache LCM 函数 $SL(n)$ 为最小的正整数 $m$，使得 $n\mid[1,2,\cdots,m]$，其中 $[1,2,\cdots,m]$ 表示 $1,2,\cdots,m$ 的最小公倍数[1]. 例如，$SL(n)$ 的前几个值是 $SL(1)=1$，$SL(2)=2$，$SL(3)=3$，$SL(4)=4$，$SL(5)=5$，$SL(6)=3$，$SL(7)=7$，…. 不少学者研究过 $SL(n)$ 的初等性质，并获得了一系列结果，参阅文献[2]～[7]. 现在令 $n=p_1^{\alpha_1}p_2^{\alpha_2}\cdots p_k^{\alpha_k}$ 表示 $n$ 的标准分解式时，则由 $SL(n)$ 的性质容易得到

$$SL(n)=\max\{p_1^{\alpha_1},p_2^{\alpha_2},\cdots,p_k^{\alpha_k}\}$$

我们通常将满足条件 $f(n)=\max\{f(p_1^{\alpha_1}),f(p_2^{\alpha_2}),\cdots,f(p_k^{\alpha_k})\}$ 的算术函数 $f(n)$ 称为 Smarandache 可乘函数. 因此 $SL(n)$ 是一个 Smarandache 可乘函数. 受文献[8]的启发,海南师范大学数学与统计学院的陈国慧教授于 2010 年定义了一个新的 Smarandache 型函数$\overline{SL}(n)$ 如下:$\overline{SL}(1)=1$,当 $n>1$ 且 $n=p_1^{\alpha_1}p_2^{\alpha_2}\cdots p_k^{\alpha_k}$ 为 $n$ 的标准分解式时定义

$$\overline{SL}(n)=\min\{p_1^{\alpha_1},p_2^{\alpha_2},\cdots,p_k^{\alpha_k}\}$$

研究发现函数$\overline{SL}(n)$ 与函数 $SL(n)$ 有许多类似的性质,例如,当 $n$ 为素数的方幂时,$\overline{SL}(n)=SL(n)$. 对于 $\overline{SL}(n)$ 函数及 Euler 函数 $\varphi(n)$,经检验我们发现存在无限多个正整数 $n$ 使得 $\sum_{d\mid n}\overline{SL}(d)>\varphi(n)$. 事实上,由式(1) 知,当 $n=p^{\alpha}$ 为素数方幂时,我们有

$$\sum_{d\mid n}\overline{SL}(d)=\sum_{d\mid p^{\alpha}}\overline{SL}(d)=1+p+\cdots+p^{\alpha}>p^{\alpha}-p^{\alpha-1}=\varphi(n)$$

同时又存在无限多个正整数 $n$,使得 $\sum_{d\mid n}\overline{SL}(d)<\varphi(n)$. 例如,当 $n$ 为两个不同奇素数的乘积时,即 $n=p\cdot q$,若 $5\leqslant p<q$ 为素数,那么

$$\begin{aligned}&\sum_{d\mid n}\overline{SL}(d)\\=&\sum_{d\mid p\cdot q}\overline{SL}(d)\\=&1+2p+q\\<&(p-1)\cdot(q-1)=\varphi(n)\end{aligned}$$

于是,我们自然想到,对于哪些正整数 $n$,会有方程

$$\sum_{d\mid n}\overline{SL}(d)=\varphi(n)\tag{1}$$

成立，其中 $\sum_{d|n}$ 表示对 $n$ 的所有正因数求和，$\varphi(n)$ 为 Euler 函数.

本文的主要目的就是利用初等方法研究方程(1)的可解性，并获得了该方程的所有正整数解. 具体地说，也就是证明了下面的：

**定理**　方程 $\sum_{d|n}\overline{SL}(d)=\varphi(n)$ 有且仅有五个正整数解 $n=1,75,88,102,132$.

## §2　引理及其证明

为了完成定理的证明. 首先需要两个简单引理.

**引理 1**　不等式 $\varphi(m)<4d(m)$ 成立，当且仅当 $m=1,2,3,4,5,6,7,8,9,10,12,14,15,16,18,20,21,24,28,30,32,36,40,42,48,56,60,72,80,84,96,120,144,168,288$. 这里 $d(m)$ 为 Dirichlet 除数函数.

**证明**　令 $m=p_1^{\alpha_1}p_2^{\alpha_2}\cdots p_k^{\alpha_k}$ 表示 $m$ 的标准素因数分解式. 我们分以下几种情况来进行讨论：

(i) 如果分解式中存在因子 $2^\alpha$ 且 $\alpha\geqslant 6$，则有

$$\begin{aligned}\frac{\varphi(m)}{d(m)}&=\prod_{i=1}^{k}\frac{p_i^{\alpha_i}\left(1-\frac{1}{p_i}\right)}{\alpha_i+1}\\&=\prod_{i=1}^{k}\frac{p_i^{\alpha_i-1}(p_i-1)}{\alpha_i+1}\\&\geqslant\frac{2^{\alpha-1}}{\alpha+1}>4\end{aligned}$$

即 $\varphi(m)>4d(m)$.

(ii) 如果分解式中存在因子 $3^\alpha$ 且 $\alpha\geqslant 3$，则有

$$\frac{\varphi(m)}{d(m)} \geqslant \frac{3^{\alpha-1} \cdot 2}{\alpha+1} > 4$$

即 $\varphi(m) > 4d(m)$.

(iii) 如果分解式中存在因子 $5^{\alpha}$ 且 $\alpha \geqslant 2$,则有

$$\frac{\varphi(m)}{d(m)} \geqslant \frac{5^{\alpha-1} \cdot 4}{\alpha+1} > 4$$

即 $\varphi(m) > 4d(m)$.

(iv) 如果分解式中存在因子 $7^{\alpha}$ 且 $\alpha \geqslant 2$,则有

$$\frac{\varphi(m)}{d(m)} \geqslant \frac{7^{\alpha-1} \cdot 6}{\alpha+1} > 4$$

即 $\varphi(m) > 4d(m)$.

(v) 如果分解式中存在因子 $p^{\alpha}$ 且 $p \geqslant 11$,则有

$$\frac{\varphi(m)}{d(m)} \geqslant \frac{p^{\alpha-1} \cdot (p-1)}{\alpha+1} > 4$$

即 $\varphi(m) > 4d(m)$.

因此,我们只需在 $m=2^{\alpha} \cdot 3^{\beta} \cdot 5^{\gamma} \cdot 7^{\delta}(0 \leqslant \alpha \leqslant 5, 0 \leqslant \beta \leqslant 2, \gamma=\delta=0$ 或 $1)$ 中寻找满足条件 $\varphi(m) < 4d(m)$ 的正整数 $m$ 即可,经过验证,得出以下的 35 个满足条件的 $m$:$m=1,2,3,4,5,6,7,8,9,10,12,14,15,16,18,20,21,24,28,30,32,36,40,42,48,56,60,72,80,84,96,120,144,168,288$. 于是完成了引理 1 的证明.

**引理 2** 当 $m$ 不含有素因子 2 时,不等式 $\varphi(m) < 6d(m)$ 成立,当且仅当 $m=1,3,5,7,9,11,15,21,27,33,35,45,63,105$.

**证明** 令 $m=p_1^{\alpha_1} p_2^{\alpha_2} \cdots p_k^{\alpha_k}$ 表示 $m$ 的标准素因数分解式,其中 $p_i \geqslant 3(i=1,2,\cdots,k)$. 我们分以下几种情况来进行讨论:

(i) 如果分解式中存在因子 $3^{\alpha}$ 且 $\alpha \geqslant 4$,则有

$$\frac{\varphi(m)}{d(m)} \geqslant \frac{3^{\alpha-1} \cdot 2}{\alpha+1} > 6$$

即 $\varphi(m) > 6d(m)$.

(ii) 如果分解式中存在因子 $5^{\alpha}$ 且 $\alpha \geqslant 2$,则有

$$\frac{\varphi(m)}{d(m)} \geqslant \frac{5^{\alpha-1} \cdot 4}{\alpha+1} > 6$$

即 $\varphi(m) > 6d(m)$.

(iii) 如果分解式中存在因子 $7^{\alpha}$ 且 $\alpha \geqslant 2$,则有

$$\frac{\varphi(m)}{d(m)} \geqslant \frac{7^{\alpha-1} \cdot 6}{\alpha+1} > 6$$

即 $\varphi(m) > 6d(m)$.

(iv) 如果分解式中存在因子 $11^{\alpha}$ 且 $\alpha \geqslant 2$,则有

$$\frac{\varphi(m)}{d(m)} \geqslant \frac{11^{\alpha-1} \cdot (p-1)}{\alpha+1} > 6$$

即 $\varphi(m) > 6d(m)$.

(v) 如果分解式中存在因子 $p^{\alpha}$ 且 $p \geqslant 13$,则有

$$\frac{\varphi(m)}{d(m)} \geqslant \frac{p^{\alpha-1} \cdot (p-1)}{\alpha+1} > 6$$

即 $\varphi(m) > 6d(m)$.

因此,我们只需在 $m = 3^{\alpha} \cdot 5^{\beta} \cdot 7^{\gamma} \cdot 11^{\delta}(0 \leqslant \alpha \leqslant 3, 0 \leqslant \beta \leqslant 1, 0 \leqslant \gamma \leqslant 1, 0 \leqslant \delta \leqslant 1)$ 中寻找满足条件 $\varphi(m) < 6d(m)$ 的正整数 $m$ 即可,经过验证,得出以下 14 个满足条件的 $m$:$m = 1,3,5,7,9,11,15,21,27,33,35,45,63,105$.

于是完成了引理 2 的证明.

## §3　定理的证明

现在我们利用这两个引理来给出定理的证明. 容

易验证 $n=1$ 是方程的解. 设 $n>1$ 且 $n=p_1^{\alpha_1}p_2^{\alpha_2}\cdots p_k^{\alpha_k}$ 是 $n$ 的标准素因数分解式，因为 $n=p^\alpha$ 不满足方程，所以当 $n$ 满足方程时有 $k\geqslant 2$. 现在设

$$SL(n)=\max\{p_1^{\alpha_1},p_2^{\alpha_2},\cdots,p_k^{\alpha_k}\}=p^\alpha$$

为方便起见，设 $n=mp^\alpha$ 满足方程，此时应有

$$\begin{aligned}\sum_{d\mid n}\overline{SL}(d)&=\sum_{i=0}^{\alpha}\sum_{d\mid m}\overline{SL}(dp^i)\\&=\sum_{d\mid m}\overline{SL}(d)+\sum_{i=1}^{\alpha}\sum_{d\mid m}\overline{SL}(dp^i)\\&=p^{\alpha-1}(p-1)\varphi(m)\end{aligned}$$

因为当 $d\mid m$ 时，$\overline{SL}(dp^i)\leqslant p^i$，所以

$$\begin{aligned}&p^{\alpha-1}(p-1)\varphi(m)\\\leqslant&\sum_{d\mid m}\overline{SL}(d)+\sum_{i=1}^{\alpha}\sum_{d\mid m}p^i\\=&\sum_{d\mid m}\overline{SL}(d)+d(m)\cdot\sum_{i=1}^{\alpha}p^i\\=&\sum_{d\mid m}\overline{SL}(d)+\frac{p(p^\alpha-1)}{p-1}d(m)\end{aligned}$$

上式两边同除以 $p^{\alpha-1}(p-1)$，并注意到当 $d\mid m$ 时 $\overline{SL}(d)\leqslant p^i$，所以有

$$\begin{aligned}\varphi(m)&\leqslant\sum_{d\mid m}\frac{\overline{SL}(d)}{p^{\alpha-1}(p-1)}+\frac{p(p^\alpha-1)}{p^{\alpha-1}(p-1)^2}d(m)\\&\leqslant\frac{p}{p-1}\cdot d(m)+\left(\frac{p}{p-1}\right)^2\cdot d(m)\\&=\frac{p(p-1)+p^2}{(p-1)^2}\cdot d(m)\end{aligned}$$

当 $p>2$ 时，上式变为 $\varphi(m)<4\varphi(m)$，当 $p=2$ 时，上式变为 $\varphi(m)\leqslant 6d(m)$. 即若 $n=mp^\alpha$ 满足方程，当 $p>2$ 时，应有 $\varphi(m)<4d(m)$，也就是当 $\varphi(m)\geqslant 4d(m)$ 时，$n=mp^\alpha$ 不是方程的解；或当 $p=2$ 时，应有

$\varphi(m)\leqslant 6d(m)$，也就是当 $\varphi(m)>6d(m)$ 时，$n=m\cdot 2^{\alpha}$ 不是方程的解.

由引理 1 可知，$\varphi(m)<4d(m)$，当且仅当 $m=1$，2,3,4,5,6,7,8,9,10,12,14,15,16,18,20,21,24,28,30,32,36,40,42,48,56,60,72,80,84,96,120,144,168,288. 由引理 2 可知，当 $p=2$ 时，$\varphi(m)<6d(m)$，当且仅当 $m=1,3,5,7,9,11,15,21,27,33,35,45,63,105$. 下面只需讨论在上述列举的 $m$ 中，哪些 $n=mp^{\alpha}$ 满足方程即可.

（1）当 $m=1$ 时，$n=p^{\alpha}$，这里 $p$ 是任意素数

$$\begin{aligned}\sum_{d\mid p^{\alpha}}\overline{SL}(d)&=1+p+p^2+\cdots+p^{\alpha}\\&>p^{\alpha}-p^{\alpha-1}=\varphi(p^{\alpha})\end{aligned}$$

即 $n=p^{\alpha}$ 不是方程(1)的解.

（2）当 $m=2$ 时，$n=2p^{\alpha}$，这里 $p\geqslant 3$

$$\begin{aligned}\sum_{d\mid 2p^{\alpha}}\overline{SL}(d)&=\sum_{d\mid p^{\alpha}}\overline{SL}(d)+\sum_{d\mid p^{\alpha}}\overline{SL}(2d)\\&=\sum_{d\mid p^{\alpha}}\overline{SL}(d)+2(\alpha+1)\\&=1+p+p^2+\cdots+p^{\alpha}+2(\alpha+1)\end{aligned}$$

$$\sum_{d\mid 2p^{\alpha}}\overline{SL}(d)>\varphi(2p^{\alpha})=\varphi(2)\varphi(p^{\alpha})=p^{\alpha}-p^{\alpha-1}$$

所以 $n=2p^{\alpha}(p\geqslant 3)$ 不是方程(1)的解.

（3）当 $m=3$ 时，$n=3p^{\alpha}$，这里 $p\neq 3$，若 $p=2$

$$\begin{aligned}\sum_{d\mid 3\cdot 2^{\alpha}}\overline{SL}(d)&=\sum_{d\mid 2^{\alpha}}\overline{SL}(d)+\sum_{d\mid 2^{\alpha}}\overline{SL}(3d)\\&=2^{\alpha+1}+3\alpha+1\end{aligned}$$

对 $\alpha$ 用数学归纳法可证 $2^{\alpha+1}+3\alpha+1>3\cdot 2^{\alpha-1}$，即

$$\sum_{d\mid 3\cdot 2^{\alpha}}\overline{SL}(d)>\varphi(3\cdot 2^{\alpha})$$

若 $p=5$，当 $\alpha=1$ 时，$n=15$ 不是方程(1) 的解；当 $\alpha=2$ 时，$n=75$ 满足方程(1)，因而是方程(1) 的解；当 $\alpha\geqslant 3$ 时，用数学归纳法可证

$$\sum_{d\mid 3\cdot 5\alpha}\overline{SL}(d)=1+5+5^2+\cdots+5^\alpha+3(\alpha+1)$$

$$<2(5^\alpha-5^{\alpha-1})=\varphi(3\cdot 5^\alpha)$$

此时 $n=3\cdot 5^\alpha$ 不是方程(1) 的解.

若 $p\geqslant 5$，同上可证 $n=3\cdot p^\alpha$ 不是方程(1) 的解.

(4) 当 $m=4$ 时，$n=4p^\alpha$，则 $p\geqslant 3$，分 $p=3$，$p=5$，$p=7$，$p=11$，$p=13$ 及 $p>13$ 六种情况，用上面的方法讨论得知 $n=4p^\alpha$ 都不是方程(1) 的解.

(5) 当 $m=5$ 时，分 $p=2$，$p=3$，$p>5$ 讨论，$n=5p^\alpha$ 都不是方程(1) 的解.

(6) 当 $m=6$ 时，$n=6p^\alpha$，则 $p\geqslant 5$. 经过验证得知当 $p=17$，$\alpha=1$ 时，$n=102$ 是方程(1) 的解，其他情况都不是方程(1) 的解.

(7) 当 $m=7,8,9,10$ 时，同上可验证 $n=m\cdot p^\alpha$ 都不是方程(1) 的解.

(8) 当 $m=11$ 时，由引理 2 知道，$p=2$，此时 $n=11\cdot 2^\alpha$，容易验证当 $\alpha=3$ 时，$n=88$ 是方程(1) 的解，而对 $\alpha$ 的其他取值 $n$ 都不是方程(1) 的解.

(9) 当 $m=12$ 时，$n=12\cdot p^\alpha$，此时 $p\geqslant 5$. 容易验证当 $p=11$，$\alpha=1$ 时，$n=132$ 是方程(1) 的解，而对 $p$ 及 $\alpha$ 的其他取值 $n$ 都不是方程(1) 的解.

(10) 当 $m=27,33,35,45,63,105$ 时，$p=2$，可以验证这时的 $n=m\cdot 2^\alpha$ 都不是方程(1) 的解.

(11) 当 $m=14,15,16,18,20,21,24,28,30,32,36,40,42,48,56,60,72,80,84,96,120,144,168,288$ 时，同上可以验证这时的 $n=m\cdot p^\alpha$ 都不是方程(1) 的解.

综上所述，方程 $\sum_{d|n}\overline{SL}(d)=\varphi(n)$ 有且仅有五个正整数解 $n=1,75,88,102,132$. 这就完成了定理的证明.

## 参考文献


[1] SMARANDACHE F. Only problems, not solutions[M]. Chicago: Xiquan Publishing House, 1993.

[2] BALACENOIU I, SELEACU V. History of the Smarandache function[J]. Smarandache Notions Journal, 1999, 10: 192-201.

[3] MURTHY A. Some notions on least common multiples[J]. Smarandache Notions Journal, 2001, 12: 307-309.

[4] LE M H. An equation concernign the Smarandache LCM function[J]. Smarandaceh Notions Journal, 2004, 14: 186-188.

[5] TOM M A. Introduction to analytic number theory[M]. New York: Springer-Verlag, 1976.

[6] LV Z T. On the F. Smarandache LCM function and its mean value[M]. Scientia Magna, 2007, 3(1): 22-25.

[7] 潘承洞，潘承彪. 素数定理的初等证明[M]. 上海：上海科学技术出版社，1988.

[8] 陈国慧，张沛. 一个包含新的 F. Smarandache 函数的方程[J]. 数学的实践与认识，2008，38(23)：193-197.

# 关于 Smarandache 函数的两个方程

第6章

## §1 引言及结论

对任意正整数 $n$，定义著名的伪 Smarandache 函数 $Z(n)$ 为使得 $n$ 整除 $\sum_{k=1}^{m} k$ 的最小的正整数 $m$，即 $Z(n)=\min\left\{m: n \left| \frac{m(m+1)}{2}\right.\right\}$. 例如，该函数的前几个值为 $Z(1)=1$, $Z(2)=3$, $Z(3)=2$, $Z(4)=7$, $Z(5)=5$, $Z(6)=3$, $Z(7)=6$, $Z(8)=15$, $Z(9)=9$, $Z(10)=4$, $Z(11)=10$, $Z(12)=8$, $Z(13)=12$, $Z(14)=7$, $Z(15)=5$, $Z(16)=31$, $Z(17)=16$, $Z(18)=8$, $Z(19)=18$, $Z(20)=15$, $\cdots$.

关于这一函数，许多学者研究了它的性质，并得到了一些重要的结果，见文献[1]～[6]. 例如，张文鹏教授在文献[4]中研究了方程 $Z(n)=S(n)$，$Z(n)+1=S(n)$ 的可解性，并给出了方程的全部正整数解. 而在文献[7]中，作者引进了 Smarandache 互反函数 $Sc(n)$，$Sc(n)$ 的定义为满足 $y\mid n!$ 且 $1\leqslant y\leqslant m$ 的最大正整数 $m$，即 $Sc(n)=\max\{m: y\mid n!, 1\leqslant y\leqslant m, m+1\nmid n!\}$.

例如，$Sc(n)$ 的前几个值为 $Sc(1)=1$，$Sc(2)=2$，$Sc(3)=3$，$Sc(4)=4$，$Sc(5)=6$，$Sc(6)=6$，$Sc(7)=10$，$Sc(8)=10$，$Sc(9)=10$，$Sc(10)=10$，$Sc(11)=12$，$Sc(12)=12$，$Sc(13)=16$，$Sc(14)=16$，$Sc(15)=16$，….

文献[7]研究了 $Sc(n)$ 的初等性质，并证明了以下结论：若 $Sc(n)=x$，且 $n\neq 3$，则 $x+1$ 是大于 $n$ 的最小素数.

在文献[8]中引进了伪 Smarandache 对偶函数 $Z^*(n)$，$Z^*(n)$ 的定义为满足 $\sum\limits_{k=1}^{m}k$ 整除 $n$ 的最大正整数 $m$，即 $Z^*(n)=\max\left\{m:\frac{m(m+1)}{2}\,\middle|\, n\right\}$. 文献[9]研究了 $Z^*(n)$ 的性质，得到了一些重要的结果. 文献[3]中研究了这三个函数之间的关系方程 $Z(n)+Z^*(n)=n$ 与 $Sc(n)=Z^*(n)+n$，得到了一些重要结果，并提出了一些还未解决的猜想：

**猜想 1**　方程 $Z(n)+Z^*(n)=n$ 有有限个偶数解，也许仅有一个偶数解为 $n=6$.

**猜想 2**　方程 $Sc(n)=Z^*(n)+n$ 的解为 $p^\alpha$，其中 $p$ 为素数，$2\nmid\alpha$，$p^\alpha+2$ 也为素数.

咸阳师范学院数学与信息科学学院的杨长恩教授于 2010 年研究了以上的问题，得到了下面的：

**定理 1**　当 $n$ 为偶数时，方程 $Z(n)+Z^*(n)=n$ 的解只有 $n=6$.

**定理 2**　方程 $Sc(n)=Z^*(n)+n$ 的解为 $p^\alpha$，其中 $p$ 为素数，$2\nmid\alpha$，$p^\alpha+2$ 也为素数，以及满足条件 $a(2a-1)\nmid n(a>1)$，$n+2$ 为素数，$n$ 为正整数.

## §2　定理的证明

在证明定理之前，我们先给出下面的：

**引理 1**　若 $Sc(n)=x\in\mathbf{Z}^*$，且 $n\neq 3$，则 $x+1$ 为大于 $n$ 的最小素数.

**证明**　见文献[7].

由此可见，$Sc(n)$ 除了在 $n=1$，$n=3$ 为奇数外，在其余情况下的值都是偶数.

**引理 2**

$$Z^*(p^\alpha)=\begin{cases}2 & (p\neq 3)\\ 1 & (p=3)\end{cases}$$

**证明**　见文献[9].

**引理 3**　若 $n\equiv 0(\bmod a(2a-1))$，则有 $Z^*(n)\geqslant 2a>1$.

**证明**　见文献[9].

**引理 4**

$$Z^*(n)\leqslant\frac{\sqrt{8n+1}-1}{2}$$

**证明**　见文献[9].

**引理5**　当 $n=p_0^{\alpha_0}p_1^{\alpha_1}p_2^{\alpha_2}\cdots p_k^{\alpha_k}$ ($p_0=2,p_i\geqslant 3,k\geqslant 1,\alpha_i\geqslant 1$) 为 $n$ 的标准素分解式时,有

$$Z(n)\leqslant n-\frac{n}{\min\{p_0^{\alpha_0},p_1^{\alpha_1},p_2^{\alpha_2},\cdots,p_k^{\alpha_k}\}}$$

**证明**　当 $n=p_0^{\alpha_0}p_1^{\alpha_1}p_2^{\alpha_2}\cdots p_k^{\alpha_k}$ ($p_0=2,p_i\geqslant 3,k\geqslant 1,\alpha_i\geqslant 1$) 为其标准素分解式时,分两种情况来证明:

(i) 设 $n=2kp^{\alpha},\alpha\geqslant 1,(2k,p^{\alpha})=1,p\geqslant 3$ 为素数,由同余方程 $4kx\equiv 1(\bmod p^{\alpha})$ 有解,可得同余方程 $16k^2x^2\equiv 1(\bmod p^{\alpha})$ 有解,其解不妨设为 $y$,则可取 $1\leqslant y\leqslant p^{\alpha}-1$,又 $p^{\alpha}-y$ 亦为前面同余方程的解,则可取 $1\leqslant y\leqslant\frac{p^{\alpha}-1}{2}$. 由 $16k^2y^2\equiv 1(\bmod p^{\alpha})$,则 $p^{\alpha}\mid(4ky-1)(4ky+1)$,而 $(4ky-1,4ky+1)=1$,于是 $p^{\alpha}\mid 4ky-1$ 或 $p^{\alpha}\mid 4ky+1$.

若 $p^{\alpha}\mid 4ky-1$,则 $n=2kp^{\alpha}\left|\frac{4ky(4ky-1)}{2}\right.$,从而

$$\begin{aligned}Z(n)=m&\leqslant 4ky-1\\&\leqslant\frac{4k(p^{\alpha}-1)}{2}-1\\&\leqslant n-2k-1\\&\leqslant\left(1-\frac{1}{p^{\alpha}}\right)n\\&\leqslant n-\frac{n}{\min\{p_0^{\alpha_0},p_1^{\alpha_1},p_2^{\alpha_2},\cdots,p_k^{\alpha_k}\}}\end{aligned}$$

若 $p^{\alpha}\mid 4ky+1$,则 $n=2kp^{\alpha}\left|\frac{4ky(4ky+1)}{2}\right.$,从而也有

$$\begin{aligned}Z(n)=m\leqslant 4ky&\leqslant\frac{4k(p^{\alpha}-1)}{2}\\&\leqslant n-2k\end{aligned}$$

$$=\left(1-\frac{1}{p^{\alpha}}\right)n$$

$$\leqslant n-\frac{n}{\min\{p_0^{\alpha_0},p_1^{\alpha_1},p_2^{\alpha_2},\cdots,p_k^{\alpha_k}\}}$$

(ii) 设 $n=2^{\alpha}(2k+1)(\alpha\geqslant 1,k\geqslant 1)$，则同余方程 $(2k+1)x\equiv 1(\bmod 2^{\alpha+1})$ 与 $(2k+1)x\equiv -1(\bmod 2^{\alpha+1})$ 均必有解，且为奇数，设 $a$ 为同余方程 $(2k+1)x\equiv 1(\bmod 2^{\alpha+1})$ 的解，若 $1\leqslant a\leqslant 2^{\alpha}-1$，则取 $a$ 即可，否则 $2^{\alpha}+1\leqslant a\leqslant 2^{\alpha+1}-1$，则 $2^{\alpha+1}-a\leqslant 2^{\alpha+1}-2^{\alpha}-1=2^{\alpha}-1$，且 $2^{\alpha+1}-a$ 满足同余方程 $(2k+1)x\equiv -1(\bmod 2^{\alpha+1})$，故两个同余方程中必有一个满足 $1\leqslant \alpha\leqslant 2^{\alpha}-1$ 的解 $a$，则 $2^{\alpha+1}\mid(2k+1)a+1$ 或 $2^{\alpha+1}\mid(2k+1)a-1$，若 $2^{\alpha+1}\mid(2k+1)a+1$，则

$$2^{\alpha+1}(2k+1)\mid[(2k+1)a+1](2k+1)a$$

从而

$$Z(n)\leqslant a(2k+1)\leqslant(2^{\alpha}-1)(2k+1)$$

$$\leqslant\left(1-\frac{1}{2^{\alpha}}\right)n$$

$$\leqslant n-\frac{n}{\min\{p_0^{\alpha_0},p_1^{\alpha_1},p_2^{\alpha_2},\cdots,p_k^{\alpha_k}\}}$$

而当 $2^{\alpha+1}\mid(2k+1)a-1$ 时，同理也有

$$Z(n)\leqslant\left(1-\frac{1}{2^{\alpha}}\right)n$$

$$\leqslant n-\frac{n}{\min\{p_0^{\alpha_0},p_1^{\alpha_1},p_2^{\alpha_2},\cdots,p_k^{\alpha_k}\}}$$

综合(i)和(ii)，我们有，当 $n=p_0^{\alpha_0}p_1^{\alpha_1}p_2^{\alpha_2}\cdots p_k^{\alpha_k}$ $(p_0=2,p_i\geqslant 3,k\geqslant 1,\alpha_i\geqslant 1)$ 为其标准素分解式时，则

$$Z(n)\leqslant n-\frac{n}{\min\{p_0^{\alpha_0},p_1^{\alpha_1},p_2^{\alpha_2},\cdots,p_k^{\alpha_k}\}}$$

下面我们将给出定理的证明.

**定理 1 的证明**　我们分两种情况来证明.

(1) 当 $n$ 至少有三个不同的素因子时，即 $n=p_0^{\alpha_0}p_1^{\alpha_1}p_2^{\alpha_2}\cdots p_k^{\alpha_k}(p_0=2,k\geqslant 1,\alpha_i\geqslant 1)$ 是其标准素分解式，为了书写方便，令 $p_i^{\alpha_i}=\min\{p_0^{\alpha_0},p_1^{\alpha_1},p_2^{\alpha_2},\cdots,p_k^{\alpha_k}\}$，则

$$\frac{n}{p_i^{2\alpha_i}}+\frac{1}{p_i^{\alpha_i}}=\frac{p_0^{\alpha_0}p_1^{\alpha_1}p_2^{\alpha_2}\cdots p_{i-1}^{\alpha_{i-1}}p_{i+1}^{\alpha_{i+1}}\cdots p_k^{\alpha_k}}{p_i^{\alpha_i}}+\frac{1}{p_i^{\alpha_i}}>2$$

从而 $\frac{4n^2}{p_i^{2\alpha_i}}+\frac{4n}{p_i^{\alpha_i}}+1>8n+1$，进而 $\frac{n}{p_i^{\alpha_i}}>\frac{\sqrt{8n+1}-1}{2}$，于是由引理 4 与引理 5，有

$$Z(n)+Z^*(n)\leqslant n-\frac{n}{p_i^{\alpha_i}}+\frac{\sqrt{8n+1}-1}{2}<n$$

(2) $n=2^{\alpha}q^{\beta}(\alpha\geqslant 1,\beta\geqslant 0,q\geqslant 3$ 为素数). 分两种情况来证明.

(i) 设 $Z^*(n)=2a$，则 $a(2a+1)\mid 2^{\alpha}q^{\beta}$. 若 $a$ 是大于 1 的奇数，则 $a$ 与 $2a+1$ 均是 $q$ 的正整数次幂，与 $a$ 与 $2a+1$ 互素矛盾，从而 $a$ 为偶数，则 $a\mid 2^{\alpha}$，可设 $a=2^{\gamma}(0\leqslant\gamma\leqslant\alpha)$，又 $(2a+1)\mid q^{\beta}$，于是 $(2^{\gamma+1}+1)\mid q^{\beta}$. 若 $n$ 为方程 $Z(n)+Z^*(n)=n$ 的解，则 $Z(2^{\alpha}q^{\beta})=2^{\alpha}q^{\beta}-2^{\gamma+1}$，进而 $2^{\alpha+1}q^{\beta}\mid(2^{\alpha}q^{\beta}-2^{\gamma+1})(2^{\alpha}q^{\beta}-2^{\gamma+1}+1)$，则有 $q^{\beta}\mid 2^{\gamma+1}-1$ 而矛盾. 故此时的 $n$ 不是原方程的解.

(ii) 若 $Z^*(n)=2a-1$，则 $a(2a-1)\mid 2^{\alpha}q^{\beta}$. 由 $(a,2a-1)=1$，有 $a=2^{\gamma}(0\leqslant\gamma\leqslant\alpha)$，且 $(2a-1)\mid q^{\beta}$，于是 $(2^{\gamma+1}-1)\mid q^{\beta}$. 若 $n$ 为方程 $Z(n)+Z^*(n)=n$ 的解，则 $Z(2^{\alpha}q^{\beta})=2^{\alpha}q^{\beta}-2^{\gamma+1}+1$，进而 $2^{\alpha+1}q^{\beta}\mid(2^{\alpha}q^{\beta}-2^{\gamma+1}+1)(2^{\alpha}q^{\beta}-2^{\gamma+1}+2)$. 因 $(2^{\alpha}q^{\beta}-2^{\gamma+1}+1,2^{\alpha}q^{\beta}-2^{\gamma+1}+2)=1$，则有 $q^{\beta}\mid 2^{\gamma+1}-1$ 或 $q^{\beta}\mid 2^{\gamma+1}-2$. 但 $q^{\beta}\mid$

$2^{\gamma+1}-2$ 与$(2^{\gamma+1}-1)\mid q^{\beta}$ 矛盾，则 $q^{\beta}\mid 2^{\gamma+1}-1$. 从而 $q^{\beta}=2^{\gamma+1}-1=2a-1$，于是 $Z(2^{\alpha}q^{\beta})=(2^{\alpha}-1)q^{\beta}$.

又 $2^{\alpha+1}\mid(2^{\alpha}q^{\beta}-2^{\gamma+1}+2)$，这时又分两种情况.

若 $\gamma=\alpha$，有 $2^{\alpha+1}\mid(2^{\alpha}q^{\beta}+2)$，则 $2^{\alpha}\mid 2$，有 $\alpha=1$，从而 $a=2$，$q^{\beta}=3$，则 $n=6$. 而 $Z(6)+Z^{*}(6)=3+3=6$，即 $n=6$ 为原方程的解.

若 $0\leqslant\gamma\leqslant\alpha-1$，则 $a=2^{\gamma}\leqslant 2^{\alpha-1}$，$q^{\beta}=2a-1\leqslant 2^{\alpha}-1$，从而 $Z(2^{\alpha}q^{\beta})\leqslant 2^{\alpha}(q^{\beta}-1)$，$Z^{*}(2^{\alpha}q^{\beta})=q^{\beta}$，则

$$\begin{aligned}&Z(2^{\alpha}q^{\beta})+Z^{*}(2^{\alpha}q^{\beta})\\ \leqslant\ &2^{\alpha}(q^{\beta}-1)+q^{\beta}\\ \leqslant\ &2^{\alpha}(q^{\beta}-1)+2^{\alpha}-1=n-1\end{aligned}$$

故此时的 $n$ 不是原方程的解.

**定理 2 的证明**　我们分五种情况来证明.

(1) $n=1$ 时，$Z^{*}(1)=1$，$Sc(1)=1$，则 1 不为其解.

(2) $n=3^{\alpha}(\alpha\geqslant 1)$，由引理 2，$Z^{*}(3^{\alpha})=2$，若 $n=3^{\alpha}$ 是原方程的解，则 $Sc(3^{\alpha})=2+3^{\alpha}$，因为 $3\mid 3^{\alpha}+2+1$，从而 $3^{\alpha}+2+1$ 不可能为素数而与引理 1 相矛盾，故 $n=3^{\alpha}$ 不是原方程的解.

(3) $n=p^{\alpha}(\alpha\geqslant 1, p\geqslant 5$ 为素数)，由引理 2，$Z^{*}(p^{\alpha})=1$，若 $n=p^{\alpha}$ 是原方程的解，则 $Sc(p^{\alpha})=1+p^{\alpha}$，因当 $p\geqslant 5$ 时，$3\mid p^{2\beta}+2$，故由引理 1，$\alpha$ 不能为偶数，且当 $p^{\alpha}+2(2\nmid\alpha)$ 为素数时，$n=p^{\alpha}(\alpha\geqslant 1, p\geqslant 5$ 为素数) 满足原方程.

(4) $n=2^{\alpha}(\alpha\geqslant 1)$，若 $\left.\dfrac{m(m+1)}{2}\right| 2^{\alpha}$，因 $(m, m+1)=1$，则 $m=1$，故 $Z^{*}(2^{\alpha})=1$，若 $n=2^{\alpha}$ 是原方程的解，则 $Sc(2^{\alpha})=1+2^{\alpha}$，因 $2\mid(2^{\alpha}+1+1)$，与引理 1 矛盾，故 $n=2^{\alpha}(\alpha\geqslant 1)$ 不是原方程的解.

(5)$n=p_1^{\alpha_1}p_2^{\alpha_2}\cdots p_k^{\alpha_k}(k\geqslant 2,\alpha_i\geqslant 1)$ 为其标准素分解式.我们又分为两种情况来证明.

(i)$2\nmid n$,则 $2\nmid p_i^{\alpha_i}$,从而 $2\mid Sc(n)$,若 $n$ 要满足原方程,则必须 $2\nmid Z^*(n)$.现考虑 $Z^*(n)$,若存在整数 $a(a>1)$,使 $a(2a-1)\mid n$,则 $Z^*(n)\geqslant 2a-1$,若存在整数 $a(a>1)$,使 $a(2a+1)\mid n$,则 $Z^*(n)\geqslant 2a$,从而

$$Z^*(n)=\max\{\max\{2k:k(2k+1)\mid n\},\max\{2k-1:k(2k-1)\mid n\}\}$$

再分三种情况来讨论.

第一,若 $Z^*(n)=2a-1>1$,则 $a(2a-1)\mid n$,有 $a\mid n,a\mid[n+(2a-1)+1]$.若 $n$ 要满足原方程,则 $Sc(n)=2a-1+n$.而 $Sc(n)+1$ 不为素数,与引理 1 相矛盾.

第二,若 $Z^*(n)=2a>1$,则 $a(2a+1)\mid n$,有 $a\mid n,(2a+1)\mid n$.若 $n$ 要满足原方程,则 $Sc(n)=2a+n$.而 $Sc(n)+1$ 不为素数,与引理 1 相矛盾.

第三,若 $Z^*(n)=1$,由 $a>1$,则 $a(2a-1)\nmid n$,从而若 $n+2$ 不是素数,由引理 1,这样的 $n$ 不是原方程的解.若 $n+2$ 为素数,由引理 1,这样的 $n$ 为原方程的解.即 $a(2a-1)\nmid n,n+2$ 为素数时的正整数 $n$ 为原方程的解.

(ii)$2\mid n$,若 $n$ 满足原方程,则必须 $Z^*(n)$ 为偶数,且 $Z^*(n)\geqslant 2$,而 $Z^*(n)=m\geqslant 2,\left.\frac{m(m+1)}{2}\right| n$,则 $(m+1)\mid n$,进而 $(m+1)\mid(n+m+1)$,这样 $Sc(n)=n+m+1$ 不是素数,与引理 1 矛盾.

# 参考文献

[1]SMARANDACHE F. Only problems, not solutions[M]. Chicago:Xiquan Publishing House,1993.

[2]PEREZ M L. Florentin Smarandache definitions, solved and unsolved problems, conjectures and theorems in number theory and geometry [M]. Chicago: Xiquan Publishing House,2000.

[3]ZHANG W P, LI L. Two problems related to the Smarandache function[J]. Scientia Magna,2008,3(2):1-3.

[4]ZHANG W P. On two problems of the Smarandache function[J]. Journal of Northwest University,2008,38(2):173-176.

[5]YANG M S. On a problem of the pseudo Smarandache function[J]. Pure and Applied Mathematics,2008,24(3):449-451.

[6]DAVID G. The pseudo Smarandache function[J]. Smarandache Notions Journal,2002,13:140-149.

[7]MURTHY A. Smarandache reciprocal function and an elementary inequality[J]. Smarandache Notions Journal,2000,11:312-315.

[8]JOZSEF S. On certain arithmetic functions[J]. Smarandache Notions Journal,2001,12:260-261.

[9]JOZSEF S. On a dual of the Pseudo Smarandache fuction [J]. Smarandache Notions Journal,2002,13:18-23.

# 一个包含 Smarandache 函数及第二类伪 Smarandache 函数的方程

# 第 7 章

## §1　引言及结论

对任意正整数 $n$，定义著名的 Smarandache 函数 $S(n)$ 为最小的正整数 $m$，使得 $n \mid m!$，即 $S(n) = \min\{m: n \mid m!, m \in \mathbf{N}^*\}$. 而定义第二类伪 Smarandache 函数 $Z_2(n)$ 为最小的正整数 $k$，使得 $n$ 整除 $\frac{k^2(k+1)^2}{4}$，即

$$Z_2(n) = \min\left\{k: n \left| \frac{k^2(k+1)^2}{4}, k \in \mathbf{N}^*\right.\right\}$$

其中 $\mathbf{N}^*$ 表示所有正整数之集合. 这两个函数以及有关 Smarandache 函数的定义可参阅文献[1] 和[2]. 从 $S(n)$ 及 $Z_2(n)$ 的定义容易推出它们的前几项的值为 $S(1) =$

1, $S(2)=2$, $S(3)=3$, $S(4)=4$, $S(5)=5$, $S(6)=3$, $S(7)=7$, $S(8)=4$, $\cdots$; $Z_2(1)=1$, $Z_2(2)=3$, $Z_2(3)=2$, $Z_2(4)=3$, $Z_2(5)=4$, $Z_2(6)=3$, $Z_2(7)=6$, $Z_2(8)=7$, $\cdots$.

关于 $S(n)$ 的初等性质，许多学者进行了研究，获得了不少有意义的结果[3-8]. 例如，文献[3] 研究了方程

$$S(m_1+m_2+\cdots+m_k)=\sum_{i=1}^{k}S(m_i)$$

的可解性，利用解析数论中著名的三素数定理证明了对任意正整数 $k\geqslant 3$，该方程有无穷多组正整数解 $(m_1, m_2, \cdots, m_k)$.

文献[4] 研究了 $S(n)$ 的值分布问题，证明了渐近公式

$$\sum_{n\leqslant x}(S(n)-P(n))^2=\frac{2\zeta\left(\frac{3}{2}\right)x^{\frac{3}{2}}}{3\ln x}+O\left(\frac{x^{\frac{3}{2}}}{\ln^2 x}\right)$$

其中 $P(n)$ 表示 $n$ 的最大素因子，$\zeta(s)$ 表示 Riemann $\zeta$－函数.

文献[5] 和[6] 研究了 $S(2^{p-1}(2^p-1))$ 的下界估计问题，证明了对任意素数 $p\geqslant 7$，有估计式

$$S(2^{p-1}(2^p-1))\geqslant 6p+1$$

及

$$S(2^p+1)\geqslant 6p+1$$

最近，文献[7] 获得了更一般的结论：即证明了对任意素数 $p\geqslant 17$ 和任意不同的正整数 $a$ 及 $b$，有估计式

$$S(a^p+b^p)\geqslant 8p+1$$

此外，文献[8] 讨论了 Smarandache 函数的另一种下界估计问题，即 Smarandache 函数对 Fermat 数

的下界估计问题，证明了对任意正整数 $n \geqslant 3$ 有估计式

$$S(F_n)=S(2^{2^n}+1)\geqslant 8\cdot 2^n+1$$

其中 $F_n=2^{2^n}+1$ 为著名的 Fermat 数.

关于 $S(n)$ 的其他研究内容非常之多，这里不再一一列举. 而对于函数 $Z_2(n)$ 的性质，我们至今了解得很少，甚至不知道这个函数的均值是否具有渐近性质.

商洛职业技术学院的骞龙江教授 2011 年利用初等方法研究了函数方程 $Z_2(n)+1=S(n)$ 的可解性，并获得了这个方程的所有正整数解，具体地说，也就是证明了下面的定理.

**定理**　对任意正整数 $n$，函数方程 $Z_2(n)+1=S(n)$ 有且仅有下列三种形式的解：

(a) $n=3,4,12,3^3,2\cdot 3^3,2^2\cdot 3^3,2^3\cdot 3^3,2^4\cdot 3^3,3^4,2\cdot 3^4,2^2\cdot 3^4,2^3\cdot 3^4,2^4\cdot 3^4$；

(b) $n=p\cdot m$，其中 $p\geqslant 5$ 为素数，$m$ 为整除 $\frac{(p-1)^2}{4}$ 的任意正整数；

(c) $n=p^2\cdot m$，其中 $p\geqslant 5$ 为素数且 $2p-1$ 为合数，$m$ 为 $(2p-1)^2$ 的任意大于 1 的因数.

显然，该定理彻底解决了方程 $Z_2(n)+1=S(n)$ 的可解性问题. 亦即证明了这个方程有无穷多个正整数解，并给出了它的每个解的具体形式.

## §2　定理的证明

本节利用初等方法以及 Smarandache 函数的性

质给出定理的直接证明.有关自然数的整除性质以及素数的有关内容可参阅文献[9]～[11].事实上,容易验证:当

$$n=3,4,12,3^3,2\cdot 3^3,2^2\cdot 3^3,2^3\cdot 3^3,$$
$$2^4\cdot 3^3,3^4,2\cdot 3^4,2^2\cdot 3^4,2^3\cdot 3^4,2^4\cdot 3^4$$

时,方程 $Z_2(n)+1=S(n)$ 显然成立.现在分下面几种情况详细讨论:

当 $S(n)=S(p)=p\geqslant 5$ 时,设 $n=mp$,则 $S(m)<p$ 且 $(m,p)=1$.此时若 $n$ 满足方程 $Z_2(n)+1=S(n)$,那么 $Z_2(n)=p-1$,所以由 $Z_2(n)$ 的定义有 $n$ 整除 $\frac{(p-1)^2p^2}{4}$,即 $mp\left|\frac{(p-1)^2p^2}{4}\right.$.所以 $m\left|\frac{(p-1)^2}{4}\right.$,因此 $m$ 为 $\frac{(p-1)^2}{4}$ 的任意正因数.反之,当 $n=mp$ 且 $m\left|\frac{(p-1)^2}{4}\right.$ 时,有 $S(n)=p$,$Z_2(n)=p-1$,所以 $n=mp$ 是方程 $Z_2(n)+1=S(n)$ 的解.于是证明了定理中的第二种情况(b).

当 $S(n)=S(p^2)=2p$,$p\geqslant 5$ 时,设 $n=mp^2$,则 $S(m)<2p$ 且 $(m,p)=1$.此时若 $n$ 满足方程 $Z_2(n)+1=S(n)$,那么 $Z_2(n)=2p-1$,所以由 $Z_2(n)$ 的定义有 $n$ 整除 $(2p-1)^2p^2$,所以

$$mp^2\mid(2p-1)^2p^2$$

或者

$$m\mid(2p-1)^2$$

显然 $m\neq 1$,否则 $n=p^2$,$S(p^2)=2p$,而 $Z_2(p^2)=p-1$.所以此时 $n=p^2$ 不满足方程 $Z_2(n)+1=S(n)$.于是 $m$ 必须是 $(2p-1)^2$ 的一个大于 1 的因数.此外,因为 $2p-1$ 为合数,故当 $n=mp^2$ 时,$Z_2(n)\neq p-1$,

$Z_2(n) \neq p$，所以 $Z_2(n)=2p-1$，而 $S(n)=2p$，所以 $n=mp^2$ 满足方程 $Z_2(n)+1=S(n)$. 于是证明了定理中的情形(c).

现在证明当 $S(n)=S(p^\alpha)$ 且 $p\geqslant 5$ 以及 $\alpha\geqslant 3$ 时，$n$ 不满足方程 $Z_2(n)+1=S(n)$. 这时设 $n=mp^\alpha$，$S(m)\leqslant S(p^\alpha)$，$(m,p)=1$. 于是有 $S(n)=hp$，这里 $h\leqslant\alpha$. 若 $n$ 满足方程 $Z_2(n)+1=S(n)$，则 $Z_2(n)=hp-1$. 于是由 $Z_2(n)$ 的定义有

$$n=mp^\alpha \left| \frac{(hp-1)^2h^2p^2}{4}\right.$$

从而由整除性的性质可知 $p^{\alpha-2}\mid h^2\leqslant\alpha^2$. 所以 $p\mid h$. 故 $\alpha\geqslant h\geqslant 5$. 当 $p\geqslant 5$ 且 $\alpha\geqslant 5$ 时，$p^{\alpha-2}\mid h^2\leqslant\alpha^2$ 是不可能的，因为此时有不等式 $p^{\alpha-2}>\alpha^2$.

现在考虑 $S(n)=3$，此时 $n=3$ 或者 6. 经验证 $n=3$ 是方程 $Z_2(n)+1=S(n)$ 的一个解；当 $S(n)=S(3^2)=6$ 时，$n=9,18,36,45$，经验证它们都不满足方程 $Z_2(n)+1=S(n)$；当 $S(n)=S(3^3)=9$ 时

$$n=3^3,2\cdot 3^3,2^2\cdot 3^3,5\cdot 3^3,7\cdot 3^3,$$
$$2^3\cdot 3^3,10\cdot 3^3,14\cdot 3^3,16\cdot 3^3,20\cdot 3^3$$

此时经验证

$$n=3^3,2\cdot 3^3,2^2\cdot 3^3,2^3\cdot 3^3,2^4\cdot 3^3$$

满足方程 $Z_2(n)+1=S(n)$；同样可以推出当 $S(n)=S(3^4)=9$ 时，只有

$$n=3^4,2\cdot 3^4,2^2\cdot 3^4,2^3\cdot 3^4,2^4\cdot 3^4$$

满足方程 $Z_2(n)+1=S(n)$.

最后考虑 $S(n)=S(2^\alpha)$. 显然 $n=1,2$ 不满足方程 $Z_2(n)+1=S(n)$. 若 $S(n)=S(4)=4$，那么 $n=4,12$. 经验证 $n=4,12$ 满足方程 $Z_2(n)+1=S(n)$；当 $S(n)=$

$S(2^3)=4$ 时，此时 $n=8,24$. 经验证这样的 $n$ 均不满足方程 $Z_2(n)+1=S(n)$；当 $S(n)=S(2^4)=6$ 时，此时 $n=16,3\cdot16,5\cdot16,15\cdot16$. 经检验它们均不满足方程 $Z_2(n)+1=S(n)$；当 $S(n)=S(2^5)=8$ 时

$$n=2^5,3\cdot2^5,5\cdot2^5,7\cdot2^5,15\cdot2^5,$$
$$21\cdot2^5,35\cdot2^5,105\cdot2^5$$

此时容易验证它们均不满足方程 $Z_2(n)+1=S(n)$；当

$$S(n)=S(2^\alpha)=2h$$
$$\alpha\geqslant\max\{6,h\}$$

时，设 $n=m\cdot2^\alpha$，则 $S(m)<S(2^\alpha)$ 且 $(m,2)=1$. 此时若 $n$ 满足方程 $Z_2(n)+1=S(n)$，则由函数 $Z_2(n)$ 的定义，知

$$n=m\cdot2^\alpha\left|\frac{(2h-1)^2(2h)^2}{4}\right.$$
$$=(2h-1)^2h^2$$

由此推出 $2^\alpha\mid h^2\leqslant(\alpha-1)^2<\alpha^2$，这个不等式及整除性是不可能的，因为应用数学归纳法容易证明，当 $\alpha\geqslant6$ 时，$2^\alpha>(\alpha-1)^2\geqslant h^2$.

综合以上各种情况，立刻完成定理的证明.

## 参考文献

[1]SMARANDACHE F. Only problems, not solutions[M]. Chicago:Xiquan Publishing House,1993.

[2]KENICHIRO K. Comments and topics on Smarandache notions and problems[M]. New Mexico: Erhus Unviersity Press,1996.

[3]LIU Y M. On the solutions of an equation involving the Smarandache function[J]. Scientia Magna,2006,2(1):76-

79.

[4]徐哲峰. Smarandache 函数的值分布[J]. 数学学报,2006,49(5):1009-1012.

[5]苏娟丽. 关于 Smarandache 函数的一个下界估计[J]. 纺织高校基础科学学报,2009,22(1):133-134.

[6]苏娟丽. 关于 Smarandache 函数的一个新的下界估计[J]. 纯粹数学与应用数学,2008,24(4):706-708.

[7]李粉菊,杨畅宇. 关于 Smarandache 函数的一个下界估计[J]. 西北大学学报:自然科学版,2011,41(4):377-379.

[8]WANG J R. On the Smarandache function and the Fermat numbers[J]. Scientia Magna,2008,4(2):25-28.

[9]张文鹏. 初等数论[M]. 西安:陕西师范大学出版社,2007.

[10]潘承洞,潘承彪. 素数定理的初等证明[M]. 上海:上海科学技术出版社,1988.

[11]TOM M A. Introduction to analytic number theory[M]. New York:Springer-Verlag,1976.

# 第三编

## 有关 Smarandache 函数均值问题的研究

# 一类数论函数及其均值分布性质

## 第1章

### §1　引　言

设模 $n\geqslant 3$,对任一整数 $1\leqslant a\leqslant n-1$ 且 $(a,n)=1$,我们知道存在唯一的整数 $1\leqslant \bar{a}\leqslant n-1$ 满足 $a\bar{a}\equiv 1(\bmod n)$. 令

$$M(n,k)=\sum_{a=1}^{n-1}{}'\,|a-\bar{a}|^{2k+1}$$

其中 $\sum\limits_{a}{}'$ 表示对所有与 $n$ 互素的 $a$ 求和,$k$ 为非负整数. 本文的主要目的是研究差式 $|a-\bar{a}|$ 的分布性质,给出 $M(n,k)$ 的一个较强的渐近公式. 关于这一内容,文[1] 研究了有关问题,证明了对任一自然数 $k$ 有渐近公式

$$\sum_{a=1}^{n-1}{}'(a-\bar{a})^{2k}$$

$$=\frac{\phi(n)n^{2k}}{(k+1)(2k+1)}+O(4^k n^{\frac{1}{2}(4k+1)}d^2(n)\ln^3 n)$$

其中 $\phi(n)$ 为 Euler 函数，$d(n)$ 为除数函数.

然而，由于奇次方与偶次方的本质区别使得文[1]中未能给出均值 $\sum_{a=1}^{n-1}{}' \mid a-\bar{a}\mid^k$ 的一般性结论. 西北大学的张文鹏教授于 1994 年利用有限 Fourier 展开以及 Kloosterman 和的估计补充了文[1]中之不足之处，给出了 $M(n,k)$ 的均值估计，也就是证明了下面的结论.

**定理** 设整数 $n\geqslant 3$，对任意给定的非负整数 $k$，有渐近公式

$$M(n,k)=\frac{2}{(k+2)(2k+3)}\phi(n)n^{2k+1}+O\left(n^{2k+\frac{3}{2}}d^2(n)\ln^3 n\right)$$

取 $k=0$，由定理立刻得到下面的：

**推论** 当整数 $n\geqslant 3$ 时，有

$$\sum_{a=1}^{n-1}{}' \mid a-\bar{a}\mid=\frac{1}{3}\phi(n)n+O\left(n^{\frac{3}{2}}d^2(n)\ln^3 n\right)$$

## §2 几个引理

为完成定理的证明，我们需要一些记号和引理，首先定义函数 $((x))$ 如下

$$((x))=\begin{cases} x-[x]-\dfrac{1}{2} & (\text{如果 } x \text{ 不是整数}) \\ 0 & (\text{如果 } x \text{ 为整数}) \end{cases}$$

其中 $[x]$ 表示不超过 $x$ 的最大整数.

对于这一函数，我们可以给出下面的：

**引理 1**[2] 设 $u,h$ 及 $k$ 为整数且 $k\geqslant 1$，则有有限 Fourier 展开式

$$\left(\left(\frac{uh}{k}\right)\right)=-\frac{1}{2k}\sum_{r=1}^{k-1}\sin\frac{2\pi hru}{k}\cot\frac{\pi r}{k}$$

**引理 2**[3] 设 $m,n$ 及 $q$ 为整数且 $q>2$，则有估计式

$$S(m,n;q)\equiv\sum_{\substack{d(\bmod q)\\(d,q)=1}}e\left(\frac{md+n\bar{d}}{q}\right)\ll(m,n,q)^{\frac{1}{2}}q^{\frac{1}{2}}d(q)$$

其中 $(m,n,q)$ 表示 $m,n$ 及 $q$ 的最大公因子，$e(y)=\mathrm{e}^{2\pi iy}$.

**引理 3** 设模 $q\geqslant 3$，对任意给定的非负整数 $u,v,w$ 且 $q\nmid w$，有估计式

$$\sum_{a=1}^{q}\sum_{\substack{b=1\\ab\equiv 1(q)}}^{q}a^u b^v e\left(\frac{w(a-b)}{q}\right)$$
$$\ll((w,q)^{\frac{1}{2}}d(q)+d^2(q)\ln^2 q)q^{u+v+\frac{1}{2}}$$

**证明** 注意到三角恒等式

$$\sum_{a=1}^{q}e\left(\frac{ra}{q}\right)=\begin{cases}q & (q\mid r)\\0 & (q\nmid r)\end{cases}$$

我们容易得到引理 3 的左边等于

$$\frac{1}{q^2}\sum_{r=1}^{q}\sum_{s=1}^{q}\left(\sum_{a=1}^{q}\sum_{\substack{b=1\\ab\equiv 1(q)}}^{q}e\left(\frac{(w+r)a+(s-w)b}{q}\right)\right)\cdot$$
$$\left(\sum_{c=1}^{q}c^u e\left(\frac{-rc}{q}\right)\right)\left(\sum_{d=1}^{q}d^v e\left(\frac{-sd}{q}\right)\right)\qquad(1)$$

应用 Euler 求和公式及三角和估计，即可推出

$$\sum_{c=1}^{q}c^u e\left(\frac{-rc}{q}\right)\begin{cases}=\dfrac{q^{u+1}}{u+1}+O(q^u) & (q\mid r)\\ \ll\dfrac{q^u}{\left|\sin\dfrac{\pi r}{q}\right|} & (q\nmid r)\end{cases}\qquad(2)$$

结合引理 1，式(1) 及(2) 并注意三角不等式

$$\frac{2}{\pi} \leqslant \frac{\sin x}{x}, \mid x \mid \leqslant \frac{\pi}{2}$$

可得式(1) 等于

$$\frac{1}{q^2}\Big(\sum_{\substack{a=1\\ ab\equiv 1(q)}}^{q}\sum_{b=1}^{q} e\Big(\frac{w(a-b)}{q}\Big)\Big)\big(\sum_{c=1}^{q} c^u\big)\big(\sum_{d=1}^{q} d^v\big)+$$

$$\frac{1}{q^2}\sum_{r=1}^{q-1}\Big(\sum_{\substack{a=1\\ ab\equiv 1(q)}}^{q}\sum_{b=1}^{q} e\Big(\frac{(w+r)a-wb}{q}\Big)\Big)\cdot$$

$$\Big(\sum_{c=1}^{q} c^u e\Big(\frac{-rc}{q}\Big)\Big)\cdot\big(\sum_{d=1}^{q} d^v\big)+$$

$$\frac{1}{q^2}\sum_{s=1}^{q-1}\Big(\sum_{\substack{a=1\\ ab\equiv 1(q)}}^{q}\sum_{b=1}^{q}\Big(\frac{wa+(s-w)b}{q}\Big)\Big)\cdot$$

$$\big(\sum_{c=1}^{q} c^u\big)\cdot\Big(\sum_{d=1}^{q} d^v e\Big(\frac{-sd}{q}\Big)\Big)+$$

$$\frac{1}{q^2}\sum_{r=1}^{q-1}\sum_{s=1}^{q-1}\Big(\sum_{\substack{a=1\\ ab\equiv 1(q)}}^{q}\sum_{b=1}^{q} e\Big(\frac{(w+r)a+(s-w)b}{q}\Big)\Big)\cdot$$

$$\Big(\sum_{c=1}^{q} c^u e\Big(\frac{-rc}{q}\Big)\Big)\Big(\sum_{d=1}^{q} d^v e\Big(\frac{-sb}{q}\Big)\Big)$$

$$\ll \frac{1}{q^2} q^{\frac{1}{2}}(w,q)^{\frac{1}{2}} d(q)\cdot\frac{q^{u+1}}{u+1}\cdot\frac{q^{v+1}}{v+1}+$$

$$\frac{1}{q^2}\sum_{r=1}^{q-1} q^{\frac{1}{2}}(w,r,q)^{\frac{1}{2}} d(q)\cdot\frac{q^{u+1}}{r}\cdot\frac{q^{v+1}}{v+1}+$$

$$\frac{1}{q^2}\sum_{s=1}^{q-1} q^{\frac{1}{2}}(w,s,q)^{\frac{1}{2}} d(q)\cdot\frac{q^{u+1}}{u+1}\cdot\frac{q^{v+1}}{s}+$$

$$\frac{1}{q^2}\sum_{r=1}^{q-1}\sum_{s=1}^{q-1}(w+r,w-s,q)^{\frac{1}{2}} q^{\frac{1}{2}} d(q)\,\frac{q^{u+1}}{r}\cdot\frac{q^{v+1}}{s}$$

$$\ll (w,q)^{\frac{1}{2}} d(q) q^{u+v+\frac{1}{2}} + d^2(q) q^{u+v+\frac{1}{2}}\ln q +$$

$$d^2(q) q^{u+v+\frac{1}{2}}\ln^2 q$$

$$\ll (w,q)^{\frac{1}{2}} d(q) q^{u+v+\frac{1}{2}} + d^2(q) q^{u+v+\frac{1}{2}} \ln^2 q \qquad (3)$$

由式(1) 及式(3) 立刻完成引理 3 的证明.

## §3　定理的证明

有了上一节的几个引理,容易给出定理的证明,事实上,由取整函数$[x]$的性质可得

$$\begin{aligned} & M(n,k) \\ = & \sum_{a=1}^{n-1}{}' \mid a-\bar{a} \mid^{2k+1} \\ = & 2 \sum_{\substack{a=1 \\ ab\equiv 1(n) \\ a>b}}^{n-1}{}' \sum_{b=1}^{n-1}{}' (a-b)^{2k+1} \\ = & 2 \sum_{\substack{a=1 \\ ab\equiv 1(n)}}^{n-1}{}' \sum_{b=1}^{n-1}{}' (a-b)^{2k+1} \left(1+\left[\frac{a-b}{n}\right]\right) \\ = & 2 \sum_{\substack{a=1 \\ ab\equiv 1(n)}}^{n-1}{}' \sum_{b=1}^{n-1}{}' (a-b)^{2k+1} \left(\frac{1}{2}+\frac{a-b}{n}-\left(\left(\frac{a-b}{n}\right)\right)\right) \\ = & \frac{2}{n} \sum_{\substack{a=1 \\ ab\equiv 1(n)}}^{n-1}{}' \sum_{b=1}^{n-1}{}' (a-b)^{2k+2} - \\ & 2 \sum_{\substack{a=1 \\ ab\equiv 1(n)}}^{n-1}{}' \sum_{b=1}^{n-1}{}' (a-b)^{2k+1} \left(\left(\frac{a-b}{n}\right)\right) \end{aligned} \qquad (4)$$

其中用到

$$\sum_{\substack{a=1 \\ ab\equiv 1(n)}}^{n-1}{}' \sum_{b=1}^{n-1}{}' (a-b)^{2k+1} = 0$$

由文[1] 中结论知

$$\sum_{\substack{a=1\\ab\equiv1(n)}}^{n-1}{}'\sum_{b=1}^{n-1}{}'(a-b)^{2k+2}$$
$$=\frac{\phi(n)n^{2k+2}}{(k+2)(2k+3)}+O(n^{\frac{1}{2}(4k+5)}d^2(n)\ln^2 n) \quad (5)$$

由引理 1 及引理 3 可得

$$\sum_{\substack{a=1\\ab\equiv1(n)}}^{n-1}{}'\sum_{b=1}^{n-1}{}'(a-b)^{2k+1}\left(\left(\frac{a-b}{n}\right)\right)$$
$$=-\frac{1}{2n}\sum_{\substack{a=1\\ab\equiv1(n)}}^{n-1}{}'\sum_{b=1}^{n-1}{}'(a-b)^{2k+1}\sum_{r=1}^{n-1}\sin\frac{2\pi r(a-b)}{n}\cot\frac{\pi r}{n}$$
$$=-\frac{1}{2n}\sum_{r=1}^{n-1}\cot\frac{\pi r}{n}\sum_{\substack{a=1\\ab\equiv1(n)}}^{n-1}{}'\sum_{b=1}^{n-1}{}'(a-b)^{2k+1}\sin\frac{2\pi r(a-b)}{n} \quad (6)$$

注意到

$$\sin(2\pi x)=\frac{1}{2i}(e(x)-e(-x))$$

由二项式展开及引理 3 可得估计式

$$\sum_{\substack{a=1\\ab\equiv1(n)}}^{n-1}{}'\sum_{b=1}^{n-1}{}'(a-b)^{2k+1}\sin\frac{2\pi r(a-b)}{n}$$
$$\ll\sum_{i=1}^{2k+1}\binom{2k+1}{i}\left|\sum_{\substack{a=1\\ab\equiv1(n)}}^{n-1}{}'\sum_{b=1}^{n-1}{}'a^ib^{2k+1-i}e\left(\frac{r(a-b)}{n}\right)\right|$$
$$\ll\sum_{i=1}^{2k+1}\binom{2k+1}{i}n^{2k+1+\frac{1}{2}}((r,n)^{\frac{1}{2}}d(n)+d^2(n)\ln^2 n)$$
$$\ll((r,n)^{\frac{1}{2}}d(n)+d^2(n)\ln^2 n)n^{2k+1+\frac{1}{2}} \quad (7)$$

注意到$\frac{\sin x}{x}\geqslant\frac{2}{\pi}$，$|x|\leqslant\frac{\pi}{2}$，即可推出当$|x|\leqslant\frac{\pi}{2}$时，有 $\cot x\ll\frac{1}{x}$，于是由式(7) 及(8) 有

$$\sum_{\substack{a=1\\ab\equiv 1(n)}}^{n-1}{}'\sum_{b=1}^{n-1}{}'(a-b)^{2k+1}\left(\left(\frac{a-b}{n}\right)\right)$$

$$\ll \frac{1}{n}\sum_{r=1}^{n-1}\frac{n}{r}((r,n)^{\frac{1}{2}}d(n)+d^2(n)\ln^2 n)n^{2k+1+\frac{1}{2}}$$

$$\ll \sum_{r=1}^{n-1}\frac{(n,r)^{\frac{1}{2}}}{r}d(n)n^{2k+1+\frac{1}{2}}+n^{2k+1+\frac{1}{2}}d^2(n)\ln^3 n$$

$$\ll n^{2k+1+\frac{1}{2}}d^2(n)\ln^3 n \tag{8}$$

结合式(4)(5)及(8)立刻得到

$$M(n,k)=\frac{2\phi(n)n^{2k+1}}{(k+2)(2k+3)}+O(n^{2k+\frac{3}{2}}d^2(n)\ln^3 n)$$

于是完成了定理的证明.

取 $n=p$ 为一个素数, $k=0$, 由定理可得到渐近公式

$$\sum_{a=1}^{p-1}|a-\overline{a}|=\frac{1}{3}p^2+O(p^{\frac{3}{2}}\ln^3 p)$$

由本文的定理及文[1]中的结论不难推得下面有趣的极限定理:

对任意给定的非负整数 $k$, 有极限式

$$\lim_{n\to\infty}\frac{n\cdot\sum\limits_{a=1}^{n-1}{}'|a-\overline{a}|^{2k+1}}{\sum\limits_{b=1}^{n-1}{}'(b-\overline{b})^{2k+2}}=2$$

其中 $\overline{b}$ 表示满足 $bx\equiv 1(\bmod n)$ 且 $1\leqslant x<n$ 的解.

## 参考文献

[1]ZHANG W P. On the difference between an integer and its inverse modulo $n$[J]. Journal of Number Theory, 1995, 52(1): 1-6.

[2]APOSTOL T M. Modular functions and Dirichlet series in number theory[M]. New York:Springer-Verlag,1976,72.

[3]ESTERMANN T. On Kloostermann's sum[J]. Mathematika,1961,8(1):83-86.

[4]潘承洞,潘承彪. 解析数论基础[M]. 北京:科学出版社,1991.

[5]华罗庚. 指数和的估计及其在数论中的应用[M]. 北京:科学出版社,1963.

[6]闵嗣鹤. 数论的方法(上、下册)[M]. 北京:科学出版社,1981.

[7] APOSTOL T M. Introduction to analytic number theory [M]. New York:Springer-Verlag,1976.

# 第2章 Smarandache 幂函数的均值

## §1　引言及结论

对于给定的自然数 $n$，Smarandache 幂函数 $SP(n)$ 的定义为

$$SP(n)=\min\{m: n \mid m^m, m\in \mathbf{N}^*\}$$

当 $n$ 取遍自然数时，由 $SP(n)$ 便得到了如下的一个数列：1,2,3,2,5,6,7,4,3,10,11,6,13,14,15,4,17,6,19,10,…. 在文[1]中，Smarandache 教授让我们研究数列 $\{SP(n)\}$ 的性质. 从 $SP(n)$ 的定义很容易得到：如果 $n$ 是一个素数的方幂，即 $n=p^\alpha$，则有

$$SP(n)=\begin{cases} p & (1\leqslant \alpha\leqslant p) \\ p^2 & (p+1\leqslant \alpha\leqslant 2p^2) \\ p^3 & (2p^2+1\leqslant \alpha\leqslant 3p^3) \\ \vdots & \\ p^\alpha & ((\alpha-1)p^{\alpha-1}+1\leqslant \alpha\leqslant \alpha p^\alpha) \end{cases}$$

如果 $n=p_1^{\alpha_1}p_2^{\alpha_2}\cdots p_r^{\alpha_r}$，且对所有的 $\alpha_i(i=1,2,\cdots,r)$，都有 $\alpha_i\leqslant p_i$，那么 $SP(n)=U(n)$，其中 $U(n)=\prod_{p|n}p$. 令 $\mathcal{A}$表示所有具有这个性质的 $n$ 的集合，则 $SP(n)$ 在集合$\mathcal{A}$上具有可乘性，即对任意的 $n_1,n_2\in\mathcal{A}$，如果$(n_1,n_2)=1$，则$SP(n_1n_2)=SP(n_1)SP(n_2)$. 然而 $SP(n)$ 却不是可乘函数，比如 $SP(8)=4$，$SP(3)=3$，而 $SP(24)=6\neq SP(3)\times SP(8)$，因此对 $SP(n)$ 的均值性质研究就显得十分困难. 但是对于大部分的 $n$，$SP(n)$ 的值等于函数 $U(n)$ 的值，所以在 $SP(n)$ 的许多均值问题的研究中，我们可以用可乘函数 $U(n)$ 代替非可乘函数 $SP(n)$. 西北大学数学系的徐哲峰教授于 2006 年利用解析方法证明了这一点，并获得了 $SP(n)$ 的几个有趣的渐近公式，即证明了：

**定理 1**　对任意的实数 $x\geqslant 1$，有渐近公式

$$\sum_{n\leqslant x}SP(n)=\frac{1}{2}x^2\prod_p\left(1-\frac{1}{p(p+1)}\right)+O(x^{\frac{3}{2}+\varepsilon})$$

其中 $\prod_p$ 表示对所有的素数求积，$\varepsilon$ 为任意给定的正数.

**定理 2**　对任意的实数 $x\geqslant 1$，有渐近公式

$$\sum_{n\leqslant x}\phi(SP(n))=\frac{1}{2}x^2\prod_p\left(1-\frac{2}{p(p+1)}\right)+O(x^{\frac{3}{2}+\varepsilon})$$

其中 $\phi(n)$ 为 Euler 函数.

**定理 3**　对任意的实数 $x\geqslant 1$，有渐近公式

$$\sum_{n\leqslant x}d(SP(n))$$
$$=\frac{6x\ln x}{\pi^2}+\left(\frac{12\gamma-6}{\pi^2}-\frac{72\zeta(2)}{\pi^4}\right)x+O(x^{\frac{1}{2}+\varepsilon})$$

其中 $d(n)$ 表示 Dirichlet 除数函数，$\zeta(s)$ 表示 Riemann

$\zeta-$函数,$\gamma$ 为 Euler 常数.

## §2　几 个 引 理

为了完成定理的证明,我们需要如下的几个引理:

**引理 1**　对任意的实数 $x \geqslant 1$,有渐近公式

$$\sum_{n\leqslant x} U(n)=\frac{1}{2}x^2\prod_p\left(1-\frac{1}{p(p+1)}\right)+O(x^{\frac{3}{2}+\varepsilon})$$

**证明**　令 $f(s)=\sum\limits_{n=1}^{\infty}\frac{U(n)}{n^s}$. 从 $U(n)$ 的定义知 $U(n)$ 是一个可乘函数,那么由 Euler 积公式[2],可得

$$\begin{aligned}f(s)&=\prod_p\left(1+\frac{U(p)}{p^s}+\frac{U(p^2)}{p^{2s}}+\cdots\right)\\&=\prod_p\left(1+\frac{p}{p^s}+\frac{p}{p^{2s}}+\cdots\right)\\&=\prod_p\left[1+\frac{p}{p^s}\frac{1}{1-\frac{1}{p^s}}\right]\\&=\zeta(s)\prod_p\left(1-\frac{1}{p^s}+\frac{1}{p^{s-1}}\right)\\&=\frac{\zeta(s)\zeta(s-1)}{\zeta(2(s-1))}\prod_p\left(1-\frac{1}{p(p^{s-1}+1)}\right)\end{aligned}$$

因为 $|U(n)|\leqslant n$,$\left|\sum\limits_{n=1}^{\infty}\frac{U(n)}{n^\sigma}\right|<\zeta(\sigma-1)$,其中 $\sigma>2$ 为 $s$ 的实数,则由 Perron 公式[3],有

$$\begin{aligned}&\sum_{n\leqslant x}\frac{a(n)}{n^{s_0}}\\=&\frac{1}{2\pi\mathrm{i}}\int_{b-\mathrm{i}t}^{b+\mathrm{i}t}f(s+s_0)\frac{x^s}{s}\mathrm{d}s+O\left(\frac{x^bB(b+\sigma_0)}{T}\right)+\end{aligned}$$

$$O\left(x^{1-\sigma_0} H(2x) \min\left(1, \frac{\log x}{T}\right)\right) +$$
$$O\left(x^{-\sigma_0} H(N) \min\left(1, \frac{x}{T \| x \|}\right)\right)$$

其中 $N$ 为离 $x$ 最近的整数，当 $x$ 为半奇数时取 $N = x - \frac{1}{2}$，$\| x \| = | x - N |$. 在上式中取 $a(n) = U(n)$，$s_0 = 0, b = 3, T = x^{\frac{3}{2}}, H(x) = x, B(\sigma) = \zeta(\sigma - 1)$，则有

$$\sum_{n \leqslant x} U(n) = \frac{1}{2\pi i} \int_{3-iT}^{3+iT} \frac{\zeta(s)\zeta(s-1)}{\zeta(2(s-1))} R(s) \frac{x^s}{s} ds + O(x^{\frac{3}{2}+\varepsilon})$$

其中 $R(s) = \prod_p \left(1 - \frac{1}{p(p^{s-1}+1)}\right)$. 现在来估计

$$\frac{1}{2\pi i} \int_{3-iT}^{3+iT} \frac{\zeta(s)\zeta(s-1)}{\zeta(2(s-1))} R(s) \frac{x^s}{s} ds$$

将积分线从 $3 \pm iT$ 移到 $\frac{3}{2} \pm iT$. 此时函数 $\frac{\zeta(s)\zeta(s-1)}{\zeta(2(s-1))} R(s) \frac{x^s}{s}$ 在 $s = 2$ 处有一个一阶极点，留数为 $\frac{R(2)x^2}{2}$，即

$$\frac{1}{2\pi i}\left(\int_{3-iT}^{3+iT} + \int_{2+iT}^{\frac{3}{2}+iT} + \int_{\frac{3}{2}+iT}^{\frac{3}{2}-iT} + \int_{\frac{3}{2}-iT}^{3-iT}\right) \frac{\zeta(s)\zeta(s-1)}{\zeta(2(s-1))} R(s) \frac{x^s}{s} ds$$
$$= \frac{R(2)x^2}{2}$$

取 $T = x^{\frac{3}{2}}$，容易估计

$$\left| \frac{1}{2\pi i}\left(\int_{3+iT}^{\frac{3}{2}+iT} + \int_{\frac{3}{2}-iT}^{3-iT}\right) \frac{\zeta(s)\zeta(s-1)}{\zeta(2(s-1))} R(s) \frac{x^s}{s} ds \right|$$
$$\ll \frac{x^3}{T} = x^{\frac{3}{2}}$$

和

$$\left| \frac{1}{2\pi i} \int_{\frac{3}{2}+iT}^{\frac{3}{2}-iT} \frac{\zeta(s)\zeta(s-1)}{\zeta(2(s-1))} R(s) \frac{x^s}{s} ds \right| \ll x^{\frac{3}{2}+\varepsilon}$$

由于 $R(1)=\prod_{p}\left(1-\frac{1}{p(p+1)}\right)$，所以

$$\sum_{n\leqslant x}U(n)=\frac{1}{2}x^{2}\prod_{p}\left(1-\frac{1}{p(p+1)}\right)+O(x^{\frac{3}{2}+\varepsilon})$$

这样便证明了引理 1.

**引理 2**　对任意的实数 $x\geqslant 1$，有估计式

$$\sum_{\substack{p^{\alpha}\leqslant x\\ \alpha>p}}\alpha p\ll \ln^{4}x$$

**证明**　因为 $\alpha>p$，所以 $p^{p}<p^{\alpha}\leqslant x$，那么

$$p<\frac{\ln x}{\ln p}<\ln x \tag{1}$$

又因为 $p^{\alpha}\leqslant x$，则

$$\alpha\leqslant\frac{\ln x}{\ln p}\leqslant\frac{\ln x}{\ln 2} \tag{2}$$

结合式(1) 和(2)，我们有

$$\begin{aligned}\sum_{\substack{p^{\alpha}\leqslant x\\ \alpha>p}}\alpha p&\ll\sum_{p\leqslant\ln x}p\sum_{\alpha\leqslant\frac{\ln x}{\ln 2}}\alpha\\&\ll\ln^{2}x\sum_{p\leqslant\ln x}p\end{aligned} \tag{3}$$

注意到 $\pi(x)=\frac{x}{\ln x}+O\left(\frac{x}{\ln^{2}x}\right)$，其中 $\pi(x)$ 表示小于或等于 $x$ 的素数的个数，可以得到 $\sum_{p\leqslant\ln x}p\ll\sum_{p\leqslant\ln x}\ln x\ll\ln^{2}x$. 结合式(3)，便有

$$\sum_{\substack{p^{\alpha}\leqslant x\\ \alpha>p}}\alpha p\ll \ln^{4}x$$

这样便证明了引理 2.

**引理 3**　对任意的实数 $x\geqslant 1$，有估计式

$$\sum_{\substack{n\leqslant x\\ SP(n)>U(n)}}SP(n)\ll x\ln^{4}x$$

**证明** 设 $n=p_1^{\alpha_1}p_2^{\alpha_2}\cdots p_r^{\alpha_r}$，则 $U(n)=p_1p_2\cdots p_r$，且 $U(n)\mid SP(n)$. 因为 $SP(n)>U(n)$，所以至少存在一个素数 $p_i(1\leqslant i\leqslant r)$，它的次数 $\alpha_i$ 满足 $\alpha_i>p_1p_2\cdots p_r$. 令 $\alpha=\max\{\alpha_i, i=1,2,\cdots,r\}$，$p$ 表示 $\alpha$ 所对应的最大的素数，那么根据 $SP(n)$ 的定义，易知

$$SP(n)<\alpha p \tag{4}$$

由式(4)，便有

$$\begin{aligned}\sum_{\substack{n\leqslant x\\ SP(n)>U(n)}} SP(n) &< \sum_{\substack{n\leqslant x\\ SP(n)>U(n)}} \alpha p\\ &= \sum_{\substack{np^{\alpha}\leqslant x\\ (n,p^{\alpha})=1\\ \alpha>pU(n)}} \alpha p\\ &\ll \sum_{n\leqslant x}\sum_{\substack{p^{\alpha}\leqslant x\\ \alpha>p}}\alpha p\end{aligned}$$

从引理 2 知

$$\sum_{\substack{n\leqslant x\\ SP(n)>U(n)}} SP(n) \ll \sum_{n\leqslant x}\ln^4 x = x\ln^4 x$$

这样便证明了引理 3.

## §3 定理的证明

这节完成定理的证明. 首先，证明定理 1. 注意到 $SP(n)\geqslant U(n)$，我们有

$$\begin{aligned}&\sum_{n\leqslant x}SP(n)-\sum_{n\leqslant x}U(x)\\ =&\sum_{n\leqslant x}(SP(n)-U(n))\\ =&\sum_{\substack{n\leqslant x\\ SP(n)>U(n)}}(SP(n)-U(n))\end{aligned}$$

$$\ll \sum_{\substack{n\leqslant x\\ SP(n)>U(n)}} SP(n)$$

此时由引理 3，便有

$$\sum_{n\leqslant x} SP(n) - \sum_{n\leqslant x} U(x) \ll x\ln^4 x$$

或

$$\sum_{n\leqslant x} SP(n) = \sum_{n\leqslant x} U(x) + O(x\ln^4 x)$$

再由引理 1，有

$$\begin{aligned}&\sum_{n\leqslant x} SP(n)\\ &= \frac{1}{2}x^2 \prod_p \left(1-\frac{1}{p(p+1)}\right) + O(x^{\frac{3}{2}+\varepsilon}) + O(x\ln^4 x)\\ &= \frac{1}{2}x^2 \prod_p \left(1-\frac{1}{p(p+1)}\right) + O(x^{\frac{3}{2}+\varepsilon})\end{aligned}$$

这样便完成了定理 1 的证明. 利用相同的方法我们还可以证明定理 2 和定理 3.

## 参考文献

[1] SMARANDACHE F. Collected papers, Vol. Ⅲ[M]. Bucharest: Tempus Publ. Hse. ,1998.

[2] TOM M A. Introduction to analytic number theory[M]. New York: Springer-Verlag, 1976.

[3] PAN C D, PAN C B. Foundation of analytic number theory [M]. Beijing: Science Press, 1997.

# 关于 Smarandache LCM 函数与除数函数的一个混合均值

第3章

## §1 引言及结论

对任意正整数 $n$，著名的 Smarandache LCM 函数 $SL(n)$ 定义为最小的正整数 $k$ 使得 $n \mid [1,2,\cdots,k]$，其中 $[1,2,\cdots,k]$ 表示 $1,2,\cdots,k$ 的最小公倍数. 例如，$SL(n)$ 的前几个值是 $SL(1)=1$，$SL(2)=2$，$SL(3)=3$，$SL(4)=4$，$SL(5)=5$，$SL(6)=3$，$SL(7)=7$，$SL(8)=8$，$SL(9)=9$，$SL(10)=5$，$SL(11)=11$，$SL(12)=4$，$SL(13)=13$，$SL(14)=7$，$SL(15)=5$，$SL(16)=16$，$\cdots$. 由 $SL(n)$ 的定义我们容易推出如果 $n=p_1^{\alpha_1}p_2^{\alpha_2}\cdots p_r^{\alpha_r}$ 是 $n$ 的标准分解式，那么

$$SL(n)=\max\{p_1^{\alpha_1},p_2^{\alpha_2},\cdots,p_r^{\alpha_r}\} \quad (1)$$

关于 $SL(n)$ 的初等性质，许多学者进行了研究，获得了一系列有趣的结果[2]. 例如，文[2] 证明了如果 $n$ 是一个素数，那么 $SL(n)=S(n)$，这里 $S(n)$ 是 F. Smarandache 函数. 也就是 $S(n)=\min\{m:n\mid m!, m\in\mathbf{N}^*\}$. 同时，文[2] 还提出了下面的问题

$$SL(n)=S(n), S(n)\neq n \tag{2}$$

文[3] 完全解决了这个问题，并证明了下面的结论：任何满足式(2) 的整数可表示为 $n=12$ 或者 $n=p_1^{\alpha_1}p_2^{\alpha_2}\cdots p_r^{\alpha_r}p$，其中 $p_1,p_2,\cdots,p_r,p$ 是不同的素数且 $\alpha_1,\alpha_2,\cdots,\alpha_r$ 是满足 $p>p_i^{\alpha_i}, i=1,2,\cdots,r$ 的正整数.

此外，文[4] 研究了 $SL(n)$ 的均值问题，证明了对任意给定的正整数 $k$ 及任意实数 $x>2$ 有渐近公式

$$\sum_{n\leqslant x}SL(n)=\frac{\pi^2}{12}\cdot\frac{x^2}{\ln x}+\sum_{i=2}^{k}\frac{c_i\cdot x^2}{\ln^i x}+O\left(\frac{x^2}{\ln^{k+1}x}\right)$$

其中 $c_i(i=2,3,\cdots,k)$ 是可计算的常数.

文[5] 中还研究了 $[SL(n)-S(n)]^2$ 的均值分布问题，证明了渐近公式

$$\sum_{n\leqslant x}[SL(n)-S(n)]^2$$
$$=\frac{2}{3}\cdot\zeta\left(\frac{3}{2}\right)\cdot x^{\frac{3}{2}}\cdot\sum_{i=1}^{k}\frac{c_i}{\ln^i x}+O\left(\frac{x^{\frac{3}{2}}}{\ln^{k+1}x}\right)$$

其中 $\zeta(s)$ 是 Riemann $\zeta$－函数，$c_i(i=1,2,\cdots,k)$ 是可计算的常数.

渭南师范学院数学系的吕国亮教授于 2007 年研究了一个包含 Smarandache LCM 函数 $SL(n)$ 与 Dirichlet 除数函数 $d(n)$ 的混合均值问题，并给出一个较强的渐近公式. 具体地说，也就是证明下面的：

**定理**　设 $k\geqslant 2$ 为给定的整数，则对任意实数 $x\geqslant 2$，我们有渐近公式

$$\sum_{n\leqslant x}d(n)\cdot SL(n)$$
$$=\frac{\pi^4}{36}\cdot\frac{x^2}{\ln x}+\sum_{i=2}^{k}\frac{c_i\cdot x^2}{\ln^i x}+O\left(\frac{x^2}{\ln^{k+1}x}\right)$$

其中 $d(n)$ 为 Dirichlet 除数函数，也就是 $n$ 的所有正因数的个数 $d(n)=\sum\limits_{d|n}=1$，$c_i(i=1,2,3,\cdots,k)$ 为可计算的常数.

## §2　定理的证明

在这一部分，我们用初等及解析方法直接给出定理的证明. 事实上，在和式

$$\sum_{n\leqslant x}d(n)\cdot SL(n) \tag{3}$$

中，我们将所有 $1\leqslant n\leqslant x$ 分为两个集合 $U$ 与 $V$，其中集合 $U$ 包含所有那些满足存在素数 $p$ 使得 $p\mid n$ 且 $p>\sqrt{n}$ 的正整数；而集合 $V$ 包含区间 $[1,x]$ 中不属于集合 $U$ 的那些正整数. 于是利用性质(1)，我们有

$$\begin{aligned}
&\sum_{n\in U}d(n)\cdot SL(n)\\
=&\sum_{n\leqslant x}d(n)\cdot SL(n)\\
=&\sum_{\substack{np\leqslant x\\ n<p\\ p|n,\bar{n}<p}}d(np)\cdot SL(np)\\
=&\sum_{\substack{np\leqslant x\\ n<p}}2p\cdot d(n)\\
=&\sum_{n\leqslant\sqrt{x}}2d(n)\sum_{n<p\leqslant\frac{x}{n}}p
\end{aligned} \tag{4}$$

设 $\pi(x)=\sum_{p\leqslant x}1$. 于是利用 Abel 求和公式(参阅文[6]中的定理 4.2)及素数定理(文[7]中的定理 3.2)

$$\pi(x)=\sum_{i=1}^{k}\frac{c_i\cdot x}{\ln^i x}+O\left(\frac{x}{\ln^{k+1}x}\right)$$

其中 $c_i(i=1,2,3,\cdots,k)$ 为常数且 $c_1=1$.

我们有

$$\begin{aligned}&\sum_{n<p\leqslant\frac{x}{n}}p\\&=\frac{x}{n}\cdot c\left(\frac{x}{n}\right)-n\cdot\pi(n)-\int_n^{\frac{x}{n}}\pi(y)\mathrm{d}y\\&=\frac{x^2}{2n^2\ln x}+\sum_{i=2}^{k}\frac{a_i\cdot x^2\cdot\ln^i n}{n^2\cdot\ln\ln^i x}+O\left(\frac{x^2}{n^2\cdot\ln^{k+1}x}\right)\end{aligned}\tag{5}$$

其中 $a_i$ 为可计算的常数. 于是,注意到

$$\sum_{n=1}^{\infty}\frac{1}{n^2}=\frac{\pi^2}{6}$$

及

$$\sum_{n=1}^{\infty}\frac{d(n)}{n^2}=\left(\sum_{n=1}^{\infty}\frac{1}{n^2}\right)^2=\frac{\pi^4}{36}$$

结合式(4)及(5)可得

$$\begin{aligned}&\sum_{n\in U}d(n)\cdot SL(n)\\&=\frac{x^2}{\ln x}\cdot\sum_{n\leqslant\sqrt{x}}\frac{d(n)}{n^2}+\sum_{n\leqslant\sqrt{x}}\sum_{i=2}^{k}\frac{2a_i\cdot x^2\cdot\ln^i n}{n^2\cdot\ln^i x}+\\&\quad O\left(\frac{x^2}{\ln^{k+1}x}\right)\\&=\frac{\pi^4}{36}\cdot\frac{x^2}{\ln x}+\sum_{i=2}^{k}\frac{b_i\cdot x^2}{\ln^i x}+O\left(\frac{x^2}{\ln^{k+1}x}\right)\end{aligned}\tag{6}$$

其中 $b_i$ 为可计算的常数.

现在我们讨论集合 V 中的情况,由式(1)及集合 V

的定义知，对任意 $n\in V$，当 $n$ 的标准分解式为 $n=p_1^{\alpha_1}\cdots p_r^{\alpha_r}$ 时，我们有两种情况：$SL(n)=p_r\leqslant\sqrt{n}$ 或者

$$SL(n)=\max_{1\leqslant i\leqslant r}\{p_i^{\alpha_i}\}=p_i^{\alpha_i}$$

$\alpha_i\geqslant 2$. 于是由此分析，我们有

$$\begin{aligned}&\sum_{n\leqslant V}d(n)\cdot SL(n)\\ \leqslant&\sum_{np\leqslant x}d(n)\sqrt{np}+\sum_{\substack{np^\alpha\leqslant x\\ \alpha\geqslant 2}}(\alpha+1)\cdot d(n)\cdot p^\alpha\\ \leqslant&\sum_{n\leqslant x}d(n)\sqrt{n}\cdot\ln n\\ \leqslant&\, x^{\frac{3}{2}}\ln^2 x\end{aligned}\tag{7}$$

其中，我们用到渐近公式

$$\sum_{n\leqslant x}d(n)=x\cdot\ln x+O(x)$$

由集合 $U$ 及 $V$ 的定义并结合式(3)(6) 及(7)，我们有

$$\begin{aligned}&\sum_{n\leqslant x}d(n)\cdot SL(n)\\ =&\sum_{n\in U}d(n)\cdot SL(n)+\sum_{n\in V}d(n)\cdot SL(n)\\ =&\frac{\pi^4}{36}\cdot\frac{x^2}{\ln x}+\sum_{i=2}^{k}\frac{b_i\cdot x^2}{\ln^i x}+O\left(\frac{x^2}{\ln^{k+1}x}\right)\end{aligned}$$

其中 $b_i(i=2,3,\cdots,k)$ 为可计算的常数. 于是完成了定理的证明.

## 参 考 文 献

[1]SMARANDACHE F. Only problems, not solutions[M]. Chicago: Xiquan Publishing House, 1993.

[2]MURTHY A. Some notions on least common multiples[J]. Smarandache notions journal, 2001, 12: 307-309.

[3]LE M H. An equation concerning the Smarandache LCM function[J]. Smarandache notions journal, 2004, 14: 186-188.

[4]LÜ Z T. On the F. Smarandache LCM function and its mean value[J]. Scientia Magna,2007,3(1):22-25.

[5]JIAN G. Mean value of F. Smarandache LCM function[J]. Scientia Magna,2007,3(2):109-112.

[6]TOM M A. Introduction to analytic number theory[M]. New York:Springer-Verlag,1976.

[7]潘承洞,潘承彪. 素数定理的初等证明[M]. 上海:上海科学技术出版社,1988.

[8]潘承洞,潘承彪. 初等数论[M]. 北京:北京大学出版社,2003.

[9]张文鹏,李海龙,郭金保,等. 初等数论[M]. 西安:陕西师范大学出版社,2007.

# 第4章 关于立方幂补数倒数的$\frac{1}{3}$次均值

## §1 引言及结论

设 $n$ 是任意的正整数，则 $n$ 可唯一地表示为$n=u^3v^2w$，其中 $u,v,w$ 均为整数，$v,w$ 无大于 1 的平方因子，且 $(v,w)=1$. 若 $S(n)\min\{l \mid nl=m^3, m\in\mathbf{N}^*\}$，我们称 $S(n)$ 为 $n$ 的立方幂补数. 根据 $S(n)$ 的定义，我们容易得到 $S(1)=1, S(2)=4, S(3)=9, S(4)=2,\cdots$，一般地 $S(n)=vw^2$.

在文[1] 的第 28 个问题中，Smarandache 教授要求我们研究数列 $\{S(n)\}$ 的性质. 关于这个问题，南阳师范学院数学与统计学院的王阳和南阳师范学院计算机与信息技术学院的刘志都两位教授于2007年在张文鹏

教授的指导下对立方幂补数作了初步探讨[2-6]，得到了部分渐近公式. 如文[4]给出了公式

$$\sum_{n\leqslant x}\frac{1}{S(n)}=\frac{\zeta\left(\frac{5}{3}\right)\zeta\left(\frac{7}{3}\right)}{\zeta\left(\frac{10}{3}\right)\zeta\left(\frac{14}{3}\right)}x^{\frac{1}{3}}\prod_{p}\left(1-\frac{1}{(1+p^{\frac{5}{3}})(1+p^{\frac{7}{3}})}\right)+O(\log x)$$

文[5]推广了文[4]的结论，给出了实数 $K\geqslant 1$ 时，$\frac{1}{S(n)}$ 的 $k$ 次均值公式

$$\sum_{n\leqslant x}\left(\frac{1}{S(n)}\right)^{k}=\frac{\zeta\left(\frac{2}{3}+k\right)\zeta\left(\frac{1}{3}+2k\right)}{\zeta\left(\frac{4}{3}+2k\right)\zeta\left(\frac{2}{3}+4k\right)}x^{\frac{1}{3}}\cdot\prod_{p}\left(1-\frac{1}{(1+p^{\frac{2}{3}+k})(1+p^{\frac{1}{3}+2k})}\right)+O(x^{\frac{1}{6}}\log^{2}x)$$

当 $0<k<1$，$\frac{1}{S(n)}$ 的 $k$ 次均值问题尚未解决. 本文拟就 $k=\frac{1}{3}$ 时加以探讨，即用初等方法研究 $\frac{1}{S(n)}$ 的 $\frac{1}{3}$ 次均值的渐近估计问题，进一步解决了文[1]中提出的第 28 个问题，补充文[2]～[6]的有关结论. 具体地说，我们将证明下列结论：

**定理**　对于任意的实数 $x>1$，我们有渐近公式

$$\sum_{n\leqslant x}\left(\frac{1}{S(n)}\right)^{\frac{1}{3}}$$

$$=\frac{1}{4\zeta^2(2)}x^{\frac{1}{3}}\log^2 x\prod_p\left(1-\frac{1}{(p+1)^2}\right)+$$
$$O(x^{\frac{1}{3}}\log x)$$

## §2 引理及其证明

为了完成定理的证明，我们需要下列几个引理：

**引理 1** 对任意的实数 $x>1$，我们有渐近公式

$$\sum_{\substack{v\leqslant x\\(v,w)=1}}\frac{1}{v^{\frac{1}{3}}}$$
$$=\frac{2}{3}x^{\frac{2}{3}}\prod_{p\mid w}\left(1-\frac{1}{p}\right)+\zeta\left(\frac{1}{3}\right)\prod_{p\mid w}\left(1-\frac{1}{p^{\frac{1}{3}}}\right)+$$
$$O(x^{-\frac{1}{3}}\tau(w))$$

其中 $\tau(w)=\sum_{d\mid w}1$，$d$ 是正整数 $w$ 的正因数，$\zeta(s)$ 为 Riemann $\zeta-$ 函数.

**证明** 设 $\mu(n)$ 为 Mobius 函数，由文[7]知

$$\sum_{d\mid n}\mu(d)=\begin{cases}1 & (m=1)\\0 & (n>1)\end{cases}$$

$$\sum_{n\leqslant x}\frac{1}{n^{\frac{1}{3}}}=\frac{3}{2}x^{\frac{2}{3}}+\zeta\left(\frac{1}{3}\right)+O(x^{-\frac{1}{3}})$$

从而我们有

$$\sum_{\substack{v\leqslant x\\(v,w)=1}}\frac{1}{v^{\frac{1}{3}}}$$
$$=\sum_{v\leqslant x}\frac{1}{v^{\frac{1}{3}}}\sum_{d\mid(v,w)}\mu(d)$$
$$=\sum_{d\mid w}\frac{\mu(d)}{d^{\frac{1}{3}}}\sum_{m\leqslant\frac{x}{d}}\frac{1}{m^{\frac{1}{3}}}$$

$$=\sum_{d\mid w}-\frac{\mu(d)}{d^{\frac{1}{3}}}\left\{\frac{3}{2}\left(\frac{x}{d}\right)^{\frac{2}{3}}+\zeta\left(\frac{1}{3}\right)+O(x^{-\frac{1}{3}}d^{\frac{1}{3}})\right\}$$

$$=\frac{3}{2}x^{\frac{2}{3}}\sum_{d\mid w}\frac{\mu(d)}{d}+\zeta\left(\frac{1}{3}\right)\sum_{d\mid w}\frac{\mu(d)}{d^{\frac{1}{3}}}+$$

$$O(x^{-\frac{1}{3}}\sum_{d\mid w}\mid\mu(d)\mid)$$

$$=\frac{3}{2}x^{\frac{2}{3}}\prod_{p\mid w}\left(1-\frac{1}{p}\right)+\zeta\left(\frac{1}{3}\right)\prod_{p\mid w}\left(1-\frac{1}{p^{\frac{1}{3}}}\right)+$$

$$O(x^{-\frac{1}{3}}\tau(w))$$

引理 1 得证.

**引理 2**　对任意的实数 $x>1$,我们有渐近公式

$$\sum_{\substack{v^2 w\leqslant x\\(v,w)=1}}\frac{1}{v^{\frac{1}{3}}w^{\frac{2}{3}}}=O(x^{\frac{1}{3}}\log x)$$

**证明**　由 Dirichlet 求和法则及引理 1,我们可以得到

$$\sum_{\substack{v^2 w\leqslant x\\(v,w)=1}}\frac{1}{v^{\frac{1}{3}}w^{\frac{2}{3}}}$$

$$=\sum_{w\leqslant x}\frac{1}{w^{\frac{2}{3}}}\sum_{\substack{v\leqslant\sqrt{\frac{x}{w}}\\(v,w=1)}}\frac{1}{v^{\frac{1}{3}}}$$

$$=\sum_{w\leqslant x}\frac{1}{w^{\frac{2}{3}}}\left\{\frac{3}{2}\left(\frac{x^{\frac{1}{3}}}{w}\right)\prod_{p\mid w}\left(1-\frac{1}{p}\right)+\right.$$

$$\left.\zeta\left(\frac{1}{3}\right)\prod_{p\mid w}\left(1-\frac{1}{p^{\frac{1}{3}}}\right)O(x^{-\frac{1}{6}}w^{\frac{1}{6}}\tau(w))\right\}$$

$$=\frac{3}{2}x^{\frac{1}{3}}\sum_{w\leqslant x}\frac{1}{w}\prod_{p\mid w}\left(1-\frac{1}{p}\right)+$$

$$\zeta\left(\frac{1}{3}\right)\sum_{w\leqslant x}\frac{1}{w^{\frac{2}{3}}}\prod_{p\mid w}\left(1-\frac{1}{p^{\frac{1}{3}}}\right)+$$

$$O\left(x^{-\frac{1}{6}}\sum_{w\leqslant x}\frac{\tau(w)}{w^{\frac{1}{2}}}\right)$$

又

$$\begin{aligned}&\sum_{w\leqslant x}\frac{1}{w}\prod_{p\mid w}\left(1-\frac{1}{p}\right)\\&=\sum_{w\leqslant x}\frac{1}{w}\sum_{d\mid w}\frac{\mu(d)}{d}\\&=\sum_{dk\leqslant x}\frac{\mu(d)}{d^2k}\\&=O(\log x)\end{aligned}$$

$$\begin{aligned}&\sum_{w\leqslant x}\frac{1}{w^{\frac{2}{3}}}\prod_{p\mid w}\left(1-\frac{1}{p^{\frac{1}{3}}}\right)\\&=\sum_{w\leqslant x}\frac{1}{w^{\frac{2}{3}}}\sum_{d\mid w}\frac{\mu(d)}{d^{\frac{1}{3}}}\\&=\sum_{dk\leqslant x}\frac{\mu(d)}{dk^{\frac{2}{3}}}\\&=O(x^{\frac{1}{3}})\end{aligned}$$

$$x^{-\frac{1}{6}}\sum_{w\leqslant x}\frac{\tau(w)}{w^{\frac{1}{2}}}=x^{-\frac{1}{6}}\sum_{dk\leqslant x}\frac{1}{d^{\frac{1}{2}}k^{\frac{1}{2}}}=O(x^{\frac{1}{3}}\log x)$$

所以 $\sum\limits_{\substack{v^2w\leqslant x\\(v,w)=1}}\frac{1}{v^{\frac{1}{3}}w^{\frac{2}{3}}}=O(x^{\frac{1}{3}}\log x)$. 引理 2 得证.

**引理 3** 对任意的实数 $x>1$,我们有渐近公式

$$\sum_{\substack{v\leqslant x\\(v,w)=1}}\frac{|\mu(v)|}{v}=\frac{\log x}{\zeta(2)}\prod_{p\mid w}\left(1+\frac{1}{p}\right)^{-1}+O\left(\prod_{p\mid w}\left(1+\frac{1}{p}\right)^{-1}\right)$$

**证明** 令 $D=\{d\geqslant 1\mid d=1$ 或 $p\mid d\Rightarrow p\mid w\}$, $\sigma_\lambda(w)=\sum\limits_{d\mid w}d^\lambda$. 据文[8],我们容易得到

$$\sum_{\substack{d\mid v\\ d\in D}}\left|\mu\left(\frac{v}{d}\right)\right|\lambda(d)=\begin{cases}|\mu(v)|,(v,w)=1\\ 0,(v,w)>1\end{cases}$$

其中 $\lambda(n)=(-1)^{\Omega(n)}$ 是 liouville 函数. 显然, 当 $-2\lambda>1$ 时, $\sum_{d\in D}d^{\lambda}=\prod_{p\mid w}(1-p^{\lambda})^{-1}\ll\prod_{p\mid w}(1+p^{\lambda})\ll\sigma_{\lambda}(w)$.

从而 $\sum_{\substack{v\leqslant x\\ (v,w)=1}}|\mu(v)|=\sum_{v\leqslant x}\sum_{\substack{d\mid v\\ d\in D}}\left|\mu\left(\frac{v}{d}\right)\right|\lambda(d)=\sum_{d\in D}\lambda(d)\cdot\sum_{m\leqslant\frac{x}{d}}|\mu(m)|$, 又 $\sum_{m\leqslant y}|\mu(m)|=\frac{1}{\zeta(2)}y+O(y^{\frac{1}{2}})$, 所以我们有

$$\begin{aligned}&\sum_{\substack{v\leqslant x\\ (v,w)=1}}|\mu(v)|\\ &=\frac{x}{\zeta(2)}\sum_{d\in D}\frac{\lambda(d)}{d}+O(x^{\frac{1}{2}}\sum_{d\in D}d^{-\frac{1}{2}})\\ &=\frac{x}{\zeta(2)}\prod_{p\mid w}\left(1+\frac{1}{p}\right)^{-1}+O\left(x^{\frac{1}{2}}\prod_{p\mid w}\left(1-\frac{1}{p^{\frac{1}{2}}}\right)^{-1}\right)\end{aligned}$$

又

$$\prod_{p\mid w}\left(1+\frac{1}{p}\right)\prod_{p\mid w}\left(1-\frac{1}{p^{\frac{1}{2}}}\right)^{-1}\ll\prod_{p\mid w}\left(1+\frac{1}{p^{\frac{1}{3}}}\right)\ll\sigma_{-\frac{1}{3}}(w)$$

所以

$$\begin{aligned}&\sum_{\substack{v\leqslant x\\ (v,w)=1}}|\mu(v)|\\ &=\frac{x}{\zeta(2)}\prod_{p\mid w}\left(1+\frac{1}{p}\right)^{-1}+\\ &\quad O\left(x^{-\frac{1}{2}}\sigma_{-\frac{1}{3}}(w)\prod_{p\mid w}\left(1+\frac{1}{p}\right)^{-1}\right)\end{aligned}$$

令 $B(x)=\sum_{\substack{v\leqslant x\\ (v,w)=1}}|\mu(v)|,x>1,\alpha(x)=\frac{1}{x}$ 在$[1,x]$在上连续可微, 从而

$$\sum_{\substack{v \leqslant x \\ (v,w)=1}} \frac{|\mu(v)|}{v}$$

$$= \sum_{\substack{1 < v \leqslant x \\ (v,w)=1}} \frac{|\mu(v)|}{v} + 1$$

$$= B(x)T(x) - B(1)T(1) - \int_1^x B(t)T'(t)\mathrm{d}t + 1$$

$$= B(x)T(x) - \int_1^x B(t)T'(t)\mathrm{d}t$$

$$= \frac{\log x}{\zeta(2)} \prod_{p|w} \left(1 + \frac{1}{p}\right)^{-1} + O\left(\prod_{p|w} \left(1 + \frac{1}{p}\right)^{-1}\right)$$

引理 3 得证.

**引理 4** 对任意的实数 $x > 1$,我们有渐近公式

$$\sum_{\substack{v^2 w \leqslant x \\ (v,w)=1}} \frac{|\mu(v)||\mu(w)|}{vw}$$

$$= \frac{\log^2 x}{4\zeta^2(2)} \prod_p \left(1 - \frac{1}{(p+1)^2}\right) + O(\log x)$$

**证明** 根据引理 3,我们得到

$$\sum_{\substack{v^2 w \leqslant x \\ (v,w)=1}} \frac{|\mu(v)||\mu(w)|}{vw}$$

$$= \sum_{w \leqslant x} \frac{|\mu(w)|}{w} \sum_{\substack{v \leqslant \sqrt{\frac{x}{w}} \\ (v,w)=1}} \frac{|\mu(v)|}{v}$$

$$= \frac{1}{\zeta(2)} \sum_{w \leqslant x} \frac{|\mu(w)|}{w} \log\sqrt{\frac{x}{w}} \prod_{p|w} \left(1 + \frac{1}{p}\right)^{-1} +$$

$$O\left(\sum_{w \leqslant x} \frac{|\mu(w)|}{w} \prod_{p|w} \left(1 + \frac{1}{p}\right)^{-1}\right)$$

由文[7]知

$$\sum_{w \leqslant x} \frac{|\mu(w)|}{w} \prod_{p|w} \left(1 + \frac{1}{p}\right)^{-1}$$

$$=\frac{\log x}{\zeta(2)}\prod_{p}\left(1-\frac{1}{(p+1)^2}\right)+O(1)$$

根据 Abel 求和法则可得

$$\sum_{w\leqslant x}\frac{|\mu(w)|}{w}\log w\prod_{p\mid w}\left(1+\frac{1}{p}\right)^{-1}$$

$$=\frac{\log^2 x}{2\zeta(2)}\prod_{p}\left(1-\frac{1}{(p+1)^2}\right)+O(\log x)$$

所以

$$\sum_{\substack{v^2w\leqslant x\\(v,w)=1}}\frac{|\mu(v)||\mu(w)|}{vw}\frac{\log^2 x}{4\zeta^2(2)}\prod_{p}\left(1-\frac{1}{(p+1)^2}\right)+$$

$$O(\log x)$$

引理 4 得证.

## §3　定理的证明

在该部分,我们将完成定理的证明. 事实上,根据文[8]及 $S(n)$ 的定义,我们有

$$\sum_{n\leqslant x}\left(\frac{1}{S(n)}\right)^{\frac{1}{3}}$$

$$=\sum_{\substack{u^3v^2w\leqslant x\\(v,w)=1}}\left(\frac{1}{vw^2}\right)^{\frac{1}{3}}|\mu(v)||\mu(w)|$$

$$=\sum_{\substack{v^2w\leqslant x\\(v,w)=1}}\frac{|\mu(v)||\mu(w)|}{v^{\frac{1}{3}}w^{\frac{2}{3}}}\sum_{u^3\leqslant\frac{x}{v^2w}}1$$

$$=x^{\frac{1}{3}}\sum_{\substack{v^2w\leqslant x\\(v,w)=1}}\frac{|\mu(v)||\mu(w)|}{vw}+O\left(\sum_{\substack{v^2w\leqslant x\\(v,w)=1}}\frac{1}{v^{\frac{1}{3}}w^{\frac{2}{3}}}\right)$$

由引理 2 和引理 4,我们可以立即推出

$$\sum_{n\leqslant x}\left(\frac{1}{S(n)}\right)^{\frac{1}{3}}$$
$$=\frac{1}{4\zeta^2(2)}x^{\frac{1}{3}}\log^2 x\prod_p\left(1-\frac{1}{(p+1)^2}\right)+$$
$$O(\log x^{\frac{1}{3}}\log x)$$

当 $0<k<1, k\neq\frac{1}{3}$ 时，$\frac{1}{S(n)}$ 的 $k$ 次均值问题尚待解决.

## 参 考 文 献


[1] SMARANDACHE F. Only problems, not solutions[M]. Chicago: Xiquan Publishing House, 1993.

[2] 王阳. F. Smarandache 的一个问题[J]. 数学的实践与认识, 2002, 4: 689-690.

[3] 王阳. 关于三次方幂补数的均值[J]. 纯粹数学与应用数学, 2003, 19(2): 137-139.

[4] 王阳. 立方幂补数倒数的均值[J]. 数学的实践与认识. 2004, 4: 137-141.

[5] 王阳. 关于 F. Smarandache 的一个问题的注记[J]. 兰州理工大学学报, 2004, 6: 134-138.

[6] 王阳. 立方幂补数除数函数的均值[J]. 数学的实践与认识, 2004, 12: 144-148.

[7] APOSTOL T M. Introduction to analytic number theory[M]. New York: Spring-Verlag, 1976.

[8] 潘承洞, 潘承彪. 解析数论基础[M]. 北京: 科学出版社, 1999.

# 关于 Smarandache LCM 函数的一类均方差问题

第 5 章

## §1　引言及结论

对于任意正整数 $n$，著名的 Smarandache LCM 函数 $SL(n)$ 定义为最小的正整数 $k$ 使得 $n$ 整除$[1,2,\cdots,k]$，其中$[1,2,\cdots,k]$ 表示 $1,2,\cdots,k$ 的最小公倍数. 例如，$SL(n)$ 的前几项值是 $SL(1)=1,SL(2)=2,SL(3)=3,SL(4)=4,SL(5)=5,SL(6)=3,SL(7)=7,SL(8)=8,SL(9)=9,SL(10)=5,SL(11)=11,SL(12)=4,SL(13)=13,SL(14)=7,SL(15)=5,SL(16)=16,\cdots$. 由 $SL(n)$ 的定义我们容易推出如果 $n=p_1^{\alpha_1}\cdot p_2^{\alpha_2}\cdot\cdots\cdot p_k^{\alpha_k}$ 为 $n$ 的标准分解式，那么

$$SL(n)=\max\{p_1^{\alpha_1},p_2^{\alpha_2},\cdots,p_r^{\alpha_r}\} \tag{1}$$

关于 $SL(n)$ 的初等性质,许多学者进行过研究,取得了一系列有趣的结果,参阅文[1] ~ [5]. 例如,文[1] 证明了如果 $n$ 是一个素数,那么 $SL(n)=S(n)$,其中 $S(n)$ 表示 Smarandache 函数,即 $S(n)=\min\{m:n\mid m!,m\in\mathbf{N}^*\}$. 同时文[1] 还提出了下面的问题

$$SL(n)=S(n),S(n)\neq n \tag{2}$$

文[2] 完全解决了这个问题. 文[3] 研究了 $SL(n)$ 的均值问题,证明了对任意给定的正整数 $k$ 及任意实数 $x>2$ 有渐近公式

$$\sum_{n\leqslant x}SL(n)=\frac{\pi^2}{12}\cdot\frac{x^2}{\ln x}+\sum_{i=2}^{k}\frac{c_i\cdot x^2}{\ln^i x}+O\left(\frac{x^2}{\ln^{k+1}x}\right)$$

其中 $c_i(i=2,3,\cdots,k)$ 是可计算的常数.

文[4] 研究了 $SL(n)$ 与 Dirichlet 除数函数的混合均值,给出了渐近公式

$$\sum_{n\leqslant x}d(n)\cdot SL(n)$$

$$=\frac{\pi^4}{36}\cdot\frac{x^2}{\ln x}+\sum_{i=2}^{k}\frac{c_i\cdot x^2}{\ln^i x}+O\left(\frac{x^2}{\ln^{k+1}x}\right)$$

文[5] 中还研究了 $[SL(n)-S(n)]^2$ 的均值分布问题,证明了渐近公式

$$\sum_{n\leqslant x}[SL(n)-S(n)]^2$$

$$=\frac{2}{3}\cdot\zeta\left(\frac{3}{2}\right)\cdot x^{\frac{3}{2}}\cdot\sum_{i=1}^{k}\frac{c_i}{\ln^i x}+O\left(\frac{x^{\frac{3}{2}}}{\ln^{k+1}x}\right)$$

其中 $\zeta(s)$ 是 Riemann $\zeta$ 一函数,$c_i(i=1,2,\cdots,k)$ 是可计算的常数.

现在定义一个新的算术函数 $\overline{\Omega}(n)$ 如下:$\overline{\Omega}(1)=0$,当 $n>1$ 且 $n=p_1^{\alpha_1}\cdot p_2^{\alpha_2}\cdot\cdots\cdot p_k^{\alpha_k}$ 为 $n$ 的标准分解

式时,定义 $\overline{\Omega}(n)=\alpha_1 p_1+\alpha_2 p_2+\cdots+\alpha_k p_k$. 显然,这个函数是可加函数. 也就是对任意正整数 $m$ 及 $n$ 有 $\overline{\Omega}(m\cdot n)=\overline{\Omega}(m)+\overline{\Omega}(n)$. 延安大学数学与计算机学院的赵院娥教授 2008 年研究了一类包含 Smarandache LCM 函数 $SL(n)$ 与 $\overline{\Omega}(n)$ 的均方差问题,并给出一个有趣的渐近公式. 具体地说,也就是证明下面的:

**定理**　设 $k\geqslant 2$ 为给定的整数,则对任意实数 $x\geqslant 2$,我们有渐近公式

$$\sum_{n\leqslant x}(SL(n)-\overline{\Omega}(n))^2$$
$$=\frac{4}{5}\cdot\zeta\left(\frac{5}{2}\right)\cdot\frac{x^{\frac{5}{2}}}{\ln x}+\sum_{i=2}^{k}\frac{c_i\cdot x^{\frac{5}{2}}}{\ln^i x}+O\left(\frac{x^{\frac{5}{2}}}{\ln^{k+1}x}\right)$$

其中 $\zeta(n)$ 为 Riemann $\zeta$－函数,$c_i(i=2,3,\cdots,k)$ 为可计算的常数.

## §2　定理的证明

利用初等及解析方法直接给出定理的证明. 事实上,在和式

$$\sum_{n\leqslant x}(SL(n)-\overline{\Omega}(n))^2 \tag{3}$$

中,将所有 $1\leqslant n\leqslant x$ 分为四个子集合 $A,B,C$ 和 $D$,其中集合 $A$ 包含区间 $[1,x]$ 中所有那些满足存在素数 $p$ 使得 $p\mid n$ 且 $p>\sqrt{n}$ 的正整数 $n$;而集合 $B$ 包含区间 $[1,x]$ 中所有满足 $n=n_1p_1p_2$ 的那些正整数 $n$,其中 $n^{\frac{1}{3}}<p_1<p_2\leqslant\sqrt{n}$;集合 $C$ 包含区间 $[1,x]$ 中所有满足 $n=n_1p^2$ 的那些正整数 $n$,其中 $n^{\frac{1}{3}}<p\leqslant\sqrt{n}$;集

合 $D$ 包含区间$[1,x]$中所有不属于 $A,B$ 和 $C$ 的整数 $n$. 于是利用性质(1) 及 $A$ 的定义有

$$\begin{aligned}
&\sum_{n\in A}(SL(n)-\overline{\Omega}(n))^2\\
=&\sum_{\substack{n\leqslant x\\ p\mid n,\sqrt{n}<p}}(SL(n)-\overline{\Omega}(n))^2\\
=&\sum_{\substack{np\leqslant x\\ n<p}}(p-p-\overline{\Omega}(n))^2\\
=&\sum_{\substack{np\leqslant x\\ n<p}}\overline{\Omega}^2(n)\\
\ll&\sum_{\substack{np\leqslant x\\ n<p}}n^2\\
\ll&\frac{x^2}{\ln x}
\end{aligned}\tag{4}$$

设 $\pi(x)=\sum\limits_{p\leqslant x}1$. 于是利用 Abel 求和公式(文[6]中的定理 4.2) 及素数定理(文[7]中的定理 3.2)

$$\pi(x)=\sum_{i=1}^{k}\frac{c_i\cdot x}{\ln^i x}+O\left(\frac{x}{\ln^{k+1}x}\right)$$

其中 $c_i(i=1,2,\cdots,k)$ 为常数且 $c_1=1$.

于是有

$$\begin{aligned}
&\sum_{n\in B}(SL(n)-\overline{\Omega}(n))^2\\
=&\sum_{\substack{np_1p_2\leqslant x\\ n^{\frac{1}{3}}<p_1<p_2\leqslant\sqrt{np_1p_2}}}(p_2-p_1-p_2-\overline{\Omega}(n))^2\\
=&\sum_{n\leqslant x^{\frac{1}{3}}}\ \sum_{n<p_1<\sqrt{\frac{x}{n}}}\ \sum_{p_1<p_2\leqslant\frac{x}{p_1n}}(p_1+\overline{\Omega}(n))^2\\
=&\sum_{n\leqslant x^{\frac{1}{3}}}\ \sum_{n<p_1<\sqrt{\frac{x}{n}}}\ \sum_{p_1<p_2\leqslant\frac{x}{p_1n}}\left[p_1^2+O(p_1x^{\frac{1}{3}})\right]
\end{aligned}$$

$$=\sum_{n\leqslant x^{\frac{1}{3}}}\sum_{n<p_1<\sqrt{\frac{x}{n}}}\sum_{p_1<p_2\leqslant\frac{x}{p_1 n}}p_1^2+O\left(\frac{x^{\frac{11}{6}}}{\ln^2 x}\right)$$

$$\ll\frac{x^2}{\ln^2 x}\tag{5}$$

$$\sum_{n\in C}(SL(n)-\overline{\Omega}(n))^2\tag{6}$$

$$=\sum_{\substack{np_1^2\leqslant x\\ n<p_1}}(p_1^2-2p_1-\overline{\Omega}(n))^2$$

$$=\sum_{n\leqslant x^{\frac{1}{3}}}\sum_{n<p<\sqrt{\frac{x}{n}}}[p^4+O(p^3)+O(p^2 n)]$$

$$=\sum_{n\leqslant x^{\frac{1}{3}}}\sum_{n<p<\sqrt{\frac{x}{n}}}p^4+O\left(\frac{x^2}{\ln x}\right)\tag{7}$$

应用 Abel 恒等式可得

$$\sum_{n<p\leqslant\sqrt{\frac{x}{n}}}p^4$$

$$=\frac{x^2}{n^2}\cdot\pi\left(\sqrt{\frac{x}{n}}\right)-n^4\cdot\pi(n)-\int_n^{\sqrt{\frac{x}{n}}}3y^3\pi(y)\mathrm{d}y$$

$$=\frac{4}{5}\frac{x^{\frac{5}{2}}}{n^{\frac{5}{2}}\ln x}+\sum_{i=2}^{k}\frac{a_i\cdot x^{\frac{5}{2}}\cdot\ln^i n}{n^{\frac{5}{2}}\cdot\ln^i x}+$$

$$O\left(\frac{x^{\frac{5}{2}}}{n^{\frac{5}{2}}\cdot\ln^{k+1}x}\right)\tag{8}$$

其中 $a_i$ 为可计算的常数. 于是注意到 $\sum\limits_{n=1}^{\infty}\frac{1}{n^{\frac{5}{2}}}=\zeta\left(\frac{5}{2}\right)$ 及 $\sum\limits_{n=1}^{\infty}\frac{\ln^i n}{n^{\frac{5}{2}}}$ 收敛,结合式(6) 及(7) 可得

$$\sum_{n\in C}(SL(n)-\overline{\Omega}(n))^2$$

$$=\frac{4}{5}\cdot\zeta\left(\frac{5}{2}\right)\cdot\frac{x^{\frac{5}{2}}}{\ln x}+\sum_{i=2}^{k}\frac{b_i\cdot x^{\frac{5}{2}}}{\ln^i x}+O\left(\frac{x^{\frac{5}{2}}}{\ln^{k+1}x}\right)\tag{9}$$

其中 $b_i$ 为可计算的常数.

现在讨论集合 $D$ 中的情况,由式(1) 及集合 $D$ 的定义知对任意 $n\in D$,如果 $SL(n)=p$ 是一个素数,则 $p\leqslant\sqrt{n}$;如果 $SL(n)=p^2$,则 $p\leqslant n^{\frac{1}{3}}$;或者 $SL(n)=p^{\alpha}$, $\alpha\geqslant 3$. 无论哪一种情况都有

$$\sum_{n\in D}(SL(n)-\overline{\Omega}(n))^2 \ll \sum_{np\leqslant x}\sqrt{np}+\sum_{\substack{np^2\leqslant x\\ p\leqslant n}}p^4+\sum_{\substack{np^{\alpha}\leqslant x\\ \alpha\geqslant 3}}p^{2\alpha} \ll x^{\frac{7}{3}}\tag{10}$$

于是结合式(4)(5)(8) 及(9) 可得

$$\begin{aligned}&\sum_{n\leqslant x}(SL(n)-\Omega(n))^2\\ =&\sum_{n\in A}(SL(n)-\overline{\Omega}(n))^2+\sum_{n\in B}(SL(n)-\overline{\Omega}(n))^2+\\ &\sum_{n\in C}(SL(n)-\overline{\Omega}(n))^2+\sum_{n\in D}(SL(n)-\overline{\Omega}(n))^2\\ =&\frac{4}{5}\cdot\zeta\left(\frac{5}{2}\right)\cdot\frac{x^{\frac{5}{2}}}{\ln x}+\sum_{i=2}^{k}\frac{b_i\cdot x^{\frac{5}{2}}}{\ln^i x}+O\left(\frac{x^{\frac{5}{2}}}{\ln^{k+1}x}\right)\end{aligned}$$

其中 $b_i(i=2,3,\cdots,k)$ 为可计算的常数. 于是完成了定理的证明.

## 参考文献

[1]MURTHY A. Some notions on least common multiples[J]. Smarandache Notions Journal,2001,12:307-309.

[2]LE M H. An equation concerning the Smarandache LCM function[J]. Smarandache Notions Journal,2004,14:186-188.

[3]LÜ Z T. On the F. Smarandache LCM function and its mean value[J]. Scientia Magna,2007,3(1):22-25.

[4]吕国亮.关于 F. Smarandache LCM 函数与除数函数的一个混合均值[J].纯粹数学与应用数学,2007,23(3),101-105.

[5]GE J. Mean value of F. Smarandache LCM function[J]. Scientia Magna,2007,3(2):109-112.

[6]TOM M A. Introduction to analytic number theory[M]. New York:Springer-Verlag,1976.

[7]潘承洞,潘承彪.素数定理的初等证明[M].上海:上海科学技术出版社,1988.

# 第6章 一个数论函数的均值

在文献[1]中，数论专家Smarandache教授建议研究奇筛数序列的性质. 显然，可以通过下面的方法得到奇筛数序列，即若 $A$ 表示全体正奇数集合，$B$ 为所有每个减去 2 的素数序列，$B=\{p_1-2,p_2-2,p_3-2,p_4-2,\cdots\}$，$p_i$ 为任一素数，则 $\{a(n)\}=A-B$. 关于这个问题，文献[2]～[4]的研究得到了部分结果. 渭南师范学院数学与信息科学系的杨明顺教授 2008 年利用解析方法研究除数函数在此集合中的均值性质，得到了一个渐近公式.

## §1 引理及其证明

为了完成结论的证明，先引入下面两个引理.

**引理 1**　设 $p$ 为任一素数,$d(n)$ 为除数函数,则对任意实数 $x\geqslant 1$,有

$$\sum_{1\leqslant p-2\leqslant x} d(p-2)=\frac{105\zeta(3)}{2\pi^4}x+O\left(\frac{x}{\ln^{1-\varepsilon}x}\right)$$

其中,$\varepsilon$ 为任意给定的正数.

**证明**　参考文献[2],可得引理 1 的结论.

**引理 2**　对任意的实数 $x\geqslant 1$,设 $d(n)$ 为除数函数,则有渐近公式

$$\sum_{n\leqslant\frac{x+1}{2}} d(2n-1)$$
$$=\frac{1}{4}x\ln x+\frac{1}{4}(2\gamma+2\ln 2-1)x+O(x^{\frac{1}{2}+\varepsilon})$$

其中,$\gamma$ 为 Euler 常数,$\varepsilon$ 为任意给定的正数.

**证明**　令生成函数 $f(s)$ 为

$$f(s)=\sum_{n=1}^{\infty}\left(\frac{d(2n-1)}{(2n-1)^s}\right)$$

因为 $d(n)$ 为 $n$ 的可乘函数,当实数 $\mathrm{Re}(s)>1$ 时 $f(s)$ 绝对收敛,于是由 Euler 积公式[3] 知

$$f(s)=\sum_{p\neq 2}\left(1+\frac{2}{p^s}+\frac{3}{p^{2s}}+\cdots\right)$$
$$=\prod_{p\neq 2}\left(1-\frac{1}{p^s}\right)^2$$
$$=\zeta^2(s)\left(1-\frac{1}{2^s}\right)^2$$

其中 $\zeta(x)$ 为 Riemann $\zeta$ 一函数.

根据 Perron 公式[2],选取 $s_0=0,b=\frac{3}{2}$ 以及 $T=x^{\frac{1}{2}}$,有

$$\sum_{n\leqslant\frac{x+1}{2}} d(2n-1)$$

$$=\frac{1}{2\pi i}\int_{\frac{3}{2}-iT}^{\frac{3}{2}+iT}\zeta^2(s)-\left(1-\frac{1}{2^s}\right)^2\frac{x^s}{s}ds+O(x^{\frac{1}{2}+\varepsilon})$$

现来估计主项

$$\frac{1}{2\pi i}\int_{\frac{3}{2}-iT}^{\frac{3}{2}+iT}\zeta^2(s)\left(1-\frac{1}{2^s}\right)^2\frac{x^2}{s}ds+O(x^{\frac{1}{2}+\varepsilon})$$

将积分线从 $\frac{3}{2}+iT$ 移到 $\frac{1}{2}\pm iT$. 考虑到函数 $\zeta^2(s)\left(1-\frac{1}{2^s}\right)^2\frac{x^s}{s}$ 在 $s=1$ 处有一个二阶极点，留数为

$$\lim_{s\to 1}\frac{1}{1!}\left[(s-1)^2\zeta^2(s)\left(1-\frac{1}{2^s}\right)^2\frac{x^s}{s}\right]$$

$$=\frac{1}{4}x\ln x+\frac{1}{4}(2\gamma+2\ln 2-1)x$$

其中，$\gamma$ 为 Euler 常数.

注意到估计式

$$\frac{1}{2i\pi}\left(\int_{\frac{3}{2}+iT}^{\frac{1}{2}+iT}\int_{\frac{1}{2}+iT}^{\frac{1}{2}-iT}+\int_{\frac{1}{2}-iT}^{\frac{3}{2}-iT}\right)\zeta^2(2)\left(1-\frac{1}{2^s}\right)^2\frac{x^s}{s}ds$$

$$\ll x^{\frac{1}{2}+\varepsilon}$$

由此，立即得到

$$\sum_{n\leqslant\frac{x+1}{2}} d(2n-1)$$

$$=\frac{1}{4}x\ln x+\frac{1}{4}(2\gamma+2\ln 2-1)x+O(x^{\frac{1}{2}+\varepsilon})$$

## §2 结论及证明

**定理** 设 $n$ 为任意正整数，$d(n)$ 为除数函数，则

对任意实数 $x \geqslant 1$，有渐近公式

$$\sum_{\substack{n=1 \\ a(n) \leqslant x}}^{\infty} d(a(n))$$

$$= \frac{1}{4} x \ln x + \frac{1}{4}\left(2\gamma + 2\ln 2 - 1 - \frac{210\zeta(3)}{\pi^4}\right) x +$$

$$O\left(\frac{x}{\ln^{1-\varepsilon} x}\right)$$

其中，$\gamma$ 为 Euler 常数，$\zeta(s)$ 为 Riemann $\zeta$－函数，$\varepsilon$ 为任意给定的正数.

**证明**　应用引理 1 及引理 2 有

$$\sum_{\substack{n=1 \\ a(n) \leqslant x}}^{\infty} d(a(n))$$

$$= \sum_{n \leqslant \frac{x+1}{2}} d(2n-1) - \sum_{1 \leqslant p-2 \leqslant x} d(p-2)$$

$$= \frac{1}{4} x \ln x + \frac{1}{4}(2\gamma + 2\ln 2 - 1) x + O\left(x^{\frac{1}{2}+\varepsilon}\right) -$$

$$\left(\frac{105\zeta(3)}{2\pi^4} x + O\left(\frac{x}{\ln^{1-\eta} x}\right)\right)$$

$$= \frac{1}{4} x \ln x + \frac{1}{4}\left(2\gamma + 2\ln 2 - 1 - \frac{210\zeta(3)}{\pi^4}\right) x +$$

$$O\left(\frac{x}{\ln^{1-\varepsilon} x}\right)$$

## 参考文献


[1] SMARANDACHE F. Only problems, not solutions[M]. Chicago: Xiquan Publishing House, 1993.

[2] LIU H Y, ZHANG W P. On the divisor products and proper divisor products sequences[J]. Smarandache notions journal, 2004, 13 (1-2-3): 128-133.

[3]GAN N. A hybrid number theoretic function and its mean value [J]. Research on Smarandache problems in number theory,2005：117-119.

[4] ZHANG W P. An arithmetic function and the primitive number of power $p$[J]. Research on Smarandache problems in number theory,2004(1-4).

[5]潘承洞,潘承彪. 解析数论基础[M]. 北京:科学出版社,1999.

# Smarandache 平方数列 $SP(n)$ 和 $IP(n)$ 的均值差

第7章

## §1　引言及结论

对任意非负整数 $n$，我们用 $SP(n)$ 表示 $n$ 的 Smarandache 最小平方数，也就是大于或等于 $n$ 的最小完全平方数. 例如，该数列的前几项为 0,1,4,4,4,9,9,9,9,9,16,16,16,16,16,16,16,25,…. 用 $IP(n)$ 表示 $n$ 的 Smarandache 最大平方数，也就是不超过 $n$ 的最大完全平方数. 这个数列的前几项为：0,1,1,1,4,4,4,4,4,9,9,9,9,9,9,9,16,16,16,16,16,16,16,16,16,25,…. 令

$$S_n=\frac{SP(1)+SP(2)+\cdots+SP(n)}{n}$$

$$I_n=\frac{IP(1)+IP(2)+\cdots+IP(n)}{n}$$

$$K_n = \sqrt[n]{SP(1) + SP(2) + \cdots + SP(n)}$$

$$L_n = \sqrt[n]{IP(1) + IP(2) + \cdots + IP(n)}$$

在文献[1]中，美籍罗马尼亚著名数论专家Smarandache教授提出了这两个数列，并建议人们研究它的各种性质，有关这些内容和有关背景参阅文献[2]～[5]. 在文献[6]中，日本的Kenichiro Kashihara博士再次对这两个数列产生了兴趣，同时提出了研究极限$\frac{S_n}{I_n}$，$S_n - I_n$，$\frac{K_n}{L_n}$及$K_n - L_n$的敛散性问题，如果收敛，并求其极限！在文献[7]中，苟素首次研究了这几个均值的渐近性问题，并利用初等及解析方法证明了下面几个结论.

**定理1** 对任意实数$x > 2$，有渐近公式

$$\sum_{n \leqslant x} SP(n) = \frac{x^2}{2} + O(x^{\frac{3}{2}})$$

$$\sum_{n \leqslant x} IP(n) = \frac{x^2}{2} + O(x^{\frac{3}{2}})$$

由此定理立刻推出下面的推论.

**推论1** 对任意正整数$n$，有渐近公式

$$\frac{S_n}{I_n} = 1 + O(n^{-\frac{1}{2}})$$

及极限式

$$\lim_{n \to \infty} \frac{S_n}{I_n} = 1$$

**推论2** 对任意正整数$n$，有渐近公式

$$\frac{K_n}{L_n} = 1 + O(n^{-\frac{1}{2}})$$

及极限式

$$\lim_{n \to \infty} \frac{K_n}{L_n} = 1$$

$$\lim_{n\to\infty}(K_n - L_n) = 0$$

然而,关于 $S_n - I_n$ 的渐近性问题,至今似乎没有人研究,至少我们没有在现有的文献中看到.然而,作者认为这一问题是有趣的,其原因在于一方面它的解决可以对文献[6]中的问题作以完整的回答,画上圆满的句号;另一方面,还可以刻画出两种数列 $SP(n)$ 及 $IP(n)$ 的本质区别.铜川职业技术学院的李粉菊教授 2010 年基于文献[7]中的思想并结合同类项的合并以及误差项的精确处理,研究了 $S_n - I_n$ 的渐近性问题,获得了一个较强的渐近公式,具体地说,也就是证明了下面的定理.

**定理 2**　对于任意正整数 $n > 2$,我们有渐近公式

$$S_n - I_n = \frac{4}{3}\sqrt{n} + O(1)$$

本文的结果弥补了文献[7]的不足,同时将文献[6]中对数列 $S_n$ 及 $I_n$ 提出的所有问题给予了解决.当然,由定理我们还可以推出下面的极限

$$\lim_{n\to\infty}(S_n - I_n)^{\frac{1}{n}} = 1$$

及

$$\lim_{n\to\infty}\frac{S_n - I_n}{\sqrt{n}} = \frac{4}{3}$$

## §2　定理的证明

这节我们用初等方法及 Euler 求和公式[8]分别对 $S_n$ 及 $I_n$ 进行非常精确的估计,最终利用两个精确的估计给出定理的证明.对任意正整数 $n > 2$,显然存在唯

一的正整数 $M$ 满足 $M^2 < n \leqslant (M+1)^2$，即 $M = n^{\frac{1}{2}} + O(1)$. 于是有

$$\begin{aligned}S_n &= \frac{1}{n}\sum_{k\leqslant n} SP(k)\\&= \frac{1}{n}\sum_{k\leqslant M^2} SP(k) + \frac{1}{n}\sum_{M^2<k\leqslant n} SP(k)\\&= \frac{1}{n}\sum_{h\leqslant M}\sum_{(h-1)^2<k\leqslant h^2} SP(k) + \frac{1}{n}\sum_{M^2<k\leqslant n}(M+1)^2\\&= \frac{1}{n}\sum_{h\leqslant M}(h^2-(h-1)^2)h^2 + \frac{1}{n}(n-M^2)(M+1)^2\\&= \frac{1}{n}\sum_{h\leqslant M}(2h^3-h^2) + \frac{1}{n}(n-M^2)(M+1)^2\\&= \frac{M^2(M+1)^2}{2n} - \frac{M(M+1)(2M+1)}{6n} +\\&\quad \frac{1}{n}(n-M^2)(M+1)^2\\&= (M+1)^2 - \frac{M(M+1)(2M+1)}{6n} - \frac{M^2(M+1)^2}{2n}\end{aligned} \tag{1}$$

同理根据 $IP(n)$ 的定义，也有计算公式

$$\begin{aligned}I_n &= \frac{1}{n}\sum_{k\leqslant n} IP(k)\\&= \frac{1}{n}\sum_{k<M^2} IP(k) + \frac{1}{n}\sum_{M^2\leqslant k\leqslant n} IP(k)\\&= \frac{1}{n}\sum_{h\leqslant M}\sum_{(h-1)^2\leqslant k\leqslant h^2} IP(k) + \frac{1}{n}\sum_{M^2\leqslant k\leqslant n} M^2\\&= \frac{1}{n}\sum_{h\leqslant M}(h^2-(h-1)^2)(h-1)^2 +\\&\quad \frac{1}{n}(n-M^2+1)M^2\end{aligned}$$

$$=\frac{1}{n}\sum_{h\leqslant M}(2h^3-5h^2+4h-1)+\frac{1}{n}(n-M^2+1)M^2$$

$$=\frac{M^2(M+1)^2}{2n}-\frac{5M(M+1)(2M+1)}{6n}+\frac{2M(M+1)}{n}-\frac{M}{n}+\frac{(n-M^2+1)M^2}{n}$$

$$=M^2-\frac{M^2(M^2-2M-3)}{2n}-\frac{5M(M+1)(2M+1)}{6n}+\frac{2M^2+M}{n} \tag{2}$$

于是由式(1)和(2)得

$$S_n-I_n=(M+1)^2-\frac{M(M+1)(2M+1)}{6n}-\frac{M^2(M+1)^2}{2n}-\left[M^2-\frac{M^2(M^2-2M-3)}{2n}-\frac{5M(M+1)(2M+1)}{6n}+\frac{2M^2+M}{n}\right]$$

$$=2M+1-\frac{2M^3+7M}{3n} \tag{3}$$

注意到 $M=n^{\frac{1}{2}}+O(1)$，由式(3)便可推出

$$S_n-I_n=2M-\frac{2M}{3}+O(1)=\frac{4}{3}M+O(1)=\frac{4}{3}\sqrt{n}+O(1)$$

# 参考文献

[1]SMARANDACHE F. Only problems, not solutions[M]. Chicago:Xiquan Publishing House,1993.

[2]PEREZ M L. Florentin Smarandache definitions, solved and unsolved problems, conjectures and theorems in number theory and geometry[M]. Chicago:Xiquan Publishing House,2000.

[3]SMARANDACHE F. Sequences of numbers involved in unsolved problems[M]. Phoenix:Hexis,2006.

[4]杜凤英. 关于 Smarandache 函数 $S(n)$的一个猜想[J]. 纯粹数学与应用数学,2007,23(2):205-208.

[5]沈虹. 一个新的数论函数及其他的值分布[J]. 纯粹数学与应用数学,2007,23(2):235-238.

[6]KENICHIRO K. Comments and topics on Smarandache notions and problems[M]. USA: Erhus University Press, 1996.

[7]苟素. 关于 $SSSP(n)$和 $SISP(n)$的均值[J]. 纯粹数学与应用数学,2009,25(3):431-434.

[8]TOM M A. Introduction to analytical number theory[M]. New York:Spring-Verlag,1976.

# 第8章 两个 Smarandache 复合函数的均值估计

## §1 引言及结论

对于任意的正整数 $n$，著名的 Smarandache 函数 $S(n)$ 定义为最小的正整数 $m$，即 $S(n)=\min\{m:n\mid m!,m\in\mathbf{N}^*\}$，从 $S(n)$ 的定义和性质，很容易推断，对于任意正整数 $n$，若它的标准素因数分解式是 $n=p_1^{\alpha_1}p_2^{\alpha_2}\cdots p_k^{\alpha_k}$，则有

$$S(n)=\max_{1\leqslant k\leqslant n}\{S(p_k^{\alpha_k})\} \tag{1}$$

在文献[1]中 Smarandache 教授定义了三角形、五边形及六边形数，同时定义了 $r$ 边形数：对于任意的正整数 $m$，称自然数 $\frac{1}{2}(2m+m(m-1)\cdot(r-2))$，$r\geqslant 3$ 为一 $r$ 角形数. 文献[2]～[5] 研究了关于 $r$ 角形数的部

分数列及其均值，特别在文献[3]中定义了正整数 $n$ 的 $r$ 边形数部分数列，即：

上部 $r$ 边形数部分数列

$$u_r(n)=\min\left\{m+\frac{1}{2}m(m-1)(r-2):\right.$$
$$\left.n\leqslant m+\frac{1}{2}m(m-1)(r-2),r\in\mathbf{N}^*,r\geqslant 3\right\}$$

下部 $r$ 边形数部分数列

$$v_r(n)=\max\left\{m+\frac{1}{2}m(m-1)(r-2):\right.$$
$$\left.n\geqslant m+\frac{1}{2}m(m-1)(r-2),r\in\mathbf{N}^*,r\geqslant 3\right\}$$

关于两个包含 Smarandache 函数 $S(u_r(n))$，$S(v_r(n))$ 的混合均值性质，至今似乎没有人进行过研究，至少我们还没有看到任何有关它的论文. 宝鸡职业技术学院基础部的黄炜和渭南师范学院数学与信息科学系的赵教练两位教授 2010 年利用解析方法研究了这两个复合函数加权均值，并给出了两个有趣的混合均值公式，也就是将要证明的以下结论：

**定理** 设 $k\geqslant 2$ 是给定正整数，对于任意整数 $x>1$，有下面的渐近公式

$$\sum_{n\leqslant x}S(u_r(n))=\frac{\pi^2}{18(r-2)^3}\frac{(2(r-2)x)^{\frac{3}{2}}}{\ln\sqrt{2(r-2)x}}+$$
$$\sum_{i=2}^{k}\frac{c_i(2(r-2)x)^{\frac{3}{2}}}{\ln^i\sqrt{2(r-2)x}}+O\left(\frac{x^{\frac{3}{2}}}{\ln^{k+1}x}\right)\quad(2)$$

$$\sum_{n\leqslant x}S(v_r(n))=\frac{\pi^2}{18(r-2)^3}\frac{(2(r-2)x)^{\frac{3}{2}}}{\ln\sqrt{2(r-2)x}}+\sum_{i=2}^{k}\frac{c_i(2(r-2)x)^{\frac{3}{2}}}{\ln^i\sqrt{2(r-2)x}}+O\left(\frac{x^{\frac{3}{2}}}{\ln^{k+1}x}\right)\quad(3)$$

其中 $c_i(i=2,3,\cdots,k)$ 是可计算常数. 特别地当 $k=1$ 时,我们有:

**推论**　对于任意整数 $x>1$,有下面的渐近公式

$$\sum_{n\leqslant x}S(u_r(n))=\frac{\pi^2}{18(r-2)^3}\frac{(2(r-2)x)^{\frac{3}{2}}}{\ln\sqrt{2(r-2)x}}+O\left(\frac{x^{\frac{3}{2}}}{\ln^2 x}\right)\quad(4)$$

$$\sum_{n\leqslant x}S(v_r(n))=\frac{\pi^2}{18(r-2)^3}\frac{(2(r-2)x)^{\frac{3}{2}}}{\ln\sqrt{2(r-2)x}}+O\left(\frac{x^{\frac{3}{2}}}{\ln^2 x}\right)\quad(5)$$

## §2　引理及其证明

为了完成定理的证明,我们需要下面几个简单的引理:

**引理 1**　对于任何实数 $n>1$,设

$$u_r(n)=\frac{1}{2}(2(m+1)+m(m-1)(r-2))$$

且

$$v_r(n)=\frac{1}{2}(2(m+1)+m(m-1)(r-2))$$

则有渐近公式

$$m=\frac{\sqrt{2(r-2)n}}{r-2}+O(1)$$

证明见文献[3].

**引理 2** 对于任何实数 $x \geqslant 1$,设 $\pi(x)=\sum_{p \leqslant n} 1$,则有渐近公式

$$\pi(x)=\sum_{i=1}^{k} \frac{a_i \cdot x}{\ln^i x}+O\left(\frac{x}{\ln^{k+1} x}\right)$$

其中 $a_i=(i-1)!, i=1,2,\cdots,k$.

证明可参阅文献[6].

**引理 3** 设 $p$ 是素数,则有

$$\sum_{p \leqslant n} p^2=\frac{2}{3} x^3 \sum_{i=1}^{k} \frac{a_i}{\ln^i x}+O\left(\frac{x^3}{\ln^{k+1} x}\right)$$

**证明** 由 Abel 求和公式[6] 及引理 1 有

$$\begin{aligned}
\sum_{p \leqslant n} p^2 &=\int_{\frac{2}{3}}^{x} t^2 \mathrm{d} \pi(t) \\
&=x^2 \cdot \pi(x)-2 \int_{\frac{2}{3}}^{x} t \pi(t) \mathrm{d} t \\
&=x^2\left(\sum_{i=1}^{r} \frac{a_i \cdot x}{\ln^i x}+O\left(\frac{x}{\ln^{k+1} x}\right)\right)- \\
&\quad 2 \int_{\frac{2}{3}}^{x} t\left(\sum_{i=1}^{k} \frac{a_i \cdot t}{\ln^i t}+O\left(\frac{t}{\ln^{k+1} t}\right)\right) \mathrm{d} t \\
&=\frac{1}{3} x^3 \sum_{i=1}^{r} \frac{a_i \cdot x}{\ln^i x}+O\left(\frac{x^3}{\ln^{k+1} x}\right)
\end{aligned}$$

于是完成了引理 3 的证明.

## §3 定理的证明

下面我们将完成定理的证明.首先看定理中式(2)的证明.

**证明** 对于任意正整数 $n>1$,当

$$\frac{1}{2}(2m+m(m-1)(r-2))$$

$$\leqslant n<\frac{1}{2}(2(m+1)+m(m-1)(r-2))$$

时，方程 $u_r(n)=\frac{1}{2}(2m+m(m-1)(r-2))$ 有 $(r-2)m+1$ 个解

$$\frac{1}{2}(2m+m(m-1)(r-2))$$

$$\frac{1}{2}(2m+m(m-1)(r-2))+1$$

$$\frac{1}{2}(2m+m(m-1)(r-2))+2$$

$$\vdots$$

$$\frac{1}{2}(2m+m(m-1)(r-2))+(r-2)m$$

即

$$u_r(\frac{1}{2}(2m+m(m-1)(r-2))+j)$$

$$=\frac{1}{2}(2m+m(m-1)(r-2))$$

$$(j=0,1,2,\cdots,(r-2)m)$$

由于 $n\leqslant x$，所以由引理 1 知，当 $u_r(n)=m$ 时，$m$ 满足

$$1\leqslant m\leqslant\frac{(r-4)+\sqrt{(r-4)^2+8(r-2)n}}{2(r-2)}\quad(6)$$

亦即

$$m=\frac{\sqrt{2(r-2)n}}{r-2}+O(1)$$

于是注意到 $S(n)\leqslant n$，则有

$$\sum_{n\leqslant x}u_r(n)=\sum_{\substack{n\leqslant x\\ u_r(n)=m}}S(m)$$
$$=\sum_{m\leqslant\frac{(r-4)+\sqrt{(r-4)^2+8(r-2)x}}{2(r-2)}}m\cdot S(m)+O(x)$$
$$=\sum_{m\leqslant\frac{\sqrt{2(r-2)x}}{r-2}}m\cdot S(m)+O(x)\qquad(7)$$

现将所有正整数 $1\leqslant m\leqslant\dfrac{\sqrt{2(r-2)x}}{r-2}$ 分成两个子集 $A$ 和 $B$,其中 $A$ 是满足那些存在素数 $p$,使得 $p\mid m$,且 $p>\sqrt{m}$ 的整数 $m$,而 $B$ 是包含区间 $\left[1,\dfrac{\sqrt{2(r-2)x}}{r-2}\right]$ 中不属于集合 $A$ 的那些正整数,于是利用性质,有

$$\sum_{n\in A}m\cdot S(m)$$
$$=\sum_{\substack{m\leqslant\frac{\sqrt{2(r-2)x}}{r-2}\\ p\mid m,\sqrt{m}<p}}m\cdot S(m)$$
$$=\sum_{\substack{mp\leqslant\frac{\sqrt{2(r-2)x}}{r-2}\\ m<p}}mp\cdot S(pm)$$
$$=\sum_{\substack{mp\leqslant\frac{\sqrt{2(r-2)x}}{r-2}\\ m<p}}mp\cdot p$$
$$=\sum_{m\leqslant\frac{\sqrt{2(r-2)x}}{r-2}}m\sum_{m<p\leqslant\frac{\sqrt{2(r-2)x}}{m(r-2)}}p^2\qquad(8)$$

由引理 2,我们有

$$\sum_{m<p\leqslant\frac{\sqrt{2(r-2)x}}{m(r-2)}}p^2$$

$$=\frac{1}{3(r-2)^3}\frac{(2(r-2)x)^{\frac{3}{2}}}{m^3\ln\sqrt{\frac{2x}{r-2}}}+$$

$$\sum_{i=2}^{k}\frac{b_i\cdot(2(r-2)x)^{\frac{3}{2}}\ln^i m}{m^2\ln^i\sqrt{\frac{2x}{r-2}}}+$$

$$O\left(\frac{x^{\frac{3}{2}}}{m^3\ln^{k+1}x}\right)\tag{9}$$

其中 $b_i(i=2,3,\cdots,k)$ 是可计算常数，并注意到 $\sum_{i=1}^{\infty}\frac{1}{m^2}=\frac{\pi^2}{6}$，由式(9) 和(10) 我们可以推断

$$\sum_{n\in A}m\cdot S(m)$$

$$=\frac{1}{3(r-2)^3}\frac{(2(r-2)x)^{\frac{3}{2}}}{\ln\sqrt{\frac{2x}{r-2}}}\sum_{m\leqslant\sqrt{\frac{2x}{r-2}}}\frac{1}{m^2}+$$

$$\sum_{m\leqslant\sqrt{\frac{2x}{r-2}}}\sum_{i=2}^{k}\frac{a_i\cdot(2(r-2)x)^{\frac{3}{2}}\ln^i m}{m^2\ln^i\sqrt{\frac{2x}{r-2}}}+O\left(\frac{x^{\frac{3}{2}}}{\ln^{k+x}x}\right)$$

$$=\frac{\pi^2}{18(r-2)^3}\frac{(2(r-2)x)^{\frac{3}{2}}}{\ln\sqrt{\frac{2x}{r-2}}}+$$

$$\sum_{i=2}^{k}\frac{c_i(2(r-2)x)^{\frac{3}{2}}}{\ln^i\sqrt{\frac{2x}{r-2}}}+O\left(\frac{x^{\frac{3}{2}}}{\ln^{k+1}x}\right)\tag{10}$$

其中 $c_i=1,c_i(i=2,3,\cdots,k)$ 是可计算常数.

现在讨论集合 $B$ 的情况，由式(1) 及集合 $B$ 的定义知，对于任意的 $m\in B$，若它的标准素因数分解式是 $m=p_1^{\alpha_1}p_2^{\alpha_2}\cdots p_k^{\alpha_k}$，则有

$$S(n)=\max_{1\leqslant i\leqslant r}\{S(p_i^{\alpha_i})\}\leqslant\max_{1\leqslant i\leqslant r}\alpha_i\cdot p_i\leqslant\sqrt{m}\cdot\ln m \tag{11}$$

于是有式(1) 有

$$\begin{aligned}\sum_{n\in B}m\cdot S(m)&\leqslant\sum_{n\in B}m\cdot\sqrt{m}\ln m\\&\leqslant\sum_{m\leqslant\sqrt{\frac{2x}{r-2}}}m^{\frac{3}{2}}\ln m\\&\leqslant x^{\frac{5}{4}}\ln x\end{aligned}\tag{12}$$

由集合 $A,B$ 的定义及式(7)(10) 和(12) 有

$$\begin{aligned}&\sum_{n\leqslant x}S(u_r(n))\\&=\sum_{m\leqslant\sqrt{\frac{2x}{r-2}}}m\cdot S(m)+O(x)\\&=\sum_{n\in A}m\cdot S(m)+\sum_{n\in B}m\cdot S(m)+O(x)\\&=\frac{\pi^2}{18(r-2)^3}\frac{(2(r-2)x)^{\frac{3}{2}}}{\ln\sqrt{2(r-2)x}}+\\&\quad\sum_{i=2}^{k}\frac{c_i(2(r-2)x)^{\frac{3}{2}}}{\ln^i\sqrt{2(r-2)x}}+O\left(\frac{x^{\frac{3}{2}}}{\ln^{k+1}x}\right)\end{aligned}$$

其中 $c_i=1,c_i(i=2,3,\cdots,k)$ 是可计算常数.

这就完成了定理中式(2) 的证明. 同理可给出定理中式(3) 及推论的证明.

## 参考文献

[1] SMARANDACHE F. Only problems, not solutions[M]. Chicago: Xiquan Publishing House, 1993.

[2]张文鹏. 关于正整数的六边形数部分[J]. 商洛师范专科学校学报, 2005(2): 1-5.

[3]黄炜.关于 $r$ 角形数的部分数列及其均值[J].西南师范大学学报,2010,35(1):15-18.

[4]黄炜.关于 $r$ 角形数的补数及其均值[J].科学技术与工程,2009,39(18):5432-5434.

[5]杨存典,李超,刘端森.关于五角形数的补数及其渐近性质[J].西安工业学院学报,2006,26(3):287-289.

[6]PAN C D,PAN C B. Foundation of analytic number theory[M]. Beijing:Science Press,1997.

# 第四编

## 数论函数的相关结果

# 论数论函数 $\varphi(n)$, $\sigma(n)$ 及 $d(n)$ 的一些性质

## 第 1 章

### §1　前　言

命 $f(n)$ 为一数论函数. 关于函数比值 $\frac{f(n+1)}{f(n)}$ $(n=1,2,\cdots)$ 的分布问题, Somayajulu[1], Sierpiński[2] 及 Schinzel[3] 曾用算术的方法, 对于 $\varphi(n)$, $\sigma(n)$ 及 $d(n)$ 加以处理. 华罗庚教授首先指出用 Brun 筛法处理这一类问题的途径. 按这一方向, 作者与 Schinzel[4] 及邵品琮[5] 得到了较前精密的结果, 例如:

命 $\varphi(n)$ 为 Euler 函数. 任意给予 $k$ 个非负实数 $a_1, a_2, \cdots, a_k$, 皆存在整数列 $\{n_j\}$ 使

$$\lim_{j\to\infty}\frac{\varphi(n_j+\upsilon+1)}{\varphi(n_j+\upsilon)}=a_\upsilon\quad(1\leqslant\upsilon\leqslant k)$$

中国科学院数学研究所的王元院士 1958 年引入 Линник-Reńyi 方法来处理这一类问题. 从而将上述结果改进为:在同样假定下,存在素数列$\{p_j\}$使

$$\lim_{j\to\infty}\frac{\varphi(p_j+\upsilon+1)}{\varphi(p_j+\upsilon)}=a_\upsilon\quad(1\leqslant\upsilon\leqslant k)$$

这一类结果主要依赖于下面的:

**基本引理** 命 $k$ 为一正整数,又命

$$m_0=(k+1)!^2q_{01}\cdots q_{0t_0},m_i=q_{i1}\cdots q_{it_i}\quad(1\leqslant i\leqslant k)\tag{1}$$

为两两互素的整数,此处 $q_{\mu\upsilon}(0\leqslant\mu\leqslant k,1\leqslant\upsilon\leqslant t_\mu)$ 均为大于 $k+1$ 的素数. 当 $x>Z>(m_0m_1\cdots m_k)^2$ 时,命 $N_Z(x)$ 表示方程组

$$\begin{cases}p+1=m_0x_0\\p+\upsilon+1=\upsilon m_\upsilon x_\upsilon\quad(1\leqslant\upsilon\leqslant k)\end{cases}\tag{2}$$

适合下面条件

$$1<p\leqslant x,\text{若 }p'\mid x_\upsilon,\text{则 }p'>Z\quad(0\leqslant\upsilon\leqslant k)\tag{3}$$

的整数解$(p,x_0,x_1,\cdots,x_k)$数,此处 $p$ 与 $p'$ 均表示素数. 则存在仅与诸 $m_i$ 有关的正常数 $c_1$ 及 $X_1$ 与仅与 $k$ 有关的正常数 $\alpha$ 使

$$N_{x^\alpha}(x)>\frac{c_1x}{\log^{k+2}x\log\log x}\quad(x>X_1)$$

## §2 基本引理的证明

命 $M=(m_0m_1\cdots m_k)^2$,$\lambda$ 为区间 $1\leqslant\lambda\leqslant M$ 内的一

整数满足$(\lambda,M)=1$. 命 $p_1<p_2<\cdots<p_r\leqslant Z$ 为不超过 $Z$ 而又不能整除 $M$ 的素数. 命 $a_{ij}(1\leqslant i\leqslant r,1\leqslant j\leqslant k+1)$ 为适合下面条件的正整数：$1\leqslant a_{ij}<p_i$，当 $j_1\neq j_2$ 时，$a_{ij_1}\neq a_{ij_2}$. 当 $x>Z>M$ 时，命 $M_Z(x)$ 为满足下面条件的素数 $p$ 的个数

$$1<p\leqslant x,p\equiv\lambda(\bmod M),p\not\equiv a_{ij}(\bmod p_i)$$
$$(1\leqslant i\leqslant r,1\leqslant j\leqslant k+1)\qquad(4)$$

**引理 1**　存在 $\lambda$ 与诸 $a_{ij}$ 使

$$N_Z(x)\geqslant M_Z(x)$$

**证明**　由孙子定理可知联立同余式

$$y+\upsilon+1\equiv m_\upsilon(\bmod m_\upsilon^2)\quad(0\leqslant\upsilon\leqslant k)\qquad(5)$$

在区间 $1\leqslant y\leqslant M$ 内唯一的解，记作 $\lambda$.

由 $m_\upsilon\mid(\lambda+\upsilon+1)$ 及 $m_\upsilon$ 的定义可知$(m_\upsilon,\lambda)=1$. 因此

$$(\lambda,M)=1,\left(m_\upsilon,\frac{\lambda+\upsilon+1}{m_\upsilon}\right)=1$$
$$(0\leqslant\upsilon\leqslant k)\qquad(6)$$

命

$$a_{ij}=p_i-j\quad(1\leqslant i\leqslant r,1\leqslant j\leqslant k+1)\qquad(7)$$

对此 $\lambda$ 及诸 $a_{ij}$，取 $p$ 适合式(4)，则由式(5)可知

$$\begin{cases}p+1=m_0x_0\\p+\upsilon+1=m_0x_0+\upsilon=\upsilon m_\upsilon x_\upsilon\quad(1\leqslant\upsilon\leqslant k)\end{cases}$$

由式(6)可知

$$(x_0,m_0)=\left(\frac{p+1}{m_0},m_0\right)=\left(\frac{\lambda+1}{m_0},m_0\right)=1$$

$$\begin{aligned}(x_0,m_i)&=(m_0x_0,m_i)=(p+1,m_i)\\&=(p+i+1-i,m_i)=(-i,m_i)\\&=1\quad(1\leqslant i\leqslant k)\end{aligned}$$

$$(x_i,m_j)=(im_ix_i,m_j)=(p+i+1,m_j)$$

$$=(p+j+1+i-j,m_j)$$
$$=(i-j,m_j)=1 \quad (i\neq 0,i\neq j,j\neq 0)$$
$$(x_i,m_i)=(ix_i,m_i)=\left(\frac{im_ix_i}{m_i},m_i\right)$$
$$=\left(\frac{p+i+1}{m_i},m_i\right)=1 \quad (i\neq 0)$$
$$(ix_i,m_0)=(im_ix_i,m_0)=(p+i+1,m_0)$$
$$=(i,m_0)=i \quad (i\neq 0)$$

由于 $i^2 \mid m_0$，故$(x_i,m_0)=1(i\neq 0)$.

总之得到

$$(x_0x_1\cdots x_k,m_0m_1\cdots m_k)=1 \tag{8}$$

又由(7) 可知

$$((p+1)(p+2)\cdots(p+k+1),p_1\cdots p_r)=1 \tag{9}$$

由(8)(9) 就证明了由此 $p$ 即可得出适合基本引理要求的一组解$(p,x_0,x_1,\cdots,x_k)$. 显然不同的 $p$ 所对应的解亦不同. 明所欲证.

**引理 2** 存在仅与 $k$ 有关的正常数 $\beta$ 及仅与 $k,M$ 有关，而与 $\lambda$ 及诸 $a_{ij}$ 无关的正常数 $c_2$ 及 $X_2$，使

$$M_{x^\beta}(x)>\frac{c_2x}{\log^{k+2}x\log\log x} \quad (x>X_2)$$

基本引理显然是引理与引理 2 的推论. 关于引理 2 的证明，当 $k=0$ 时，可参看 Reńyi[6]. 其方法推广至 $k>0$ 之情形，并无特殊困难. 为使证明完整起见，仍将证明大致步骤述于后.

## §3 Burn 筛法

本节及以后，$M,\lambda$ 及诸 $a_{ij}$ 均满足上节所述条件.

命

$$a_p = \mathrm{e}^{-p\frac{\log x}{x}}$$

$$P(x,Q) = \sum_{\substack{p \leqslant x \\ p \equiv l(\bmod Q)}} a_p = \frac{x}{\varphi(Q)\log x} + R_Q(x),(l,Q)=1$$

$$\widetilde{M}_Z(x) = \sum_{\substack{p \leqslant x \\ p \equiv \lambda(\bmod M) \\ p \not\equiv a_{ij}(\bmod p_i) \\ (1 \leqslant i \leqslant r, 1 \leqslant j \leqslant k+1)}} a_p$$

**引理 3**　命 $r = r_0 \geqslant r_1 \geqslant \cdots \geqslant r_n \geqslant 1$ 为任意给予的整数列，则

$$\widetilde{M}_Z(x) \geqslant \frac{x\overline{E}}{\varphi(M)\log x} - \overline{R}$$

此处

$$\begin{aligned}\overline{E} = 1 - (k+1)\sum_{\alpha \leqslant r}\frac{1}{\varphi(p_\alpha)} + \\ (k+1)^2 \sum_{\substack{\alpha \leqslant r \\ \alpha > \beta}}\sum_{\beta \leqslant r_1}\frac{1}{\varphi(p_\alpha)\varphi(p_\beta)} - \cdots + \cdots - \\ (k+1)^{2n+1}\overbrace{\sum_{\alpha \leqslant r}\sum_{\beta \leqslant r_1}\sum_{\gamma \leqslant r_1}\sum_{\delta \leqslant r_2}\cdots\sum_{\upsilon \leqslant r_n}}^{2n+1}_{\alpha > \beta > \gamma > \delta > \cdots > \upsilon}\frac{1}{\varphi(p_\alpha)\varphi(p_\beta)\cdots\varphi(p_\upsilon)}\end{aligned}$$

$$\begin{aligned}\overline{R} = |R_M(x)| + (k+1)\sum_{\alpha \leqslant r}|R_{MP_\alpha}(x)| + \\ (k+1)^2\sum_{\substack{\alpha \leqslant r \\ \alpha > \beta}}\sum_{\beta \leqslant r_1}|R_{Mp_\alpha p_\beta}(x)| + \cdots + \\ (k+1)^{2n+1}\overbrace{\sum_{\alpha \leqslant r}\sum_{\beta \leqslant r_1}\sum_{\gamma \leqslant r_1}\sum_{\delta \leqslant r_2}\cdots\sum_{\upsilon \leqslant r_n}}^{2n+1}_{\alpha > \beta > \cdots > \upsilon}|R_{Mp_\alpha \cdots p_\upsilon}(x)|\end{aligned}$$

现在我们来估计 $\overline{E}$：取 $h = (1.25)^{\frac{1}{k+1}}$，$h_0 = \sqrt[4]{e}$. 存在 $\delta_0 \geqslant M$，当 $\delta > \delta_0$ 时

$$\sum_{\delta < p \leqslant \delta^h}\frac{k+1}{\varphi(p)} < \log h_0 = \tau$$

$$\prod_{\delta<p\leqslant\delta^h}\left(1-\frac{k+1}{\varphi(p)}\right)^{-1}<h_0$$

命 $p_{r_j}(0\leqslant j\leqslant t)$ 为不超过 $Z^{\frac{1}{h^j}}$ 之最大素数，此处 $t$ 具有性质 $Z^{\frac{1}{h^t}}>\delta_0\geqslant Z^{\frac{1}{h^{t+1}}}$. 取 $n=t+r_t, r_s=r_t(t\leqslant s\leqslant n)$，则

$$\begin{aligned}\overline{E}&>\left(1-\sum_{n=1}^{\infty}\frac{(h_0\tau^2n^2)^n}{(2n)!}\right)\prod_{\substack{p\leqslant Z\\ p\nmid M}}\left(1-\frac{k+1}{\varphi(p)}\right)\\&>0.75\prod_{\substack{p\leqslant Z\\ p\nmid M}}\left(1-\frac{k+1}{\varphi(p)}\right)\\&>\frac{c_3}{\log^{k+1}Z}\end{aligned}$$

此处 $c_3$ 为仅与 $k$ 及 $M$ 有关的常数(参看王元的文献[7]).

## §4 几个引理

吾人将模 $D$ 之特征，记作 $\chi_D$. 若 $D=p_1^{\alpha_1}\cdots p_l^{\alpha_l}$ 为 $D$ 的标准分解式，已知 $\chi_D=\chi_{p_1}\alpha_1\cdots\chi_{p_l}a_l$. 若 $\chi_{p_i}\alpha_i$ 是原特征，则称 $\chi_D$ 对于 $p_i^{\alpha_i}$ 是本原的. 若 $\chi_D$ 对所有 $p_i^{\alpha_i}(1\leqslant i\leqslant l)$ 都是本原的，则 $\chi_D$ 就是通常所谓的原特征.

**引理 A** 命 $q, A$ 为两整数，$A$ 大于一个绝对常数 $c_4$；$p$ 为满足 $A\leqslant p<2A$ 及 $(p,q)=1$ 的素数. 若

$$e^{(\log x)^{\frac{2}{5}}}\leqslant Aq\leqslant\frac{\sqrt{x}}{2}$$

$$k_1=\frac{\log q}{\log\frac{p}{2}}+1$$

$$\geqslant \frac{\log q}{\log A}+1=\tilde{k}$$

且 $k_1<\log^3 A$，则在区间 $A\leqslant p<2A$ 中，最多除掉 $A^{\frac{3}{4}}$ 个素数，对于模 $pq$ 且对 $p$ 为本原的特征 $\chi(n)$，均有

$$\left|\sum_{p\leqslant x}\chi(p)\log p\cdot \mathrm{e}^{-\frac{p\log x}{x}}\right|\leqslant c_5 x^{1-\frac{\delta_2}{k_1+1}}\log x$$

此处 $c_5$ 为绝对常数，$\delta_2=(4\cdot 10^4\cdot k_3)^{-1}$，而 $k_3$ 见文献[8].

证明参看文献[6][8][9].

**引理 B**　当 $Q\leqslant \mathrm{e}^{\sqrt{\log x}}$ 时，除某一 $Q_1$ 之倍数外，当 $(l,Q)=1$ 时，均有

$$P(x,Q)=\frac{x}{\varphi(Q)\log x}+O(x\mathrm{e}^{-c_6\sqrt{\log x}})$$

当 $Q_1\mid Q$ 时，上式之右端还需添上

$$O\left(\frac{x^{1-c(\varepsilon)/Q_1^{\varepsilon}}}{\varphi(Q)}\right)$$

此处 $\varepsilon>0$ 为任意正数，$c_6$ 及与"$O$"有关的常数都是绝对常数，$Q_1$ 是"被除外"的特征 $\tilde{\chi}$ 的模.

证明参看文献[10]～[12].

由于 $a_p\leqslant \log x$，故得：

**引理 C**　当 $1\leqslant Q<\sqrt{x}$ 时，下式一致成立

$$P(x,Q)<\frac{2x\log x}{\varphi(Q)}$$

我们将满足下面条件

$$p'_1>\cdots>p'_u,\ p'_i\nmid M$$

$$p'_i\leqslant Z^{h^{\frac{1}{\left[\frac{i}{2}\right]}}}\quad (1\leqslant i\leqslant 2t+1)$$

$$p'_i\leqslant p_{r_t}\quad (i>2t+1)$$

的正整数 $Q=p'_1\cdots p'_uM$ 的集合记为 $E$.

若 $Q\in E$，写 $Q=p'_1q_1, q_1=p'_2q_2, \cdots, q_{u-1}=p'_uq_u, q_u=M$,则整数 $q_1,\cdots,q_u$ 称为 $Q$ 的对角线因子. 显然当 $Q\in E$ 时,所有 $Q$ 的对角线因子皆属于 $E$.

记 $K=\prod\limits_{\substack{p\leqslant p_{r_t}\\ p\nmid M}} p$.

以下的引理均可从 $E$ 的定义简单推出,故证明略去. 若无特殊声明,$c_7, c_8, \cdots$ 均为仅与 $k$ 及 $M$ 有关的常数.

**引理 4** 以 $\upsilon(Q)$ 表示 $\upsilon$ 的素因子的个数,则当 $x>c_7$ 时 $\upsilon(Q)<10(k+1)\log\log x$.

**引理 5** 集合 $E$ 的元素的个数不超过 $KZ^f$,此处 $f=1+\dfrac{2}{h-1}$.

**引理 6** 若 $Q\in E$,满足 $Q=p'_1q_1, p'_1<q_1^{\frac{1}{\upsilon}}$, $p'_1>MK$. 这种 $Q$ 的个数不超过 $Z^{h^{\frac{g\upsilon}{\upsilon/2}}}$,此处 $g$ 为仅与 $k$ 有关的正常数.

**引理 7** 命 $\{p^*\}$ 为具有下面性质的数列:在任意区间 $A\leqslant p^*<2A$ 中最多只包含这个数列中的 $A^{\frac{3}{4}}$ 个元素,则

$$\sum_{p^*>B}\frac{1}{p^*}\leqslant\left(\frac{1}{1-2^{-\frac{1}{4}}}\right)B^{-\frac{1}{4}}$$

**引理 8** $\sum\limits_{n\leqslant x}\dfrac{1}{\varphi(n)}=\prod\limits_{p}\left(1+\dfrac{1}{p(p-1)}\right)\log x+O(1)$.

**引理 9** 当 $n\geqslant 2$ 时,存在绝对常数 $c_8$ 使 $\varphi(n)>\dfrac{c_8 n}{\log n}$.

## §5 引理 2 的证明

记

$$K_{\chi_Q}(x)=\sum_{p\leqslant x}\chi_Q(p)a_p$$

当 $(l,Q)=1$ 时,有

$$P(x,Q)=\frac{1}{\varphi(Q)}\sum_{(\chi_Q)}\overline{\chi}_Q(l)K_{\chi_Q}(x) \tag{10}$$

由引理 4 及 $E$ 的定义可知

$$\begin{aligned}\overline{R}&\leqslant(k+1)^{2n+1}\sum_{Q\in E}|R_Q(x)|\\&\leqslant e^{(2n+1)\log(k+3)}\sum_{Q\in E}|R_Q(x)|\\&\leqslant e^{10(k+1)\log(k+3)\log\log x}\sum_{Q\in E}|R_Q(x)|\end{aligned} \tag{11}$$

若 $Q=p'_1q_1\in E,Q>e^{(\log x)^{\frac{2}{5}}}$,则由引理 4 得

$$p'_1>Q^{\frac{1}{v(Q)}}>2e^{(\log x)^{\frac{1}{3}}},x>c_9$$

又由 $q_1<p'^{v(Q)}_1$ 得

$$\begin{aligned}k_1&=\frac{\log q_1}{\log\frac{p'_1}{2}}+1\\&=\frac{\log q_1}{\log p'_1}\left(1+O\left(\frac{1}{\log p'_1}\right)\right)\\&<11(k+1)\log\log,x>c_{10}\end{aligned} \tag{12}$$

取 $B=2e^{(\log x)^{\frac{1}{3}}},A=2^nB(n=1,2,\cdots)$. 固定 $q_1$ 时,我们可以将引理 A 用于区间 $A\leqslant p<2A$. 为此引入下面两条件:

(i) 若 $Q>e^{(\log x)^{\frac{2}{5}}}$,则满足条件 Ⅰ.

(ii) 若 $Q\in E,Q=p'_1q_1$，对 $q_1$ 而言，$p'_1$ 非引理 A 意义之下被除外者，则满足条件 Ⅱ.

若条件 Ⅰ，Ⅱ 均满足，则由引理 A 及(10) 可知

$$P(x,Q)=\frac{1}{\varphi(p'_1)}P(x,q_1)+O(x^{1-\frac{\delta_2}{k_1+1}}\log x)$$

若此 $q_1$ 也满足条件 Ⅰ，Ⅱ，则又可以继续上面的手续. 一直到条件 Ⅰ，Ⅱ 中有一个不成立为止. 设这手续共进行了 $s$ 次，则

$$\begin{aligned}&P(x,Q)\\&=\frac{1}{\varphi(p'_1\cdots p'_s)}P(x,q_s)+O\left(\sum_{l=1}^{S}\frac{x^{1-\frac{\delta_2}{k_l+1}}}{\varphi\left(\frac{Q}{q_{l-1}}\right)}\log x\right)\end{aligned}$$

此处 $q_0=Q,k_l=\dfrac{\log q_l}{\log\dfrac{p'_{\mathrm{e}}}{2}}+1.$

若条件 Ⅰ 不满足，即 $q_s<\mathrm{e}^{(\log x)^{\frac{2}{5}}}$. 当 $Q_1\nmid q_s$ 时，则由引理 B 得

$$P(x,q_s)=\frac{x}{\varphi(q_s)\log x}+O(x\mathrm{e}^{-c_6\sqrt{\log x}})$$

当 $Q_1\mid q_s$ 时，还需在上式之右端添上 $O\left(\dfrac{x^{1-c(\varepsilon)/Q_1^{\varepsilon}}}{\varphi(q_s)}\right)$.

若条件 Ⅱ 不成立，由引理 C 得

$$P(x,q_s)=\frac{x}{\varphi(q_s)\log x}+O\left(\frac{x\log x}{\varphi(q_s)}\right)$$

总之，得到下列四种类型的误差项：

(Ⅰ) $\dfrac{x\log x}{\varphi(Q)}$；　　(Ⅱ) $\dfrac{x\mathrm{e}^{-c_6\sqrt{\log x}}}{\varphi\left(\dfrac{Q}{q_s}\right)}$；

(Ⅲ) $\dfrac{x^{1-c(\varepsilon)/Q_1^{\varepsilon}}}{\varphi(Q)}$；　　(Ⅳ) $\dfrac{x^{1-\frac{\delta_2}{k_l+1}}}{\varphi\left(\dfrac{Q}{q_{l-1}}\right)}\log x$.

对于 $\sum_{Q\in E}|R_Q(x)|$ 中属于(Ⅰ)(Ⅱ)(Ⅲ)(Ⅳ)型者分别记之以 $R_{\mathrm{I}},R_{\mathrm{II}},R_{\mathrm{III}},R_{\mathrm{IV}}$.

(i) 由引理 4,引理 7,引理 8 得

$$R_{\mathrm{I}}<\frac{c_{11}x\log^3 x}{e^{\frac{1}{4}(\log x)^{\frac{1}{3}}}}\quad (x>c_{12})$$

(ii) 由引理 8 得

$$R_{\mathrm{II}}<c_{13}x\log x\cdot e^{(\log x)^{\frac{2}{5}}-c_6\sqrt{\log x}}\quad (x>c_{14})$$

(iii) 由引理 8,引理 9 并取

$$\varepsilon=\frac{1}{18(k+1)\log(k+3)}$$

乃得

$$R_{\mathrm{III}}<c_{15}x\log^3 x\cdot e^{-18(k+1)\log(k+3)\log\log x}\quad (x>c_{16})$$

(iv) 以 $R_{\mathrm{IV}}^{(1)}$ 表示 $R_{\mathrm{IV}}$ 中 $k_l\leqslant 2$ 之诸项之和. 取

$$Z=x^{\frac{1}{N}},N\geqslant\frac{4f}{\delta_2}\quad (N\text{ 以后再定})$$

故由引理 5 得

$$R_{\mathrm{IV}}^{(1)}<c_{17}Z^f\cdot x^{1-\frac{\delta_2}{3}}\log x=c_{17}x^{1-\frac{\delta_2}{12}}\log x\quad (x>c_{18})$$

(v) 以 $R_{\mathrm{IV}}^{(2)}$ 表示 $R_{\mathrm{IV}}$ 中 $k_l\geqslant 2$ 之诸项之和. 由式(12)可知 $k_l$ 满足 $2\upsilon\leqslant k_l<2\upsilon+2,\upsilon=1,2,\cdots,\left[\frac{11(k+1)\log\log x}{2}\right]$. 又易知

$$p'_e<q_e^{\frac{1}{\upsilon}},p'_e>2e^{(\log x)^{\frac{1}{3}}}>MK\quad (x>c_{19})$$

故由引理 6 得知

$$RR_{\mathrm{IV}}^{(2)}<c_{20}\sum_{\upsilon=1}^{\left[\frac{11}{2}(k+1)\log\log x\right]}x^{1-\frac{\delta_2}{2\upsilon+4}}Z_{h^{\upsilon/2}}^{\frac{g\upsilon}{}}\log^2 x\quad (x>c_{21})$$

取

$$N=\max\left(\frac{4f}{\delta_2},\frac{4dg}{\delta_2}\right)$$

$$d=\max_{v=1,2,\cdots}\frac{v(v+2)}{h^{v/2}}\text{①} \tag{13}$$

故得

$$R_{\mathrm{N}}^{(2)}<c_{22}x\log^3 x\cdot \mathrm{e}^{-\frac{\delta_2\log x}{22(k+1)\log\log x-\delta}}\quad(x>c_{23})$$

综合(i)(ii)(iii)(iv)(v)及式(11)乃得

$$\begin{aligned}\overline{R}&\leqslant c_{24}x\mathrm{e}^{-8(k+1)\log(k+3)\log\log x}\log^3 x\\&<c_{24}\frac{x}{\log^{5(k+1)}x}\quad(x>c_{25})\end{aligned} \tag{14}$$

故由引理3得：

**引理10** 存在仅与$k$,$M$有关的常数$c_{26}$及$X_3$，当$x>X_3$时

$$\widetilde{M}_{x^{\frac{1}{N}}}(x)>\frac{c_{26}x}{\log^{k+2}x}\quad(x>X_3)$$

此处$N$仅与$k$有关.

**引理2的证明** 记$\beta=\dfrac{1}{N}$,则

$$\begin{aligned}\widetilde{M}_{x^\beta}(x)&\leqslant\log x\cdot\mathrm{e}^{-2\frac{\log x}{x}}M_{x^\beta}\left(\frac{(k+3)x\log\log x}{\log x}\right)+\\&\quad\log x\cdot\mathrm{e}^{-(k+3)\log\log x}\pi(x)\\&\leqslant\log x\cdot M_{x^\beta}\left(\frac{(k+3)x\log\log x}{\log x}\right)+\\&\quad O\left(\frac{x}{\log^{k+3}x}\right)\end{aligned}$$

由引理10得

$$M_{x^\beta}\left(\frac{(k+3)x\log\log x}{\log x}\right)\geqslant\frac{c_{27}x}{\log^{k+3}x}\quad(x>c_{28})$$

---

① 由于$h=(1.25)^{\frac{1}{k+1}}>1$,故$\lim\limits_{y\to\infty}\frac{y(y+2)}{h^{y/2}}=0$.因此$d$的存在性无问题.且$d$仅与$k$有关.

命$\frac{(k+3)x\log\log x}{\log x}=y$，得

$$M_{y^\beta}(y)>\frac{c_2 y}{\log^{k+2}y\log\log y}\quad(y>X_2)$$

引理证完.

## §6　基本引理的应用

**引理 11**　记$\sigma_0=1,\sigma_\upsilon=\upsilon,1\leqslant\upsilon\leqslant k$. 对于任意$k$个非负实数$a_1,a_2,\cdots,a_k$及$\varepsilon>0$，皆存在仅与诸$a_i$及$\varepsilon$有关且适合基本引理之要求之正整数$m_0,\cdots,m_k$，使

$$\left|\frac{\frac{\varphi(\sigma_\upsilon m_\upsilon)}{\sigma_\upsilon m_\upsilon}}{\frac{\varphi(\sigma_{\upsilon-1}m_{\upsilon-1})}{\sigma_{\upsilon-1}m_{\upsilon-1}}}-a_\upsilon\right|<\frac{\varepsilon}{2}\quad(1\leqslant\upsilon\leqslant k)\quad(15)$$

**证明**　置$\rho_\upsilon=\frac{\varphi(\upsilon)}{\upsilon},1\leqslant\upsilon\leqslant k,\rho_0=\frac{\varphi((k+1)!^{\,2})}{(k+1)!^{\,2}}$. 必存在有理数$\frac{b_\upsilon}{d_\upsilon}>0,1\leqslant\upsilon\leqslant k$使

$$\left|\frac{b_\upsilon}{d_\upsilon}-a_\upsilon\frac{\rho_{\upsilon-1}}{\rho_\upsilon}\right|<\frac{\varepsilon}{3}\cdot\frac{\rho_{\upsilon-1}}{\rho_\upsilon}\quad(1\leqslant\upsilon\leqslant k)$$

即

$$\left|\frac{b_1\cdots b_{\upsilon-1}b_\upsilon d_{\upsilon+1}\cdots d_k}{b_1\cdots b_{\upsilon-1}d_\upsilon d_{\upsilon+1}\cdots d_k}-a_\upsilon\cdot\frac{\rho_{\upsilon-1}}{\rho_\upsilon}\right|$$

$$<\frac{\varepsilon}{3}\cdot\frac{\rho_{\upsilon-1}}{\rho_\upsilon}\quad(1\leqslant\upsilon\leqslant k)$$

命

$$\frac{b_1\cdots b_{\upsilon-1}d_\upsilon d_{\upsilon+1}\cdots d_k}{b_1\cdots b_k d_1\cdots d_k}=\eta_{\upsilon-1}\quad(1\leqslant\upsilon\leqslant k+1)$$

故

$$\left|\frac{\eta_{\upsilon}}{\eta_{\upsilon-1}}-a_{\upsilon}\frac{\rho_{\upsilon-1}}{\rho_{\upsilon}}\right|<\frac{\varepsilon}{3}\cdot\frac{\rho_{\upsilon-1}}{\rho_{\upsilon}}\quad(1\leqslant\upsilon\leqslant k)$$

因为 $0<\eta_{\upsilon}\leqslant 1,0\leqslant\upsilon\leqslant k$ 及 $\prod_{p}\left(1-\frac{1}{p}\right)=0$，故对于任意 $\varepsilon'>0$，皆可选取素因子大于 $k+1$ 且两两互素之正整数 $m'_0,m_1,\cdots,m_k$ 使

$$\left|\eta_{\upsilon}-\frac{\varphi(m_{\upsilon})}{m_{\upsilon}}\right|<\varepsilon'\quad(1\leqslant\upsilon\leqslant k)$$

$$\left|\frac{\varphi(m'_0)}{m'_0}-\eta_0\right|<\varepsilon'$$

因此，我们可以取 $\varepsilon'=\varepsilon'(a,\varepsilon,\rho)$ 足够小，使

$$\left|\frac{\frac{\varphi(m_{\upsilon})}{m_{\upsilon}}}{\frac{\varphi(m_{\upsilon-1})}{m_{\upsilon-1}}}-a_{\upsilon}\frac{\rho_{\upsilon-1}}{\rho_{\upsilon}}\right|<\frac{\varepsilon}{2}\cdot\frac{\rho_{\upsilon-1}}{\rho_{\upsilon}}\quad(2\leqslant\upsilon\leqslant k)$$

$$\left|\frac{\frac{\varphi(m_1)}{m_1}}{\frac{\varphi(m'_0)}{m'_0}}-a_1\frac{\rho_0}{\rho_1}\right|<\frac{\varepsilon}{2}\cdot\frac{\rho_0}{\rho_1}$$

记 $m_0=(k+1)!^{2}m'_0$. 即得引理.

将引理 11 中之 $\varphi(n)$ 换为 $\sigma(n)$ 即得引理 12.

**定理 1**　对于任意给予的 $k$ 个非负实数 $a_1,\cdots,a_k$ 及 $\varepsilon>0$，皆存在素数 $p$，使

$$\left|\frac{\varphi(p+\upsilon+1)}{\varphi(p+\upsilon)}-a_{\upsilon}\right|<\varepsilon\quad(1\leqslant\upsilon\leqslant k)\tag{16}$$

进而言之，存在仅与 $\varepsilon$ 及诸 $a_{\upsilon}$ 有关之正常数 $c_{29}$ 及 $X_4$，当 $x>X_4$ 时，在任何区间 $1<p\leqslant x$ 内，适合式(16)的素数个数不少于 $c_{29}\frac{x}{\log^{k+2}x\log\log x}$.

**证明**　由引理 11，先选取仅与诸 $a_i$ 及 $\varepsilon$ 有关，且适合基本引理要求的正整数 $m_0,m_1,\cdots,m_k$ 使式(15)

成立.固定诸 $m_i$ 之后,命$(p,x_0,\cdots,x_k)$ 为式(2) 适合式(3) 及 $Z=x^2$ 之解.

由于$(x_i,m_0\cdots m_k)=1(0\leqslant i\leqslant k)$,故

$$\begin{aligned}&\frac{\varphi(p+\upsilon+1)}{\varphi(p+\upsilon)}\\=&\frac{\varphi(\sigma_\upsilon m_\upsilon x_\upsilon)}{\varphi(\sigma_{\upsilon-1}m_{\upsilon-1}x_{\upsilon-1})}\\=&\frac{\frac{\varphi(\sigma_\upsilon m_\upsilon)}{\sigma_\upsilon m_\upsilon}}{\frac{\varphi(\sigma_{\upsilon-1}m_{\upsilon-1})}{\sigma_{\upsilon-1}m_{\upsilon-1}}}\cdot\frac{\frac{\varphi(x_\upsilon)}{x_\upsilon}}{\frac{\varphi(x_{\upsilon-1})}{x_{\upsilon-1}}}\cdot\frac{p+\upsilon+1}{p+\upsilon}\end{aligned}\tag{17}$$

因为 $x_\upsilon$ 的素因子皆大于 $x^\alpha$,但 $x_\upsilon\leqslant x$.故 $x_\upsilon$ 的素因子的个数不超过 $\left[\frac{1}{\alpha}\right]$.故

$$1\geqslant\frac{\varphi(x_\upsilon)}{x_\upsilon}=\prod_{p'\mid x_\upsilon}\left(1-\frac{1}{p'}\right)\geqslant\left(1-\frac{1}{x^\alpha}\right)^{\frac{1}{\alpha}}\tag{18}$$

由(15)(17)(18) 可知存在 $c_{30}$,当 $x>p>c_{30}(a,\varepsilon)$ 时,式(16) 成立.这就证明了对于方程组(2) 适合(3) 及 $Z=x^\alpha$ 及 $p>c_{30}$ 的一组解$(p,x_0,\cdots,x_k)$,此 $p$ 即适合式(16).但方程组(2) 适合 $p\leqslant c_{30}$ 的解数不超过 $c_{30}$.故由基本引理得出定理 1.

**定理 2**　命 $k$ 为一正整数,存在仅与 $k$ 有关的常数 $\gamma$ 使得对于任意 $k+1$ 个正整数 $a_0,a_1,\cdots,a_k$,皆存在素数 $p$ 使

$$a_\upsilon\leqslant d(p+\upsilon+1)\leqslant\gamma a_\upsilon\quad(0\leqslant\upsilon\leqslant k)\tag{19}$$

进而言之,存在仅与诸 $a_\upsilon$ 有关之正常数 $c_{32}$ 及 $X_6$,当 $x>X_6$ 时,在任何区间 $1<p\leqslant x$ 内适合式(19) 的素数个数不少于 $\frac{c_{32}x}{\log^{k+2}x\log\log x}$.

**证明**　命 $a_0,\cdots,a_k$ 分别适合

$$2^{\alpha_\upsilon} \leqslant a_\upsilon < 2^{\alpha_\upsilon + 1} \quad (0 \leqslant \upsilon \leqslant k)$$

在式(1)中取 $\alpha_\upsilon + 1 = t_\upsilon$. 固定诸 $m_i$ 之后,命$(p, x_0, \cdots, x_k)$为式(2)适合(3)及 $Z = x^\alpha$ 之解. 由于 $x_\upsilon$ 的素因子皆大于 $x^\alpha$,故 $x_\upsilon$ 为不超过 $\left[\frac{1}{\alpha}\right]$ 个素数的乘积,记

$$\gamma = 2^{\frac{1}{\alpha}+1}(k+1)!^{\,2} \tag{20}$$

则

$$\begin{aligned} d(p+\upsilon+1) &= d(\sigma_\upsilon m_\upsilon x_\upsilon) \\ &\geqslant d(m_\upsilon) d(x_\upsilon) \geqslant 2^{t_\upsilon} > a_\upsilon \end{aligned}$$

$$\begin{aligned} d(p+\upsilon+1) &= d(\sigma_\upsilon m_\upsilon x_\upsilon) \\ &\leqslant d(\sigma_0) d(m_\upsilon) d(x_\upsilon) \\ &< (k+1)!^{\,2} 2^{t_\upsilon} 2^{\left[\frac{1}{\alpha}\right]} \\ &< \gamma a_\upsilon \quad (0 \leqslant \upsilon \leqslant k) \end{aligned}$$

故得定理.

由定理 2 立刻推出:

**定理 3** 对于任意给出的 $k$ 个数 $a_1, \cdots, a_k$,此处诸 $a_i$ 或为 0,或为 $+\infty$,则存在素数列$\{p_j\}$使

$$\lim_{j \to \infty} \frac{d(p_j + \upsilon + 1)}{d(p_j + \upsilon)} = a_\upsilon \quad (1 \leqslant \upsilon \leqslant k)$$

最后笔者提出以下问题:是否对于数论函数 $d(n)$ 亦有像定理 1 所说的,与 $\varphi(n)$ 同样美好的性质呢? 尚有待进一步揭示.

## 参考文献

[1]SOMAYAJULU B S K R. The Euler's totient function $\varphi(n)$ [J]. Math. Stud. 1950(18):31.

[2] SCHINZEL A, Sierpiński W. Sur quelques propiétés des

*fonctions* $\varphi(n)$ et $\sigma(n)$[J]. Bull. Acad. Polon. Sci. Cl. Ⅲ, 1954(2):463.

[3]SCHINZEL A. Quelques théorèmes sur les fonctions $\varphi(n)$ et $\sigma(n)$[J]. Bull. Acad. Polon. Sci. Cl. Ⅲ,1954(2):467;Sur une propriété du nombre de diviseurs[J]. Pub. Math. 1954(3):261;On functions $\varphi(n)$ and $\sigma(n)$[J]. Bull. Acad. Polon. Sci. Cl. Ⅲ,1955(8):415.

[4]ШИНЦЕЛЬ А,ВАНГ И. О некоторых свойствах функций $\varphi(n)$,$\sigma(n)$ и $\theta(n)$[J]. Польской АН, отд 3, №1956(4):201;A note on some properties of the functions $\varphi(n)$,$\sigma(n)$ and $\theta(n)$, Ann. Polon. Math.

[5]邵品琮.论某一类数论函数值的分布问题[J].北京:北京大学学报,1956(3):261-276.

[6]РЕНЬИ А. О представлении четных чисел в виде суммы простого и почти простого числа, ИАН СССР, 1948(12):57.

[7]王元.表大偶数为一个素数及一个不超过四个素数的乘积之和——广义 Riemann 猜测下之结果[J].数学学报,1956,6(4):565-582.

[8]ЛИННИК Ю В. Об $L$-рядах дирихре и суммах по простых числам[J]. Матем, сб;1944,15(57):3.

[9]Littlewood J E. On the Class number of corpus $P(\sqrt{-k})$[J]. Proc. Lond. Math. Soc. ,1928(27):315.

[10]TITCHMARSH E C. Adivisor problem, Rend. del circolo matem. di palermo,1930,(54):414.

[11]Page A. On number of primes in the arithmetic progression[J]. Proc. Lond. Math. Soc. 1935,3(39):116.

[12]Siegel C L. Uber die classenzahle quadratischen zahlenkoper[J]. Acta Arith. I,1936:83.

# 论数论函数 $\omega(n)$ 及 $\Omega(n)$ 的一些性质

## 第 2 章

命 $f(n)$ 为一数论函数，关于函数比值$\frac{f(n+1)}{f(n)}(n=1,2,\cdots)$的分布问题. Somayajula[1], Sierpiński[2] 及 Schinzel[3,4] 曾用算术方法对 Euler 函数 $\varphi(n)$、除数和函数

$$\sigma(n)=\sum_{d\mid n}d$$

及除数函数

$$d(n)=\sum_{d\mid n}1$$

加以处理，获得了一些有趣的结果. 华罗庚教授首先指出采用 Brun 筛法可以深化，按这一方向，王元与 Schinzel[5,6] 及邵品琮[7-9] 曾获得了较前精密的结果. 例如：

任意给予 $k$ 个非负实数 $a_1,\cdots,a_k$，皆存在整数列$\{n_j\}$使

$$\lim_{j\to\infty}\frac{\varphi(n_j+v+1)}{\varphi(n_j+v)}=a_v\quad(1\leqslant v\leqslant k)$$

王元在[10]中，首先将 Линник-Reńyi 方法与 Brum 筛法相结合，导致了将原有结果跃进到素数列上成立，从而得到了更为深刻的性质. 例如，他证明了(见[10])：

存在素数列$\{p_j\}$使

$$\lim_{j\to\infty}\frac{\varphi(p_j+v+1)}{\varphi(p_j+v)}=a_v\quad(1\leqslant v\leqslant k)\tag{1}$$

曲阜师范学院的邵品琮教授 1980 年运用上述文献[10]内的王元方法，对于与素因子有关的数论函数

$$\omega(n)=\sum_{p\mid n}1$$

$$\Omega(n)=\alpha_1+\cdots+\alpha_k$$

(当$n=p_1^{\alpha_1}\cdots p_k^{\alpha_k}$为其标准分解式时)，也可以获得与(1)完全相当的结果. 有：

**定理 1**　对于任意给予$k$个非负实数$a_1,\cdots,a_k$，及$\varepsilon>0$，皆存在素数$p$，使

$$\left|\frac{\omega(p+v+1)}{\omega(p+v)}-a_v\right|<\varepsilon\quad(1\leqslant v\leqslant k)\tag{2}$$

进而言之，存在仅与$\varepsilon$及诸$a_v$有关的正常数$c_1$及$X_1$，当$x>X_1$时，在任何区间$1<p\leqslant x$内，适合(2)的素数个数$N(\omega,x)$有

$$N(\omega,x)>c_1\frac{x}{\log^{k+2}x\log\log x}$$

**定理 2**　对于任意给予$k$个非负数$a_1,\cdots,a_k$及$\varepsilon>0$，皆存在素数$p$，使

$$\left|\frac{\Omega(p+v+1)}{\Omega(p+v)}-a_v\right|<\varepsilon\quad(1\leqslant v\leqslant k)\tag{3}$$

进而言之，存在仅与$\varepsilon$及诸$a_v$有关的正常数$c_2$及$X_2$，

当 $x > X_2$ 时，在任何区间 $1 < p \leqslant x$ 内，适合(3)的素数个数 $N(\Omega,x)$ 有

$$N(\Omega,x) > c_2 \frac{x}{\log^{k+2} x \log\log x}$$

实际上，如果数论函数 $g(n)$，满足条件：

1. 若 $(n_1,n_2)=1$，有

$$g(n_1 n_2) = g(n_1) + g(n_2)$$

2. $g(1)=0, g(p)=1$.

3. $0 < g(p^\alpha) \leqslant k = k(k_0^*)$，当 $\alpha \leqslant k_0^*$（其中 $p$ 为素数），则称 $g(n)$ 为 $Af$ 型函数（见[5]或[6]），并记 $g(n) \in Af$，则易见有

$$\omega(n) \in Af, \Omega(n) \in Af$$

那么，定理 1 与定理 2 还可联合推广，有如下结果：

**定理 S** 若 $g(n) \in Af$，对于任意给予 $k$ 个非负实数 $a,\cdots,a_k$ 及 $\varepsilon > 0$，则皆存在 $p$，使

$$\left| \frac{g(p+\upsilon+1)}{g(p+\upsilon)} - a_\upsilon \right| < \varepsilon \quad (1 \leqslant \upsilon \leqslant k) \quad (*)$$

进而言之，存在仅与 $\varepsilon$ 及诸 $a_\upsilon$ 有关的正常数 $c$ 及 $X$，当 $n > X$ 时，在任何区间 $1 < p \leqslant x$ 内，适合(*)的素数个数 $N(x)$，有

$$N(x) > c \frac{x}{\log^{k+2} x \log\log x} \quad (**)$$

显然，定理 1 与定理 2，均是上述定理 S 的特例. 以下我们来证明上述定理.

**基本引理**[10] 命 $k$ 为一正整数，又命

$$m_0 = (k+1)!^{\,2} q_{01} \cdots q_{0t_0}$$

$$m_i = q_{i1} \cdots q_{it_i} \quad (1 \leqslant i \leqslant k)$$

为两两互素的整数，此处 $q_{\mu\upsilon}$ $(0 \leqslant \mu \leqslant k, 1 \leqslant \upsilon \leqslant t\mu)$ 均

为大于 $k+1$ 的素数，当

$$x > z > (m_0 m_1 \cdots m_k)^2$$

时，命 $N_z(x)$ 表示方程组

$$\begin{cases} p+1=m_0 x_0 \\ p+\upsilon+1=\upsilon m_\upsilon x_\upsilon \quad (1 \leqslant \upsilon \leqslant k) \end{cases} \tag{4}$$

适合下面条件

$$1 < p \leqslant x, \text{若 } p' \mid x_\upsilon \Rightarrow p' > z \quad (0 \leqslant \upsilon \leqslant k)$$

的整数解 $(p, x_0, x_1, \cdots, x_k)$ 的个数，此处 $p$ 与 $p'$ 均表示素数，则存在仅与诸 $m_i$ 有关的正常数 $c_1$ 及 $X_1$ 与仅与 $k$ 有关的正常数 $\beta > 1$，使

$$N_{x^{\frac{1}{\beta}}}(x) > \frac{c_1 x}{\log^{k+2} x \log\log x} \quad (x > X_1) \tag{5}$$

**引理 1**　若 $g(n) \in Af$，任给一正整数 $k$，以及任意一串 $k+1$ 个非负整数 $t_0, t_1, \cdots, t_k$，则恒有素数 $p$ 存在，满足

$$t_\upsilon \leqslant g(p+\upsilon+1) \leqslant t_\upsilon + c_0 \quad (0 \leqslant \upsilon \leqslant k) \tag{6}$$

其中 $c_0$ 是一个只与 $k$ 有关的常数，且满足式(6)的 $p$ 的个数 $N(g;x)$ 有

$$N(g;x) > \frac{c_g x}{\log^{k+2} x \log\log x}$$

其中 $c_g = c_g(k; t_0, t_1, \cdots, t_k)$ 是一与 $x$ 无关的正常数.

**证明**　由基本引理(详见王元的[10])，便得

$$p+\upsilon+1 = \upsilon m_\upsilon x_\upsilon = \upsilon q_{\upsilon_1} \cdots q_{\upsilon t_\upsilon} x_\upsilon \quad (1 \leqslant \upsilon \leqslant k)$$

于是按 $g(n) \in Af$，有

$$\begin{aligned} g(p+\upsilon+1) &= g(\upsilon) + g(m_\upsilon) + g(x_\upsilon) \\ &= g(\upsilon) + \sum_{h=1}^{t_\upsilon} g(q_{\upsilon h}) + g(x_\upsilon) \\ &= t_\upsilon + g(\upsilon) + g(x_\upsilon) \end{aligned} \tag{7}$$

记

$$x_\upsilon = p_{\upsilon 1}^{\beta_{\upsilon 1}} p_{\upsilon 2}^{\beta_{\upsilon 2}} \cdots p_{\upsilon s_\upsilon}^{\beta_{\upsilon s \upsilon}}$$

为其标准分解式，其中 $p_{\upsilon h}$ 为其素因子，由基本引理的筛法得知，有

$$p' \mid x_\upsilon \Rightarrow p' > x^{\frac{1}{\beta}}$$

于是在 $1 < p \leqslant x$ 内，显见有

$$\sum_{h=1}^{s_\upsilon} p_{\upsilon h} < \beta \quad (\upsilon = 1, 2, \cdots, k)$$

并记

$$c_1 = \max_{1 \leqslant \upsilon \leqslant k} \{g(\upsilon)\} + \beta K$$

则从(7)便有

$$\begin{aligned} t_\upsilon &\leqslant g(p + \upsilon + 1) \\ &= t_\upsilon + g(\upsilon) + \sum_{h=1}^{s_\upsilon} g(p_{\upsilon h}^{\beta_{\upsilon h}}) \\ &\leqslant t_\upsilon + g(\upsilon) + \sum_{h=1}^{s_\upsilon} K \\ &\leqslant t_\upsilon + g(\upsilon) + K_\beta \\ &\leqslant t_\upsilon + c_1 \quad (\upsilon = 1, 2, \cdots, k) \end{aligned}$$

同理，由 $p + 1 = m_0 x_0$ 用基本引理，有

$$t_0 \leqslant g(p + 1) \leqslant t_0 + c_2$$

$c_2$ 为某常数，于是取 $c_0 = \max(c_1, c_2)$ 即得引理 1.

**引理 2** 对于 $k$ 个非负实数 $a_1, \cdots, a_k$ 及 $\varepsilon > 0$，则有 $k + 1$ 个适当大的正整数 $t_0, t_1, \cdots, t_k$，使

$$\left| \frac{t_\upsilon}{t_{\upsilon-1}} - a_\upsilon \right| < \frac{\varepsilon}{2} \quad (\upsilon = 1, 2, \cdots, k) \tag{8}$$

**证明** 用连分数逼近法，对于 $\varepsilon_\upsilon$ 可有有理数 $\frac{q_\upsilon}{p_\upsilon}$，使

$$\left| a_\upsilon - \frac{q_\upsilon}{p_\upsilon} \right| \leqslant \frac{1}{p_\upsilon^2} < \frac{\varepsilon}{2} \quad (\upsilon = 1, 2, \cdots, k)$$

只要

$$\min_{1\leqslant \upsilon\leqslant k}\{p_\upsilon\}\geqslant\left[\frac{\varepsilon}{2}\right]+1$$

就行，我们由 $p_\upsilon,q_\upsilon$ 作 $t_i(1\leqslant i\leqslant k)$ 如下

$$\begin{cases}t_0=q_kq_{k-1}q_{k-2}\cdots q_3q_2q_1T\\ t_1=q_kq_{k-1}q_{k-2}\cdots q_3q_2p_1T\\ \vdots\\ t_{k-1}=q_kp_{k-1}p_{k-2}\cdots p_3p_2p_1T\\ t_k=p_kp_{k-1}p_{k-2}\cdots p_3p_2p_1T\end{cases}\tag{9}$$

其中 $T$ 为任意适当大的正整数，那么就有

$$\frac{t_\upsilon}{t_{\upsilon-1}}=\frac{p_\upsilon}{q_\upsilon}\quad(\upsilon=1,2,\cdots,k)$$

从而引理 2 成立.

现在我们来完成本文定理的证明：

由引理 1 的(6)，即知

$$\begin{aligned}&\frac{t_\upsilon}{t_{\upsilon-1}+c_0}\\ \leqslant&\frac{g(p+\upsilon+1)}{g(p+\upsilon)}\\ \leqslant&\frac{t_\upsilon+c_0}{t_{\upsilon-1}}\quad(\upsilon=1,2,\cdots,k)\end{aligned}\tag{10}$$

从引理 2 知，对于定理内给定的 $a_\upsilon$，可找到(9)内的 $t_\upsilon$ 使之满足(8)，于是有

$$\frac{t_\upsilon}{t_{\upsilon-1}+c_0}=\frac{t_\upsilon}{t_{\upsilon-1}}+O\left(\frac{1}{T}\right)$$

$$\frac{t_\upsilon+c_0}{t_{\upsilon-1}}=\frac{t_\upsilon}{t_{\upsilon-1}}+O\left(\frac{1}{T}\right)$$

$$(\upsilon=1,2,\cdots,k)$$

可选适当大的 $T$，便有 $O\left(\frac{1}{T}\right)<\frac{\varepsilon}{2}$，从而

$$\begin{aligned}&\left|\frac{g(p+\upsilon+1)}{g(p+\upsilon)}-a_{\upsilon}\right|\\=&\left|\left\{\frac{t_{\upsilon}}{t_{\upsilon-1}}+O\left(\frac{1}{T}\right)\right\}-a_{\upsilon}\right|\\=&\left|\frac{t_{\upsilon}}{t_{\upsilon-1}}-a_{\upsilon}\right|+O\left(\frac{1}{T}\right)\\<&\frac{\varepsilon}{2}+\frac{\varepsilon}{2}=\varepsilon\quad(\upsilon=1,2,\cdots,k)\end{aligned}$$

且此种素数 $p$，在 $1<p\leqslant x$ 内的个数 $N(x)$，由基本引理的筛法，从引理 1 的附加说明，必满足式(＊＊).

## 参考文献

[1]SOMAYJULU B S K R. The Euler's totient function $\varphi(n)$[J]. Math. Stud. ,1950(18):31.

[2]SCHINZEL A, SIERPINSKI W. Sur quelques propiétés des functions $\varphi(n)$, et $\sigma(n)$[J]. Bull. Acad. Polon. Sci. , Ⅲ, 1954(2):463.

[3]SCHINZEL A. Quelques théorémes sur les functions $\varphi(n)$ et $\sigma(n)$[J]. Bull. Acad. Polon. Sci. ,261.

[4]SCHINAEL A. On functions $\varphi(n)$ and $\sigma(n)$[J]. Bull. Acad. Polon. Sci. ,CILLL,1955(8):415.

[5]ШИНЦЕЛЬ А ,ВАНГ И. О некоторых свойствах функций $\varphi$(n),$\sigma$(n) и $\vartheta(n)$[J]. Польской АН,отд. з,1956(4):201.

[6]SCHINAEL A,WANG Y. A note on some properties of the function $\varphi(n)$,$\sigma(n)$ and $\upsilon(n)$[J]. Ann. Polon. Math. 1958(4):201-213.

[7]SHAO P Z. On the distribution of the values of a class of arithmetical functions[J]. Bull. Acad Polon. Sci. ,CI LIII 1956(4):56-572.

[8]邵品琮. 论 Schinzel 的一个问题[J]. 数学进展,1956(2):

703-710.

[9]邵品琮.论某一类数论函数值的分布问题[J].北京大学学报(自然科学),1956(3):261-276.

[10]王元.论数论函数 $\varphi(n)$,$\sigma(n)$及 $d(n)$的一些性质[J].数学学报,1958,8(1):1-11.

# 第3章 关于 Erdös 和 Ivić 的一个问题

## §1 引　言

令 $\omega(n)$ 表示正整数 $n>1$ 的不同素因子的个数，$\Omega(n)$ 表示正整数 $n>1$ 的全部素因子的个数. Erdös 和 Ivić 在[1]中证明了，对 $x \geqslant x_0$ 和某两个常数 $0<C_2<C_1$，有

$$x\exp\{-C_1(\log x\log_2 x)^{1/2}\}$$
$$\leqslant \sum_{2\leqslant n\leqslant x} n^{-1/\omega(n)}$$
$$\leqslant x\exp\{-C_2(\log x\log_2 x)^{1/2}\}$$

（其中 $\log_2 x=\log\log x$）及对 $x \geqslant x_0$ 和某两个常数 $0<C_4<C_3$，有

$$x\exp\{-C_3(\log x)^{1/2}\}$$
$$\leqslant \sum_{2\leqslant n\leqslant x} n^{-1/\Omega(n)}$$
$$\leqslant x\exp\{-C_4(\log x)^{1/2}\}$$

他们在[1]中还进一步提出猜测，对某两个常数 $C_5, C_6 > 0$，有

$$\sum_{2\leqslant n\leqslant x} n^{-1/\omega(n)} = x\exp\{-(C_5+o(1))(\log x\log_2 x)^{1/2}\} \tag{1}$$

$$\sum_{2\leqslant n\leqslant x} n^{-1/\Omega(n)} = x\exp\{-(C_6+o(1))(\log x)^{1/2}\} \tag{2}$$

北京师范大学的宣体佐教授于 1989 年给出式(2)左端的和的渐近式及式(1)左端的和的对数的渐近式，即证明了下述两个定理：

**定理 1**

$$\sum_{2\leqslant n\leqslant x} n^{-1/\Omega(n)} = \frac{C\sqrt{\pi}}{(\log 2)^{3/4}} n(\log x)^{5/4} \cdot \exp\{-2(\log 2\cdot\log x)^{1/2}\} \left(1+O\left(\frac{1}{(\log x)^{1/4}}\right)\right)$$

其中

$$C=\frac{1}{4}\prod_{p>2}\left(1+\frac{1}{p(p-2)}\right)=0.378\ 694 \tag{3}$$

**定理 2**

$$\sum_{2\leqslant n\leqslant x} n^{-1/\omega(n)} = x\exp\left\{-\sqrt{2}(\log x\log_2 x)^{1/2}+O\left(\left(\frac{\log x}{\log_2 x}\right)^{1/2}\cdot\log_3 x\right)\right\}$$

下文中如无特别声明，$x$ 总表示充分大的正数，并采用下面的记号

$$N(x,k)=|\{n\leqslant x \mid \Omega(n)=k\}|$$

$$A=x\exp\{-10(\log x)^{1/2}\}$$

$$B=x\exp\{-10(\log x\log_2 x)^{1/2}\}$$

$$H = (\log x)^{1/2}$$
$$L = \left(\frac{\log x}{\log_2 x}\right)^{1/2}$$
$$M = (\log_2 \cdot \log x)^{1/2}$$
$$N = \left(\frac{\log x}{\log 2}\right)^{1/2}$$

## §2　定理的证明

为了证明定理 1,我们需要下面的引理:

**引理**　对于 $x \geqslant 3$ 和 $5\log_2 x \leqslant k \leqslant \frac{\log x}{\log 2}$,一致地成立

$$N(x,k) = C\left(\frac{x}{2^k}\right)\left\{\log\left(\frac{x}{2^k}\right) + O\left(\log_2\left(\frac{3x}{2^k}\right)\right)\right\}$$

其中 $C$ 的定义见式(3).

**定理 1 的证明**　利用[1]中的式(2.9),有

$$\sum_{n \leqslant x, \Omega(n) \geqslant k} 1 \ll x \cdot 2^{-k/4} \quad (k \geqslant (\log_2 x)^2)$$

其中"$\ll$"号中所包含的常数对 $k$ 和 $x$ 是一致的,我们可得

$$\sum_{n \leqslant x, \Omega(n) > 40H} n^{-1/\Omega(n)} \ll x\mathrm{e}^{-4H}$$

又因为

$$\sum_{A < n \leqslant x, \Omega(n) \leqslant 0 < 0.1H} n^{-1/\Omega(n)} \ll A^{-10H} \sum_{A < n < x} 1 \ll x\mathrm{e}^{-4H}$$

于是有

$$\begin{aligned} W := & \sum_{2 \leqslant n \leqslant x} n^{-1/\Omega(n)} \\ = & \sum_{A < n \leqslant x, 0.1H < \Omega(n) < 40H} n^{-1/\Omega(n)} + O(x\mathrm{e}^{-4H}) \end{aligned}$$

$$=W'+O(x\mathrm{e}^{-4H})$$

由引理可得

$$N(n,k)=C\left(\frac{n}{2^k}\right)\log\left(\frac{n}{2^k}\right)+r_n$$

其中

$$r_n=O\left(\frac{n}{2^k}\log_2\left(\frac{3n}{2^k}\right)\right)$$

于是

$$\begin{aligned}W'&=\sum_{0.1<k\leqslant 40H}\sum_{A<n\leqslant x}n^{-1/k}(N(n,k)-N(n-1,k))\\&=C\sum_{N<k\leqslant 40H}2^{-k}\sum_{A<n\leqslant x}n^{-1/k}\log n+\\&\quad C\sum_{0.1H<k\leqslant N}2^{-k}\sum_{A<n\leqslant x}n^{-1/k}\log n+\\&\quad \sum_{0.1H<k\leqslant 40H}\sum_{A<n\leqslant x}n^{-1/k}(r_n-r_{n-1})+\\&\quad O\left(\sum_{0.1H<k\leqslant 40H}k\cdot 2^{-k}\sum_{A<n\leqslant x}n^{-1/k}\right)\\&=W_1+W_2+W_3+O(W_4)\end{aligned}\tag{4}$$

下面我们主要对 $W_1$ 做出详细的估计，我们用积分估计 $W_1$. 由华罗庚教授的书[3]，第五章的定理 8.2 得

$$\begin{aligned}&\sum_{A<n\leqslant x}n^{-1/k}\log n\\&=\int_A^x z^{-1/k}\log z\mathrm{d}z+O(A^{-1/k}\log x)\\&=x\log x\cdot x^{-1/k}\left(1+O\left(\frac{1}{H}\right)\right)\end{aligned}$$

于是

$$W_1=Cx\log x\sum_{N<k\leqslant 40H}2^{-k}x^{-1/k}\left(1+O\left(\frac{1}{H}\right)\right)\tag{5}$$

再次利用上述方法估计 $W_1$ 中的和,可得

$$\sum := \sum_{N<k\leqslant 40H} 2^{-k} x^{-1/k}$$
$$= \int_N^{40H} 2^{-z} x^{-1/z} \mathrm{d}z + O(\mathrm{e}^{-2M}) \qquad (6)$$

在上面的积分中令 $z=Nu^2$,并把所得积分换成广义积分可得

$$\sum = N\int_1^{\infty} \exp\left\{-M\left(u^2+\frac{1}{u^2}\right)\right\} \cdot 2u\mathrm{d}u + O(\mathrm{e}^{-2M})$$

再令 $\sqrt{M}\left(u-\frac{1}{u}\right)=v$,则得

$$\sum = N\mathrm{e}^{-2M}\int_0^{\infty} \mathrm{e}^{-v^2}\left(\frac{v}{M}+\frac{v^2+2M}{M\sqrt{v^2+4M}}\right)\mathrm{d}v + O(\mathrm{e}^{-2M})$$

由 Lagrange 中值定理可得

$$\left|\frac{1}{\sqrt{v^2+4M}}-\frac{1}{2\sqrt{M}}\right| \leqslant \frac{v^2}{2M^{3/2}}$$

于是

$$\sum = \frac{N}{\sqrt{M}}\mathrm{e}^{-2M}\left\{\int_0^{\infty}\mathrm{e}^{-v^2}\mathrm{d}v + O\left(\frac{1}{\sqrt{M}}\int_0^{\infty}\mathrm{e}^{-v^2}v\mathrm{d}v\right)\right\}$$
$$= \frac{\sqrt{\pi}}{2}\cdot\frac{N}{\sqrt{M}}\mathrm{e}^{-2M}\left(1+O\left(\frac{1}{\sqrt{M}}\right)\right) \qquad (7)$$

由式(5) ~ (7) 即得

$$W_1 = \frac{C\sqrt{\pi}}{2(\log 2)^{3/4}} x(\log x)^{5/4}\exp\{-2(\log 2\log x)^{1/2}\}\cdot \left(1+O\left(\frac{1}{(\log x)^{1/4}}\right)\right)$$

用类似的方法估计式(4) 中的 $W_2$,可以得到同 $W_1$ 完全相同的估计.此外不难估计式(4) 中的 $W_3$ 和 $W_4$,它们都不超过 $O(x(\log x)^{3/4}\mathrm{e}^{-2M})$,于是定理 1 得证.

**定理 2 的证明**　我们需要用到 Hardy 和 Ramanujan 的一个经典不等式(参看[4],p. 265)

$$\sum_{n\leqslant x,\omega(n)=k}1<E\frac{x}{\log x}\frac{(\log_2 x+F)^k}{k!} \tag{8}$$

其中 $E,F>0$ 是绝对常数. 由式(8) 可得

$$\begin{aligned}\sum_{n\leqslant x,\omega(n)>k}1 &\ll x\sum_{s\geqslant k}\exp\{s\log_3 x-s\log s+O(s)\}\\ &\ll x\exp\{-k\log k+O(k\log_3 x)\}\end{aligned} \tag{9}$$

由式(9) 可得

$$\sum_{n\leqslant x,\omega(n)>10L}n^{-1/\omega(n)}\ll x\exp\{-4(\log x\log_2 x)^{1/2}\}$$

于是得到

$$\begin{aligned}T:&=\sum_{2\leqslant n\leqslant x}n^{-1/\omega(n)}\\ &=\sum_{B<n<x,0.1L<\omega(n)<10L}n^{-1/\omega(n)}+\\ &\quad O(x\exp\{-4(\log x\log_2 x)^{1/2}\})\\ &=T'+O(x\exp\{-4(\log x\log_2 x)^{1/2}\})\end{aligned}$$

下面估计 $T'$,由式(9) 可得

$$\begin{aligned}&T'\\ &\ll\sum_{0.1L\leqslant k\leqslant 10L}\exp\left\{-\frac{1}{k}\log B\right\}\sum_{B\leqslant x,\omega(n)=k}1\\ &\ll\sum_{0.1L\leqslant k\leqslant 10L}x\exp\left\{-\frac{1}{k}\log x-\frac{k}{2}\log_2 x+\right.\\ &\quad\left.O\left(\left(\frac{\log x}{\log_2 x}\right)^{1/2}\log_3 x\right)\right\}\\ &\ll\max_{0.1L\leqslant z\leqslant 10L}x\exp\left\{-\frac{1}{z}\log x-\frac{z}{2}\log_2 x+\right.\\ &\quad\left.O\left(\left(\frac{\log x}{\log_2 x}\right)^{1/2}\log_3 x\right)\right\}\cdot 10L\end{aligned}$$

取 $z=\sqrt{2}L$,即得

$$T' \ll x\exp\left\{-\sqrt{2}(\log x\log_2 x)^{1/2} + O\left(\left(\frac{\log x}{\log_2 x}\right)^{1/2}\log_3 x\right)\right\}$$

这也就是 $T$ 的上界估计式.

为了得到 $T$ 的下界估计式,我们注意到,对 $m$ 个正数来说,其几何平均总不能超过其算术平均,于是有

$$n^{1/\omega(n)} < \frac{B_1(n)}{\omega(n)} \quad (B_1(n) = \sum_{p^\alpha \| n} p^\alpha)$$

再利用[5]中的一个结果,即得 $T$ 的下界估计式

$$\begin{aligned} T &= \sum_{2\leqslant n\leqslant x} n^{-1/\omega(n)} \\ &\geqslant \sum_{2\leqslant n\leqslant x} \frac{1}{B_1(n)} \\ &= x\exp\left\{-\sqrt{2}(\log x\log_2 x)^{1/2} + O\left(\left(\frac{\log x}{\log_2 x}\right)^{1/2}\log_3 x\right)\right\} \end{aligned}$$

这样就完成了定理 2 的证明.

## 参考文献

[1]Erdös P,Ivíc A. On sums involving reciprocals of certain arithmetical functions[J]. Publs. Inst. Math.(Belgrade),1982,32(46):49-56.

[2]NICOLAS J L. Sur la distribution des nombres entiers ayant une quantité fíxce de facteurs premiers[J]. Acta Arith. 1984(44):191-200.

[3]华罗庚. 数论导引[M]. 北京:科学出版社,1957.

[4] RAMANUJAN S. Collected papers[M]. New York: Chelsea,1962.

[5]宣体佐. 关于一类可加数论函数的倒数和[J]. 数学杂志,1985,5:33-40.

# 一个新的数论函数及其值分布

# 第4章

## §1　引言及结论

对任意正整数 $n$，Smarandache 可乘函数 $U(n)$ 定义为 $U(1)=1$. 当 $n>1$ 且 $n=p_1^{\alpha_1}p_2^{\alpha_2}\cdots p_s^{\alpha_s}$ 为 $n$ 的标准素因子分解式时

$$U(n)=\max\{\alpha_1\cdot p_1,\alpha_2\cdot p_2,\cdots,\alpha_s\cdot p_s\}$$

关于函数 $U(n)$ 的初等性质，不少学者进行了研究，获得了许多有趣的结果. 例如，徐哲峰博士在文[3]中研究了 $U(n)$ 的值分布性质，并证明了渐近公式

$$\sum_{n\leqslant x}(U(n)-P(n))^2=\frac{2\zeta\left(\frac{3}{2}\right)x^{\frac{3}{2}}}{3\ln x}+O\left(\frac{x^{\frac{3}{2}}}{\ln^2 x}\right)$$

其中 $P(n)$ 表示 $n$ 的最大素因子，$\zeta(s)$ 为 Riemann $\zeta-$函数.

在一篇未发表的文章中，潘晓玮证明了方程 $\sum_{d|n}U(d)=n$ 有且仅有两个正整数解 $n=1$ 及 28，其中 $\sum_{d|n}$ 表示对 $n$ 的所有正因数求和.

现在，我们定义一个新的数论函数 $V(n)$ 如下：$V(1)=1$. 当 $n>1$ 且 $n=p_1^{\alpha_1}p_2^{\alpha_2}\cdots p_s^{\alpha_s}$ 为 $n$ 的标准素因子分解式时，$V(n)=\min\{\alpha_1\cdot p_1,\alpha_2\cdot p_2,\cdots,\alpha_s\cdot p_s\}$.

这个函数的前几项值是 $V(1)=1$，$V(2)=2$，$V(3)=3$，$V(4)=4$，$V(5)=5$，$V(6)=2$，$V(7)=7$，$V(8)=6$，$V(9)=6$，$V(10)=2$，$V(11)=11$，$V(12)=3$，$V(13)=13$，$V(14)=2$，$V(15)=3$，$\cdots$. 关于函数 $V(n)$ 的初等性质，目前似乎没有人研究，至少我们还没有看到过有关这方面的文献. 显然函数 $V(n)$ 是 $U(n)$ 的对偶函数，所以我们认为 $V(n)$ 和 $U(n)$ 应该具有很多相似的性质. 咸阳职业技术学院教育科学系的沈虹教授 2007 年利用初等方法研究函数 $V(n)$ 的值分布问题，并给出两个较强的渐近公式. 具体地说，也就是证明下面的：

**定理 1** 设 $k$ 为任意给定的正整数. 对任意实数 $x>1$，我们有渐近公式

$$\sum_{n\leqslant x}(V(n)-P(n))^2=x^{\frac{3}{2}}\cdot\sum_{i=1}^{k}\frac{c_i}{\ln^i x}+O\left(\frac{x^{\frac{3}{2}}}{\ln^{k+1}x}\right)$$

其中 $p(n)$ 表示 $n$ 的最小素因子，$c_i(i=1,2,\cdots,k)$ 是常

数,$c_1=\frac{2}{3}$.

**定理 2**　设 $k$ 为任意给定的正整数. 对任意实数 $x>1$,我们也有

$$\sum_{n\leqslant x}V(n)=x^2\cdot\sum_{i=1}^{k}\frac{d_i}{\ln^i x}+O\left(\frac{x^2}{\ln^{k+1}x}\right)$$

其中 $d_i(i=1,2,\cdots,k)$ 是常数,$d_1=\frac{1}{2}$.

## §2　定理的证明

这节我们直接给出定理的证明. 首先证明定理 1. 事实上,对任意给定的正整数 $k$ 及任意正整数 $n>1$,设 $n=p_1^{\alpha_1}p_2^{\alpha_2}\cdots p_s^{\alpha_s}$ 表示 $n$ 的标准素因子分解式. 我们把所有正整数 $n\in[1,x]$ 分为如下两个集合 $A$ 和 $B$.

$A$:$w(n)=1$,即 $A$ 是所有 $n=p^\alpha\leqslant x$ 的集合,其中 $p$ 是素数,$\alpha$ 是任意正整数.

$B$:$w(n)\geqslant 2$,其中 $w(n)$ 表示 $n$ 的所有不同的素因子的个数.

由 $A$ 和 $B$ 的定义,我们有

$$\sum_{n\leqslant x}(V(n)-P(n))^2$$
$$=1+\sum_{n\in A}(V(n)-P(n))^2+\sum_{n\in B}(V(n)-P(n))^2 \quad (1)$$

很显然 $n\in A$,则 $n=p^\alpha$,$V(n)=\alpha\cdot p$. 因此

$$\sum_{n\in A}(V(n)-P(n))^2$$
$$=\sum_{p^\alpha\leqslant x}(\alpha\cdot p-p)^2$$

$$= \sum_{2 \leqslant \alpha \leqslant \ln x} \sum_{p \leqslant x^{\frac{1}{\alpha}}} (\alpha \cdot p - p)^2$$

$$= \sum_{p \leqslant \sqrt{x}} p^2 + \sum_{2 < \alpha \leqslant \ln x} \sum_{p \leqslant x^{\frac{1}{\alpha}}} (\alpha \cdot p - p)^2 \tag{2}$$

由阿贝尔求和公式及素数定理(参阅文[5]中的定理 4.2 及文[7]中的定理 3.2)可得

$$\pi(x) = \sum_{p \leqslant x} 1 = \sum_{i=1}^{k} \frac{a_i \cdot x}{\ln^i x} + O\left(\frac{x^2}{\ln^{k+1} x}\right) \tag{3}$$

其中 $a_i (i=1,2,\cdots,k)$ 是常数,$a_1 = 1$.

于是有

$$\sum_{p \leqslant \sqrt{x}} p^2 = x \cdot \pi(\sqrt{x}) - 2\int_{\frac{3}{2}}^{\sqrt{x}} y \cdot \pi(y) \mathrm{d}y$$

$$= \sum_{i=1}^{k} \frac{a_i \cdot x^{\frac{3}{2}}}{\ln^i \sqrt{x}} + O\left(\frac{x^{\frac{3}{2}}}{\ln^{k+1} x}\right) -$$

$$2\int_{\frac{3}{2}}^{\sqrt{x}} \left[\sum_{i=1}^{k} \frac{a_i \cdot y^2}{\ln^i y} + O\left(\frac{y^2}{\ln^{k+1} y}\right)\right] \mathrm{d}y$$

$$= x^{\frac{3}{2}} \cdot \sum_{i=1}^{k} \frac{c_i}{\ln^i x} + O\left(\frac{x^{\frac{3}{2}}}{\ln^{k+1} x}\right) \tag{4}$$

这里 $c_i (i=1,2,\cdots,k)$ 是常数,$c_1 = \frac{2}{3}$.

同理,我们有

$$\sum_{2 < \alpha \leqslant \ln x} \sum_{p \leqslant x^{\frac{1}{\alpha}}} (\alpha \cdot p - p)^2$$

$$\leqslant \sum_{2 < \alpha \leqslant \ln x} \sum_{p \leqslant x^{\frac{1}{3}}} (\alpha - 1)^2 \cdot p^2$$

$$\ll x^{\frac{2}{3}} \cdot \pi(x^{\frac{1}{3}}) \cdot \ln^3 x$$

$$\ll x \cdot \ln^2 x \tag{5}$$

结合式(2)(4)和(5)可得

$$\sum_{n\in A}(V(n)-p(n))^2=x^{\frac{3}{2}}\cdot\sum_{i=1}^{k}\frac{c_i}{\ln^i x}+O\left(\frac{x^{\frac{3}{2}}}{\ln^{k+1}x}\right)\tag{6}$$

现在我们来估计(1)中的主要误差项. 对任意正整数 $n\in B$, 设 $n=p_1^{\alpha_1}p_2^{\alpha_2}\cdots p^{\alpha_s}$ 是 $n$ 的标准素因子分解式时, 则 $s\geqslant 2$. 当 $\alpha_1=1$ 时, 有 $(V(n)-p(n))^2=(p_1-p_1)^2=0$. 若 $(V(n)-p(n))^2\neq 0$, 则有 $\alpha_1\geqslant 2$, $V(n)\leqslant\alpha_1\cdot p_1$. 于是, 我们有

$$\begin{aligned}&\sum_{n\in B}(V(n)-p(n))^2\\&=\sum_{\substack{p_1^{\alpha}m\leqslant x\\ \alpha\geqslant 2,p(m)>p_1}}(V(p_1^{\alpha}\cdot m)-p_1)^2\\&\ll\sum_{2\leqslant\alpha\leqslant\ln x}\sum_{p_1\leqslant x^{\frac{1}{\alpha+1}}}\sum_{p_1<m\leqslant\frac{x}{p_1^{\alpha}}}\leqslant\frac{x}{p_1^{\alpha}}(\alpha\cdot p_1-p_1)^2\\&\ll\sum_{2\leqslant\alpha\leqslant\ln x}\sum_{p_1\leqslant x^{\frac{1}{\alpha+1}}}\alpha^2p_1^2\cdot\frac{x}{p_1^{\alpha}}\\&\ll x^{\frac{4}{3}}\cdot\ln^2x\end{aligned}\tag{7}$$

结合(1)(6)和(7), 我们立刻得到 $\sum_{n\leqslant x}(V(n)-p(n))^2=x^{\frac{3}{2}}\cdot\sum_{i=1}^{k}\frac{c_i}{\ln^i x}+O\left(\frac{x^{\frac{3}{2}}}{\ln^{k+1}x}\right)$, 其中 $c_i(i=1,2,\cdots,k)$ 是常数, $c_1=\frac{2}{3}$. 于是证明了定理 1.

现在我们证明定理 2. 显然对任意素数 $p$, 我们有 $V(p)=p$. 所以由式(3)我们有

$$\begin{aligned}&\sum_{n\leqslant x}V(n)\\&=\sum_{p\leqslant x}V(p)+\sum_{\substack{p^{\alpha}\leqslant x\\ \alpha\geqslant 2}}V(p^{\alpha})+\sum_{\substack{p_1^{\alpha}m\leqslant x\\ \alpha\geqslant 1,p(m)>p_1}}V(p_1^{\alpha},m)\end{aligned}$$

$$=\sum_{p\leqslant x}p+O\Big(\sum_{2\leqslant\alpha\leqslant\ln x}\sum_{p\leqslant x^{\frac{1}{\alpha}}}\alpha\cdot p\Big)+$$

$$O\Big(\sum_{\alpha\leqslant\ln x}\sum_{p\leqslant x^{\frac{1}{\alpha+1}}}\sum_{m\leqslant\frac{x}{p^{\alpha}}}\alpha\cdot p\Big)$$

$$=x\cdot\pi(x)-\int_{\frac{3}{2}}^{x}\pi(y)\mathrm{d}y+(x^{\frac{3}{2}}\cdot\ln x)$$

$$=\sum_{i=1}^{k}\frac{a_i\cdot x^2}{\ln^i x}+O\left(\frac{x^2}{\ln^{k+1}x}\right)-$$

$$\int_{\frac{3}{2}}^{x}\left[\sum_{i=1}^{k}\frac{a_i\cdot y}{\ln^i y}+O\left(\frac{y}{\ln^{k+1}y}\right)\right]\mathrm{d}y$$

$$=x^2\cdot\sum_{i=1}^{k}\frac{d_i}{\ln^i x}+O\left(\frac{x^2}{\ln^{k+1}x}\right)$$

其中 $d_1(i=1,2,\cdots,k)$ 是常数,$d_1=\frac{1}{2}$. 这样便完成了定理 2 的证明.

## 参考文献


[1] SMARANDACHE F. Only problems, not solutions[M]. Chicago: Xiquan Publishing House, 1993.

[2] BALACENOIU L, SELEACU V. History of the Smarandache function[J]. Smarandache notions journal, 1999, 10: 192-201.

[3] 徐哲峰. Smarandache 函数的值分布性质[J]. 数学学报, 2006, 49(5): 1009-1012.

[4] LE M H. An equation concerning the Smarandache LCM function [J]. Smarandache notions joural, 2004, 14: 186-188.

[5] TOM M A. Introduction to analytic number theory[M]. New York: Springer-Verlag, 1976.

[6] LV Z T. On the F. Smarandache LCM function and its mean value[J]. Scientia magna, 2007, 3(1): 22-25.

[7] 潘承洞, 潘承彪. 素数定理的初等证明[M]. 上海: 上海科学技术出版社, 1988.

# 第5章 方程 $\sum_{d|n} SL(d)=\varphi(n)$ 的可解性

## §1 引言及结论

数论学家 Smarandache 在其 *Only Problems, Not Solutions* 一书中定义了 Smarandache LCM 函数. Smarandache LCM 函数的定义为 $SL(n)=\min\{k\in\mathbf{Z}^*:n\mid[1,2,\cdots,k]\}$,表示使得 $n\mid[1,2,\cdots,k]$ 成立的最小正整数 $k$,其中 $[1,2,\cdots,k]$ 表示 $1,2,\cdots,k$ 的最小公倍数. 按定义,记 $n=\prod_{i=1}^{s}p_i^{\alpha_i}$, 则 $SL(n)=\max\{p_1^{\alpha_1}, p_2^{\alpha_2},\cdots,p_s^{\alpha_s}\}$. 而 Euler 函数 $\varphi(n)$ 是数论中重要的函数之一,其定义为序列 $1,2,\cdots,n$ 中与 $n$ 互素的数的个数,记

$n=\prod_{i=1}^{s}p_i^{a_i}$，则 $\varphi(n)=n\prod_{i=1}^{s}\left(1-\frac{1}{p_i}\right)$. 令 $\omega(n)$ 表示 $n$ 的不同素因子的个数，若 $n=\prod_{i=1}^{s}p_i^{a_i}$，则 $w(n)=s$. 很多学者对函数 SL($n$) 和 $\varphi(n)$ 的性质和相关方程进行了研究，如文[3]研究了方程 $S(\mathrm{SL}(n^{11,12}))=\varphi_2(n)$ 的可解性，文[6]研究了方程 $Z(n)=\varphi_e(\mathrm{SL}(n))$ 的可解性，文[4]研究了方程 $\varphi_2(n)=S(\mathrm{SL}(n^k))$ 的可解性等. 张文鹏[5]建议研究数论函数方程

$$\sum_{d\mid n}\mathrm{SL}(d)=\varphi(n) \tag{1}$$

的可解性问题. 阿坝师范学院应用数学研究所的李昌吉教授 2022 年结合 SL($n$) 函数和 $\varphi(n)$ 函数的性质，利用初等方法给出了方程(1) 在 $n$ 为奇数时的全部正整数解. 本章的主要结论是：

**定理** 当 $n$ 为奇数时，方程(1) 有且仅有两个正整数解 $n=1,63$.

## §2 引 理

以下我们用 $d(n)$ 表示正整数 $n$ 的正因数的个数.

**引理 1**[2] 对任意的奇正整数 $n$，不等式 $8d(n)>\varphi(n)$ 成立当且仅当

$$n=1,3,5,7,9,11,13,15,21,27,33,35,39,45,63,105$$

**引理 2** 对于 $d(n)$，我们有：

(1) 对任意正整数 $n>12\ 600$，有 $d(n)\leqslant n^{\frac{9}{20}}$；(2) 当正奇数 $n>135\ 135$ 时，有 $d(n)\leqslant n^{\frac{7}{20}}$.

**证明** (1) 参见[1]的引理 1.

(2) 令 $g(n)=\frac{n^{\frac{7}{20}}}{d(n)}$,易知 $g(n)$ 是积性函数.

当素数 $p\geqslant 5,\alpha\geqslant 1$ 时,将 $g(p^{\alpha})$ 分别看作 $\alpha$ 的函数和 $p$ 的函数,则二者均为增函数.若 $5\leqslant p\leqslant 7$,则当 $\alpha=1$ 时,有 $0<g(p^{\alpha})<1$,当 $\alpha\geqslant 2$ 时,有 $g(p^{\alpha})>1$,当 $p\geqslant 11,\alpha\geqslant 1$ 时,有 $g(p^{\alpha})>1$.当素数 $p=3,\alpha\geqslant 2$ 时,$g(3^{\alpha})$ 对 $\alpha$ 是增函数.若 $1\leqslant\alpha\leqslant 4$,则 $0<g(p^{\alpha})<1$,若 $\alpha\geqslant 5$,则 $g(p^{\alpha})>1$.所以 $g(n)_{\min}=g(3^2\cdot 5\cdot 7)=g(315)$.

令 $n=315n_1$,经验证,当 $n_1$ 至少含有因子 $3^4,5^3,3^{\alpha}\cdot 5^{\beta}\cdot 7^{\gamma}(\alpha+\beta+\gamma\geqslant 4),p_1(p_1\geqslant 29),p_2^2(p_2\geqslant 7),3p_3(p_3\geqslant 23),5p_4$ 或 $11p_4(p_4\geqslant 19),7p_5(p_5\geqslant 13),p_5p_6(p_6\geqslant 13)$ 时,有 $g(315n_1)>1$.在剩下的所有正奇数中,$n$ 至多含有 5 个不超过 17 的素因子,经检验,$n=3^3\cdot 5\cdot 7\cdot 11\cdot 13=135\ 135$ 是满足 $g(n)<1$ 的最大正奇数.

**引理 3**　对任意正奇数 $n<12\ 600$,有 $\varphi(n)\geqslant\frac{32}{77}n$.

**证明**　当正奇数 $n<12\ 600$ 时,有 $w(n)\leqslant 4$,所以

$$\begin{aligned}\varphi(n)&=n\prod_{i=1}^{k}\left(1-\frac{1}{p_i}\right)\\&\geqslant n\left(1-\frac{1}{3}\right)\left(1-\frac{1}{5}\right)\left(1-\frac{1}{7}\right)\left(1-\frac{1}{11}\right)\\&=\frac{32}{77}n\end{aligned}$$

引理证毕.

**引理 4**　当正奇数 $n>5\ 775$ 时,有 $\varphi(n)>n^{\frac{9}{10}}$.

**证明** 令 $f(n)=\frac{\varphi(n)}{n^{\frac{9}{20}}}$，可知 $f(n)$ 是积性函数. 当素数 $p\geqslant 3,\alpha\geqslant 1$ 时，将 $f(p^{\alpha})$ 分别看作 $\alpha$ 的函数和 $p$ 的函数，则二者均为增函数. 当 $p\geqslant 7,\alpha\geqslant 1$ 时，有 $f(p^{\alpha})>1$；当 $\alpha\geqslant 2$ 时，有 $f(5^{\alpha})>1$；当 $\alpha=1$ 时，有 $0<f(5^{\alpha})<1$；当 $1\leqslant\alpha\leqslant 3$ 时，有 $0<f(3^{\alpha})<1$；当 $\alpha\geqslant 4$ 时，有 $f(3^{\alpha})>1$. 易知 $f(n)_{\min}=f(3\cdot 5)=f(15)$. 令 $n=15n_1$，可验证，当 $n_1$ 至少含有因子 $3^4,5^3$，$p_1(p_1\geqslant 47)$，$p_2^2(p_2\geqslant 11)$，$3p_3(p_3\geqslant 23)$，$5p_4$ 或 $11p_4(p_4\geqslant 17)$，$7p_5(p_5\geqslant 37)$，$p_4p_6(p_6\geqslant 13)$ 时，有 $f(15n_1)>1$. 在余下的所有正奇数中，$n$ 至多含有 4 个小于或等于 43 的素因子，经检验，$n=3\cdot 5^2\cdot 7\cdot 11=5\ 775$ 是满足 $f(n)<1$ 的最大奇数.

## §3 定理的证明

若 $n=1$，则有 $\sum_{d\mid n}\mathrm{SL}(d)=\varphi(n)=1$，故 $n=1$ 是方程(1) 的解.

**情形 1** 当 $n$ 仅有一个素因子时，设 $n=p^{\alpha},\alpha\geqslant 1$，此时

$$\begin{aligned}\sum_{d\mid n}\mathrm{SL}(d)&=\mathrm{SL}(1)+\mathrm{SL}(p)+\cdots+\mathrm{SL}(p^{\alpha})\\&=1+p+\cdots+p^{\alpha}>p^{\alpha}-p^{\alpha-1}=\varphi(n)\end{aligned}$$

所以方程(1) 无解.

**情形 2** 当 $n$ 无平方因子时，设 $n=\prod_{i=1}^{k}p_i(p_1<$

$p_2 < \cdots < p_k, k \geqslant 2$），此时 $\varphi(n) = \prod_{i=1}^{k}(p_i - 1)$. 我们有

$$\sum_{d|n} SL(d) = SL(1) + \sum_{i=1}^{k} SL(p_i) + \sum_{1 \leqslant i < j \leqslant k} SL(p_i p_j) + \sum_{1 \leqslant i < j < l \leqslant k} SL(p_i p_j p_l) + \cdots + SL\left(\prod_{i=1}^{k} p_i\right)$$
$$= SL(1) + SL(p_1) + \sum_{m_1 | p_1} SL(m_1 p_2) + \sum_{m_2 | p_1 p_2} SL(m_2 p_3) + \sum_{m_3 | p_1 p_2 p_3} SL(m_3 p_4) + \cdots + \sum_{m_{k-1} | p_1 p_2 \cdots p_{k-1}} SL(m_{k-1} p_k)$$
$$= 1 + p_1 + 2p_2 + 4p_3 + \cdots + 2^{k-1} p_k$$
$$= 1 + \sum_{i=1}^{k} 2^{i-1} p_i$$

设 $p_i = 2a_i + 1, i = 1, 2, \cdots, k, 1 \leqslant a_1 < a_2 < \cdots < a_k$，则

$$\sum_{d|n} SL(d) = 1 + \sum_{i=1}^{k} 2^{i-1} p_i = 1 + \sum_{i=1}^{k} 2^{i-1}(2a_i + 1)$$
$$= 1 + \sum_{i=1}^{k} 2^i a_i + \sum_{i=1}^{k} 2^{i-1} = 2^k + \sum_{i=1}^{k} 2^i a_i$$

情形 2.1：若 $k \geqslant 3$，则

$$\sum_{d|n} SL(d) = 2^k + \sum_{i=1}^{k} 2^i a_i = 2^k + \sum_{i=1}^{k-1} 2^i a_i + 2^k a_k < 2^k(2a_k + 1)$$

而

$$\varphi(n) = \prod_{i=1}^{k}(p_i - 1) = \prod_{i=1}^{k} 2a_i = 2^k \prod_{i=1}^{k} a_i > 2^k(2a_k + 1)$$

推出 $\varphi(n) > \sum_{d|n} SL(d)$ 这一矛盾.

情形 2.2：若 $k=2, a_1>1$，则 $\sum_{d|n} SL(d)=4+2a_1+4a_2<4a_2\cdot 2\leqslant 2a_1\cdot 2a_2=\varphi(n)$，也不适合方程(1).

情形 2.3：若 $k=2, a_1=1$，则 $\sum_{d|n} SL(d)=6+4a_2>4a_2=2a_1\cdot 2a_2=\varphi(n)$，此时方程(1)同样无解.

**情形 3** 由上述讨论，我们当前考虑 $SL(n)=p^\alpha$. 不妨设 $n=p^\alpha n_1$，$(p,n_1)=1$，$n_1\geqslant 3$.

情形 3.1：若 $\alpha=1$，则 $p$ 是 $n$ 的最大素因子，所以

$$\begin{aligned}\sum_{d|n} SL(d) &= \sum_{d|p} SL(d)+\sum_{d|n_1,d>1} SL(d)+\sum_{d|n_1,d>1} SL(dp)\\ &=\sum_{d|n_1} p+\sum_{d|n_1} SL(d)=d(n_1)p+\sum_{d|n_1} SL(d)\\ &<2d(n_1)p\end{aligned}$$

又 $\varphi(n)=(p-1)\varphi(n_1)$，从方程(1)得到 $2d(n_1)p>(p-1)\varphi(n_1)$，即 $3>\frac{2p}{p-1}>\frac{\varphi(n_1)}{d(n_1)}$.

由引理 1 知，此时 $n_1$ 可能取 3，5，9，15.

当 $n_1=3$ 时，$n=3p$，方程(1)化为 $2p+4=2(p-1)$，矛盾，所以此时方程(1)无解.

当 $n_1=5$ 时，$n=5p$，方程(1)化为 $2p+6=4(p-1)$，故 $p=5$，经检验不符合方程(1).

类似地，可得到 $n_1=9,15$ 时，方程(1)无解.

由上述证明可知 $\alpha\geqslant 2$，接下来，依 $p^\alpha$ 与 $\frac{32}{77}n^{\frac{11}{20}}$ 的大小进行分类.

情形 3.2：若 $p^\alpha\leqslant\frac{32}{77}n^{\frac{11}{20}}$，按 $n$ 的取值分情况讨论如下.

当 $n>12\ 600$ 时，由引理 2 的(1) 知 $\sum\limits_{d|n}\mathrm{SL}(d)<d(n)p^{\alpha}<n^{\frac{9}{20}}\cdot p^{\alpha}\leqslant n^{\frac{9}{20}}\cdot\frac{32}{77}n^{\frac{11}{20}}=\frac{32}{77}n$. 若 $w(n)\geqslant 5$，显然有 $n>12\ 600$，此时令 $n>135\ 135$，由引理 2 的(2) 和引理 4 可知 $n^{\frac{9}{10}}<\varphi(n)=\sum\limits_{d|n}\mathrm{SL}(d)<d(n)p^{\alpha}<n^{\frac{7}{20}}\cdot p^{\alpha}\leqslant n^{\frac{7}{20}}\cdot\frac{32}{77}n^{\frac{11}{20}}=\frac{32}{77}n^{\frac{9}{10}}$，产生矛盾. 当 $w(n)\geqslant 5$ 且 $n\leqslant 135\ 135$ 时，$n$ 的可能值是 $3^3\cdot 5\cdot 7\cdot 11\cdot 13$，$5^2\cdot 3\cdot 7\cdot 11\cdot 13$，$45^2\cdot 3\cdot 7\cdot 11\cdot 17$，$5^2\cdot 3\cdot 7\cdot 11\cdot 19$，$7^2\cdot 3\cdot 5\cdot 11\cdot 13$. 当 $n=3^3\cdot 5\cdot 7\cdot 11\cdot 13=135\ 135$ 时，有 $\sum\limits_{d|3^3\cdot 5\cdot 7\cdot 11\cdot 13}\mathrm{SL}(d)<3^3d(n)=1\ 728<\varphi(135\ 135)=51\ 840$ 这一矛盾结果. 类似可得其余情况也无解. 由此，当 $w(n)\geqslant 5$ 时，方程(1) 无解. 若 $w(n)=4,3,2$，由引理 3 同理可得到 $\varphi(n)$ 分别大于或等于 $\frac{32}{77}n$ $\frac{16}{35}n$，$\frac{8}{15}n$，均与 $\varphi(n)=\sum\limits_{d|n}\mathrm{SL}(d)<\frac{32}{77}n$ 产生矛盾，所以此时方程(1) 无解.

当 $n<12\ 600$ 时，由 $p^{\alpha}\leqslant\frac{32}{77}n^{\frac{11}{20}}$，有 $p^{\alpha}<\sqrt{n}$，$p^{\alpha}<n_1$，所以 $p^{\alpha}\leqslant 112$，则 $p$ 可能取 3，5，7，相应 $p^{\alpha}$ 可能取 $3^2$，$3^3$，$3^4$，$5^2$，$7^2$，此时 $w(n_1)$ 较小，且 $n_1$ 所含最大素因子小于或等于 47，$n$ 的值是确定的，经计算，方程(1) 无解.

情形 3.3：若 $p^{\alpha}>\frac{32}{77}n^{\frac{11}{20}}$，得 $n_1<\frac{77}{32}p^{\frac{9}{11}\alpha}<3p^{\frac{9}{11}\alpha}\leqslant p^{\frac{9}{11}\alpha+1}$，又当 $d\mid n_1$ 时，有 $\mathrm{SL}(d)\leqslant n_1<p^{\frac{9}{11}\alpha+1}$，

则

$$\begin{aligned}
&p^{\alpha-1}(p-1)\varphi(n_1)\\
&=\varphi(n)=\sum_{d\mid n}\mathrm{SL}(d)\\
&=\sum_{i=0}^{\alpha}\sum_{d\mid n_1}\mathrm{SL}(d\cdot p^i)\\
&=\sum_{0\leqslant i\leqslant\frac{9\alpha}{11}+1}\sum_{d\mid n_1}\mathrm{SL}(d\cdot p^i)+\sum_{\frac{9\alpha}{11}+1<i\leqslant\alpha}\sum_{d\mid n_1}\mathrm{SL}(d\cdot p^i)\\
&<\left(1+\left[\frac{9\alpha}{11}+1\right]\right)p^{\frac{9\alpha}{11}+1}d(n_1)+\\
&\quad\left(\sum_{\left[\frac{9\alpha}{11}+1\right]+1<i\leqslant\alpha}p^i\right)d(n_1)
\end{aligned}$$

两边消去 $p^{\alpha-1}(p-1)$ 得

$$\begin{aligned}
&\varphi(n_1)\\
&<\left(\frac{1+\left[\frac{9\alpha}{11}+1\right]}{p^{\frac{2\alpha}{11}-2}(p-1)}+\frac{p^{\left[\frac{9\alpha}{11}+1\right]+3-\alpha}+\cdots+p^{-2}+p^{-1}+1+p}{p-1}\right)d(n_1)\\
&<\left(\frac{2+\frac{9\alpha}{11}}{p^{\frac{2\alpha}{11}-2}(p-1)}+\left(\frac{p}{p-1}\right)^2\right)d(n_1)\qquad(2)
\end{aligned}$$

情形 3.3.1：当 $p\geqslant 11,\alpha\geqslant 6$，或 $p=7,p=5,\alpha\geqslant 7$，或 $p=3,\alpha\geqslant 11$ 时，有

$$\left(\frac{2+\frac{9\alpha}{11}}{p^{\frac{2\alpha}{11}-2}(p-1)}+\left(\frac{p}{p-1}\right)^2\right)<8$$

所以由式(2) 得 $\dfrac{\varphi(n_1)}{d(n_1)}<8$.

由引理 1 可知，满足条件的 $n_1$ 仅有 3,5,7,9,11,13,15,21,27,33,35,39,45,63,105. 下面按 $n_1$ 的不同

取值进行检验.

（Ⅰ）当 $n_1=3$ 即 $n=3p^{\alpha}$ 时，有 $p\geqslant 5$，则

$$\begin{aligned}\sum_{d\mid n}SL(d)&=\sum_{d\mid 3p^{\alpha}}SL(d)=\sum_{d\mid p^{\alpha}}SL(d)+\sum_{d\mid p^{\alpha}}SL(3d)\\&=3-1+2\sum_{d\mid p^{\alpha}}SL(d)\\&=2+2\sum_{i=0}^{\alpha}p^{i}>2p^{\alpha-1}(p-1)=\varphi(n)\end{aligned}$$

所以此时方程(1)无解.

（Ⅱ）当 $n_1=5$ 即 $n=5p^{\alpha}$ 时：

(i) 若 $p=3$，则

$$\begin{aligned}\sum_{d\mid n}SL(d)&=\sum_{d\mid 5\cdot 3^{\alpha}}SL(d)=\sum_{d\mid 3^{\alpha}}SL(d)+\sum_{d\mid 3^{\alpha}}SL(5d)\\&=5-1+5-3+2\sum_{d\mid 3^{\alpha}}SL(d)\\&=8+2\sum_{d\mid 3^{\alpha},d>1}SL(d)=\varphi(n)=8\cdot 3^{\alpha-1}\end{aligned}$$

由于 $3\mid \sum\limits_{d\mid 3^{\alpha},d>1}SL(d)$，所以 $3\mid 8$，矛盾.此时方程(1)无解.

(ii) 若 $p\geqslant 7$，则

$$\begin{aligned}\sum_{d\mid n}SL(d)&=\sum_{d\mid 5\cdot p^{\alpha}}SL(d)=\sum_{d\mid p^{\alpha}}SL(d)+\sum_{d\mid p^{\alpha}}SL(5d)\\&=5-1+2\sum_{d\mid p^{\alpha}}SL(d)\\&=6+2\sum_{d\mid p^{\alpha},d>1}SL(d)=\varphi(n)=4p^{\alpha-1}(p-1)\end{aligned}$$

由于 $p\mid \sum\limits_{d\mid p^{\alpha},d>1}SL(d)$，所以 $p\mid 6$，矛盾.此时方程(1)无解.

（Ⅲ）当 $n_1=7$ 即 $n=7p^{\alpha}$ 时：

(i) 若 $p=3$,则

$$\sum_{d|n}\mathrm{SL}(d)=\sum_{d|7\cdot 3^{\alpha}}\mathrm{SL}(d)=\sum_{d|3^{\alpha}}\mathrm{SL}(d)+\sum_{d|3^{\alpha}}\mathrm{SL}(7d)$$
$$=7-1+7-3+2\sum_{d|3^{\alpha}}\mathrm{SL}(d)$$
$$=10+2\sum_{d|3^{\alpha}}\mathrm{SL}(d)=\varphi(n)=12\cdot 3^{\alpha-1}$$

整理得 $3^{\alpha}=9$,解得 $\alpha=2$,与 $\alpha\geqslant 11$ 矛盾.此时方程(1)无解.

(ii) 若 $p=5$,则

$$\sum_{d|n}\mathrm{SL}(d)=\sum_{d|7\cdot 5^{\alpha}}\mathrm{SL}(d)$$
$$=\sum_{d|5^{\alpha}}\mathrm{SL}(d)+\sum_{d|5^{\alpha}}\mathrm{SL}(7d)-7-1+7-5+2\sum_{d|5^{\alpha}}\mathrm{SL}(d)$$
$$=8+2\sum_{d|5^{\alpha}}\mathrm{SL}(d)=\varphi(n)=24\cdot 5^{\alpha-1}$$

整理得 $23\cdot 5^{\alpha-1}=15$,故 $\alpha$ 不存在.此时方程(1) 无解.

(iii) 若 $p\geqslant 11$,则

$$\sum_{d|n}\mathrm{SL}(d)=\sum_{d|7\cdot p^{\alpha}}\mathrm{SL}(d)=\sum_{d|p^{\alpha}}\mathrm{SL}(d)+\sum_{d|p^{\alpha}}\mathrm{SL}(7d)$$
$$=8+2\sum_{d|p^{\alpha},d>1}\mathrm{SL}(d)=\varphi(n)=6p^{\alpha-1}(p-1)$$

由于 $p\mid\sum_{d|p^{\alpha},d>1}\mathrm{SL}(d)$,所以 $p\mid 8$,矛盾.此时方程(1)无解.

(Ⅳ) 类似地,当 $n_1=9,11,13,15,21,27,33,35,39,45,63,105$ 时,方程(1) 无解.

情形 3.3.2:对上述情形的反面即 $p\geqslant 11,\alpha\geqslant 6$ 或 $p=7,p=5,\alpha\geqslant 7$ 或 $p=3,\alpha\geqslant 11$ 的情况按

$\alpha(2\leqslant\alpha\leqslant 10)$ 的取值情况进行讨论.

（Ⅰ）情况 $\alpha=2,n=p^2\cdot n_1$. 当 $\varphi(n_1)\geqslant 5d(n_1)$，$p\geqslant 3$ 时，有

$$\begin{aligned}&\varphi(n)-\sum_{d\mid p^2\cdot n_1}\mathrm{SL}(d)\\&=(p^2-p)\varphi(n_1)-\sum_{i=0}^{2}\sum_{d\mid n_1}\mathrm{SL}(d\cdot p^i)\\&>(p^2-p)5d(n_1)-3p^2d(n_1)\\&=p(2p-5)d(n_1)>0\end{aligned}$$

由此有 $\varphi(n_1)<5d(n_1)$. 由引理1知，$n_1$ 可能的取值是 3，5，7，9，15，21，27，45，经计算 $n_1=7$，即 $n=3^2\cdot 7=63$，符合条件，使得 $n=63$ 是方程(1) 的解. 进一步检验：

(i) 若 $p=3$，则 $\sum\limits_{d\mid n}\mathrm{SL}(d)=\sum\limits_{d\mid 7\cdot 3^2}\mathrm{SL}(d)=\sum\limits_{d\mid 3^2}\mathrm{SL}(d)+\sum\limits_{d\mid 3^2}\mathrm{SL}(7d)=1+3+9+7+7+9=36=\varphi(3^2\cdot 7)$；

(ii) 若 $p=5$，则 $\sum\limits_{d\mid n}\mathrm{SL}(d)=\sum\limits_{d\mid 7\cdot 5^2}\mathrm{SL}(d)=\sum\limits_{d\mid 5^2}\mathrm{SL}(d)+\sum\limits_{d\mid 5^2}\mathrm{SL}(7d)=1+5+25+7+7+25=70<120=\varphi(5^2\cdot 7)$；

(iii) 若 $p\geqslant 11$，则 $\sum\limits_{d\mid n}\mathrm{SL}(d)=\sum\limits_{d\mid 7\cdot p^2}\mathrm{SL}(d)=\sum\limits_{d\mid p^2}\mathrm{SL}(d)+\sum\limits_{d\mid p^2}\mathrm{SL}(7d)=8+2\sum\limits_{d\mid p^2,d>1}\mathrm{SL}(d)=\varphi(n)=6p(p-1)$，由于 $2p\mid 2\sum\limits_{d\mid p^2,d>1}\mathrm{SL}(d)$，所以 $p\mid 4$，矛盾.

（Ⅱ）情况 $\alpha=3,4,5,6,7,8,9,10$. 类似地，进行有

限次可能的检验可得方程(1)再无其他解.定理证毕.

## 参考文献

[1] HE Y F, PAN X W. An equation involving the Smarandache LCM function[J]. Acta Math. Sinica, 2008, 51(4): 769-786.

[2] VAIDYA A M. An inequality for Euler's totient function[J]. Math Student, 1967, 35: 79-80.

[3] YUAN H C, WANG X F. On the solvability of the arithmetic function equation $S(SL(n^{11,12})) = \varphi_2(n)$[J]. Journal of Southwest University Nutural Science Edition, 2018, 40(10): 72-76.

[4] ZHANG S B. The solvability of the arithmetic function equation $\varphi_2(n) = S(SL(n^k))$[J]. Journal of Southwest University Nutural Science Edition, 2020, 42(4): 65-69.

[5] ZHANG W P, LI H L. Elementary Number Theory[M]. Xi'an: Shanxi Normal University Press, 2015.

[6] ZHU J, LIAO Q Y. The solvability of the equation $Z(n) = \varphi_e(SL(n))$[J]. Journal of Southwest Unviersity Nutural Science Edition, 2019, 48(5): 541-554.

# Dirichlet 特征函数

## 附录

数论的发展中,人们提出了许多著名的问题.例如,Goldbach 猜想以及关于满足一定条件的算术数列,是否包含无穷个素数,等等.1837 年,Dirichlet 证明了下面的算术数列

$$a + dq \quad (d = 1, 2, \cdots)$$

中存在无穷多个素数这一著名的结果,其中,$q > 2$,$(a, q) = 1$.为了证明这一结果,他引进了一类极其重要的算术函数 $\chi(n)$,现在称之为 Dirichlet 特征,利用这个函数把上面满足一定条件的数列从给定的整数数列中挑选出来,然后再研究它的分布情况.

我们首先给出 Dirichlet 特征的一些相关知识.

## §1　基础知识

### 1　定义

**定义 1**　设 $q \geqslant 1$. 一个不恒等于零的算术函数 $\chi(n)$,如果满足以下三个条件:

(i)$\chi(n)=0$,当$(n,q)>1$;

(ii)$\chi(n)$ 是周期为 $q$ 的周期函数,$\chi(n+q)=\chi(n)$;

(iii)$\chi(n)$ 是完全积性函数,对任意的整数 $m,n$,有

$$\chi(mn)=\chi(m)\chi(n)$$

那么,$\chi(n)$ 就称为模 $q$ 的 Dirichlet 特征或模 $q$ 的剩余特征,简称模 $q$ 特征,用 $\chi(n;q)$ 或者 $\chi(\bmod q)$ 表示.

**注 1**　当$(n,q)>1$时,$\chi(n)\equiv 1$ 的数论函数一定是模 $q$ 的特征,称之为模 $q$ 的主特征,记作 $\chi_0(n;q)$ 或者 $\chi_0(\bmod q)$,即

$$\chi_0(n;q)=\begin{cases}1,(n,q)=1\\0,(n,q)>1\end{cases}$$

**注 2**　模 1 的特征只有一个,即

$$\chi(n;1)=1\quad(n\in\mathbf{Z}^*)$$

也即模 1 只有一个主特征.

模 2 的特征也只有一个,即

$$\chi(n;2)=\begin{cases}1,2\nmid n\\0,2\mid n\end{cases}$$

由此得出模 2 的特征也只有主特征.

**定义 2**　设 $q \geqslant 1$，$n$ 为任意一个整数，如果模 $q$ 的一个特征 $\chi(n;q)$ 仅取实数值，那么模 $q$ 的这个特征 $\chi(n;q)$ 称为模 $q$ 的实特征.

**注**　由前面的讨论可以知道，模 1 的特征以及模 2 的特征都是实特征.

**定义 3**　设 $q \geqslant 1$，$n$ 为任意一个整数，如果对于某个 $n$，模 $q$ 一个特征 $\chi(n;q)$ 取复数值，那么模 $q$ 的这个特征 $\chi(n;q)$ 称为模 $q$ 的复特征.

**定义 4**　设 $q \geqslant 1$，$n$ 为任意一个整数，如果 $\chi(n;q)$ 是模 $q$ 的一个特征，那么 $\overline{\chi}(n;q)$ 称为特征 $\chi(n;q)$ 的共轭特征.

**定义 5**　设 $q \geqslant 1$，$n$ 为任意一个整数. 如果对于模 $q$ 的某个特征 $\chi(n;q)$，满足 $\chi(-n)=-\chi(n)$，那么这个特征 $\chi(n;q)$ 称为模 $q$ 的奇特征；如果对于模 $q$ 的某个特征 $\chi(n;q)$，满足 $\chi(-n)=\chi(n)$，那么这个特征 $\chi(n;q)$ 称为模 $q$ 的偶特征.

**定义 6**　设 $q \geqslant 1$，$n$ 为任意一个整数. $\chi(n;q)$ 是模 $q$ 的某个特征，如果存在某个正整数 $d < q$，使对任意的整数 $n_1, n_2$，满足 $(n_1, n_2, q)=1$，$n_1 \equiv n_2 \pmod q$ 时，必有 $\chi(n_1;q)=\chi(n_2;q)$，那么这个特征 $\chi(n;q)$ 称为模 $q$ 的非本原特征，$d$ 称为模 $q$ 的诱导模. 不然，$\chi(n;q)$ 就称为模 $q$ 的原特征.

**2　基本性质**

**性质 1**　设任一整数 $q$，$q \geqslant 1$，模 $q$ 有且仅有 $\phi(q)$ 个特征.

**性质 2**　两个模 $q$ 的特征的乘积是模 $q$ 的特征.

**性质 3** 设 $\chi,\chi_1,\chi_2$ 都是模 $q$ 的特征. 若 $\chi\chi_1=\chi\chi_2$,则 $\chi_1=\chi_2$.

**性质 4** 设模 $q$ 的全部特征是 $\chi_0,\chi_1,\cdots,\chi_{\phi(q)-1}$,以及 $\overline{\chi}$ 是任意取定的一个模 $q$ 的特征. 那么:

(i) $\overline{\chi}_0,\overline{\chi}_1,\cdots,\overline{\chi}_{\phi(q)-1}$ 也是模 $q$ 的全部特征;

(ii) $\overline{\chi}\chi_0,\overline{\chi}\chi_1,\cdots,\overline{\chi}\chi_{\phi(q)-1}$ 也是模 $q$ 的全部特征.

**性质 5** 设 $q_1\mid q_2$. 若 $q_1$ 和 $q$ 有相同的素因数(即 $p\mid q_2\Rightarrow p\mid q_1$),则模 $q_1$ 的特征一定是模 $q_2$ 的特征. 特别地,当 $l\geqslant d$ 时,模 $q^d$ 的特征一定是模 $q^l$ 的特征.

**性质 6** 设 $\chi_1$ 是模 $q_1$ 的特征,$\chi_2$ 是模 $q_2$ 的特征. 那么,$\chi_1\chi_2$ 是模$[q_1,q_2]$的特征.

**性质 7** 设 $q=q_1q_2,(q_1,q_2)=1,\chi(n;q)$ 是模 $q$ 的特征. 那么,一定存在唯一的模 $q_1$ 的特征 $\chi(n;q_1)$,使得

$$\chi(n;q)=\chi(n;q_1),n\equiv 1(\bmod q_2)$$

**性质 8** 设 $q=q_1q_2,(q_1,q_2)=1,\chi(n;q)$ 是模 $q$ 的特征. 那么,一定存在唯一的一对模 $q_1$ 的特征 $\chi(n;q_1)$ 和模 $q_2$ 的特征 $\chi(n;q_2)$,使得对任意整数 $n$,有

$$\chi(n;q)=\chi(n;q_1)\chi(n;q_2)$$

**性质 9** 设 $q=q_1q_2\cdots q_r$,两两既约,$\chi(n;q)$ 是模 $q$ 的特征. 那么,一定存在唯一的一组 $r$ 个特征:模 $q_1$ 的特征 $\chi(n;q_1),\cdots$,模 $q_r$ 的特征 $\chi(n;q_r)$,使得对任意整数 $n$,有

$$\chi(n;q)=\chi(n;q_1)\cdots\chi(n;q_r)$$

此外,$\chi(n;q)$ 是模 $q$ 的主特征的充要条件是 $\chi(n;$

$q_1),\cdots,\chi(n;q_r)$ 分别是 $q_1,\cdots,q_r$ 的主特征，$\chi(n;q)$ 是实特征的充要条件是它们都是实特征. 特别地，当 $q$ 有素因子分解式

$$q=2^{\alpha_0}p_1^{\alpha_1}\cdots p_s^{\alpha_s}$$

时，有唯一的分解式

$$\chi(n;q)=\chi(n;2^{\alpha_0})\chi(n;p_1^{\alpha_1})\cdots\chi(n;p_s^{\alpha_s})$$

**注**　由性质 9 知，为了研究任意模的特征，只需研究模为素数幂的特征即可.

**性质 10**　设素数 $p>2,\alpha\geqslant 1$，及 $g$ 是模 $p^\alpha$ 的原根，那么，模 $p^\alpha$ 的特征恰好有 $\phi(p^\alpha)$ 个，它们是

$$\chi(n;p^\alpha,l)=\begin{cases}e^{2\pi il\gamma(n)/\phi(p^\alpha)},(n,p)=1\\0,(n,p)>1\end{cases}$$

$$(l=0,1,\cdots,\phi(p^\alpha)-1)$$

其中 $\gamma(n)$ 表示以 $g$ 为底，$n$ 为模 $p^\alpha$ 的指标，即

$$n\equiv g^{\gamma(n)}\pmod{p^\alpha}$$

**性质 11**　设 $\alpha\geqslant 3$，模 $2^\alpha$ 的特征恰有 $\phi(2^\alpha)$ 个，它们是

$$\chi(n;p^\alpha,l)=\begin{cases}e^{2\pi il_{-1}\gamma^{-1}(n)/2}e^{2\pi il_0\gamma^0(n)/2^{\alpha-2}},(n,2)=1\\0,(n,2)>1\end{cases}$$

其中，$l_{-1}=0,1;l_0=0,1,\cdots,2^{\alpha-2}-1;\gamma^{-1}$ 和 $\gamma^0$ 由下面这个式子确定

$$n\equiv(-1)^{\gamma^{-1}(n)}5^{\gamma^0(n)}\pmod{2^\alpha}$$

**性质 12**　设 $q\geqslant 1$，模 $q$ 的特征恰有 $\phi(q)$ 个，具体地说，如果 $q>1,q=q_1q_2\cdots q_r$ 是 $q$ 的标准素因子分解式，那么

$$c_{-1}=c_{-1}(\alpha)=\begin{cases}1,\alpha=1\\2,\alpha\geqslant 2\end{cases}$$

$$c_0 = c_0(\alpha) = \begin{cases} 1, \alpha = 1 \\ 2^{\alpha-2}, \alpha \geqslant 2 \end{cases}$$

其中 $c_j = \phi(p_j^{\alpha_j})$，$g_j$ 是模 $p_j^{\alpha_j}$ 的原根($1 \leqslant j \leqslant s$)，以及 $\gamma^{-1}(n)$，$\gamma^0(n)$，$\gamma^1(n)$，$\cdots$，$\gamma^s(n)$ 是 $n$ 对模 $q$ 的以 $-1$，$5$；$g_1$，$\cdots$，$g_s$ 为底的指标组，那么

$$\chi(n;q) = \chi(n;q,l_{-1},l_0,l_1,\cdots,l_s)$$

$$= \begin{cases} \prod\limits_{j=-1}^{s} \mathrm{e}^{2\pi i l_j \gamma^j(n) c_j}, (n,q) = 1 \\ 0, (n,q) > 1 \end{cases}$$

$$(0 \leqslant l_j < c_j, -1 \leqslant j \leqslant s)$$

**性质 13** 设 $q > 1$，$(a,q) = 1$ 及 $a \not\equiv 1 \pmod q$，则一定存在模 $q$ 的一个非主特征 $\chi$，使得 $\chi(a) \neq 1$.

**性质 14** 设 $q \geqslant 1$，则有

$$\sum_{\chi \pmod q} \chi(n) = \begin{cases} \phi(q), n \equiv 1 \pmod q \\ 0, n \not\equiv 1 \pmod q \end{cases}$$

其中 $\sum\limits_{\chi \pmod q}$ 表示对模 $q$ 的所有的特征求和.

**性质 15** 设 $q \geqslant 1$，则有

$$\sum_{n \pmod q}{}' \chi(n) = \begin{cases} \phi(q), \chi \equiv \chi^0 \pmod q \\ 0, \chi \not\equiv \chi^0 \pmod q \end{cases}$$

其中 $\sum\limits_{n \pmod q}{}'$ 表示对模 $q$ 的所有的既约剩余系求和.

**性质 16** (特征的正交性) 设 $q \geqslant 1$，则有

$$\sum_{\chi \pmod q} \overline{\chi}(m)\chi(n) = \begin{cases} \phi(q), m \equiv n \pmod q \\ 0, m \not\equiv n \pmod q \end{cases}$$

其中 $\sum\limits_{\chi \pmod q}$ 表示对模 $q$ 的所有的特征求和.

## §2　已有结论

在数论的发展过程中，各种类型的特征和的估计是十分重要的，但也是十分困难的．这一富有挑战性的课题激起好多数论专家和研究者的兴趣，以至于让他们放弃一切，潜心研究．在他们坚持不懈的努力下，这一领域也有了一系列突破性的进展．

### 1　简单的特征和估计

设 $M<N, M\in\mathbf{Z}^*, N\in\mathbf{N}^*$，令 $\sum\limits_{n=M}^{N}\chi(n)$ 表示对于从 $N$ 到 $M$ 的所有整数 $n$ 求和．我们把诸如此式的和式称为简单的特征和估计．

这一看似简单的和式，但是估计它的阶却是一件极其困难的事情．

首先，当 $\chi(n;q)$ 是模 $q$ 的任一非主特征，即 $\chi\neq\chi_0$ 时，我们可以根据它的性质给出如下一个简单的估计

$$\left|\sum_{n=M}^{N}\chi(n)\right|<\frac{\phi(q)}{2}$$

事实上，我们可设 $N-M=qs+r, 0\leqslant r\leqslant q-1$．

(i) 当 $r=0$ 时

$$\sum_{n=M}^{N}\chi(n)=s\sum_{n=1}^{q}\chi(n)=0$$

(ii) 当 $0\leqslant r\leqslant q-1$ 时，因为

$$\sum_{n=M}^{N}\chi(n)=s\sum_{n=1}^{q}\chi(n)+\sum_{n=1}^{r}\chi(n)=\sum_{n=1}^{r}\chi(n)$$

且

$$\left|\sum_{n=1}^{r}\chi(n)\right|+\sum_{n=r}^{q}|\chi(n)|$$
$$\leqslant\sum_{n=1}^{r}|\chi(n)|+\sum_{n=r}^{q}|\chi(n)|=\phi(q)$$

又因为

$$\sum_{n=1}^{r}\chi(n)=\sum_{n=1}^{q}\chi(n)-\sum_{n=r}^{q}\chi(n)$$
$$=-\sum_{n=r}^{q}\chi(n)$$

即

$$\left|\sum_{n=1}^{r}\chi(n)\right|=\left|\sum_{n=r}^{q}\chi(n)\right|$$

从而

$$\left|\sum_{n=1}^{r}\chi(n)\right|\leqslant\frac{\phi(q)}{2}$$

上面的这个阶的估计过于粗糙，下面我们给出一系列比较好的估计.

**结论 1** 设 $\chi(n;q)$ 是模 $q$ 的任一非主特征，那么对于任意的整数 $M$ 及正整数 $N$，有

$$\left|\sum_{n=M+1}^{M+N}\chi(n)\right|<2\sqrt{q}\log q$$

**注 1** 这个结论是由 Pólya 和 Vinogradov 在 1918 年独立证明的，当 $N<2\sqrt{q}\log q$ 时仅能推出显然估计.

**注 2** 当特征 $\chi(n;q)$ 是模 $q$ 的原特征时，Pólya 给出了一个更好的估计，即

$$\left|\sum_{n=M+1}^{M+N}\chi(n)\right|<\sqrt{q}\log q$$

**结论 2**　如果广义 Riemann 猜想成立，那么对模 $q$ 的非主特征 $\chi$，有

$$\sum_{n=M+1}^{M+N}\chi(n)<\sqrt{q}\log\log q$$

**结论 3**　存在无穷多个模 $q$ 的原特征 $\chi$，使得

$$\max_{N}\left|\sum_{n\geqslant N}\chi(n)\right|>\frac{1}{7}\sqrt{q}\log\log q$$

**结论 4**　对任意实数 $k>0$，有

$$\sum_{\chi\neq\chi^0}\left(\max_{N}\left|\sum_{n\geqslant N}\chi(n)\right|\right)^{2k}\ll\phi(q)q^k$$

其中 $\sum\limits_{\chi\neq\chi^0}$ 是对所有模 $q$ 的非主特征求和，$\ll$ 常数和 $k$ 有关.

**注**　这个结论表明对模 $q$ 的大多数非主特征 $\chi$，有 $\max\limits_{N}\left|\sum\limits_{n\geqslant N}\chi(n)\right|\ll\sqrt{q}$.

**结论 5**　设 $\chi$ 为模 $q$ 的原特征，则存在 $x$，使得不等式

$$\left|\sum_{n=x}^{x+\left[\frac{q}{2}\right]}\chi(n)\right|>\sqrt{1-\frac{8\ln q}{q}}\cdot\frac{1}{2\sqrt{2}}\cdot\sqrt{q}$$

成立，其中 $[y]$ 表示小于或等于 $y$ 的最大整数.

**结论 6**　设 $q>2$，则对于模 $q$ 任一的非主特征 $\chi$，有

$$\sum_{n=1}^{k}\left|\sum_{m=1}^{h}\chi(n+m)\right|^2<k\cdot h$$

其中 $h,k$ 为任意整数.

**注**　这个结果是 Norton 以猜想的形式提出来的，而他当时只证明了一个相对较弱的上界 $\frac{9}{8}kh$.

**结论 7** 当 $p$ 是素数，$\chi$ 是模 $p$ 的特征，有

$$\sum_{\chi\neq\chi^0}\sum_{n=1}^{p}\left|\sum_{m=1}^{h}\chi(n+m)\right|^4<6p^2h^2$$

其中 $\chi_0$ 表示模 $q$ 的主特征，$\sum\limits_{\chi\neq\chi^0}$ 表示对于模 $q$ 的所有非主特征求和.

**结论 8** 设 $q>2$ 是任意整数，$\chi$ 是模 $q$ 的特征，则有

$$\sum_{\chi\ (\bmod\ q)}^{*}\sum_{\chi\neq\chi^0}\sum_{n=1}^{q}\left|\sum_{m=1}^{h}\chi(n+m)\right|^4=8\tau^7(n)q^2h^2$$

其中 $\sum\limits_{\chi\ (\bmod\ q)}^{*}$ 表示对所有模 $q$ 的原特征求和. $\tau(n)$ 是 Dirichlet 除数函数.

**结论 9** 设 $q>2$，$\chi$ 是模 $q$ 的一个原特征，且满足 $\chi(-1)=1$，则对于任意的实数 $\lambda\in[0,1)$，且 $\lambda\neq\dfrac{r}{q}$，有

$$\sum_{a=1}^{[\lambda q]}\chi(a)=\frac{\tau(\chi)}{\pi}\sum_{n=1}^{\infty}\overline{\chi}(n)\ \frac{\sin 2\pi n\lambda}{n}$$

其中，$[x]$ 表示不超过 $x$ 的最大整数，$\tau(\chi)=\sum\limits_{n=1}^{q}\chi(a)\mathrm{e}\left(\dfrac{a}{q}\right)$ 为 Gauss 和，且 $\mathrm{e}(y)=\mathrm{e}^{2\pi\mathrm{i}y}$.

以上关于特征的高次均值的研究，基本都集中在研究它的上界估计上，但是没有给出其渐近公式. 21 世纪以后，这个课题有了突破性的进展. 徐哲峰和张文鹏教授把变量的区间限定在特殊的区间上，把特征和的均值转化为包含 Gauss 和以及 Dirichlet $L-$函数的乘积形式，然后利用 Gauss 和以及 Dirichlet $L-$函数的性质给出了关于简单特征和的均值估计，并且给出

了一些精确的渐近公式. 从而揭开了人们研究高次特征和的新篇章.

首先，当 $q>4$ 时，我们规定

$$S\left(\frac{q}{4},\chi\right):=\sum_{a<\frac{q}{4}}\chi(a)$$

其中 $\sum\limits_{a<\frac{q}{4}}$ 表示对于所有小于 $\frac{q}{4}$ 的正整数 $a$ 求和.

对于上面这种形式的特征和，徐哲峰和张文鹏教授研究了特征和的高次均值，并且给出如下一系列的渐近公式.

**结论 10**　对任意的奇整数 $q\geqslant 5$，有渐近公式

$$\sum_{\chi(-1)=1}{}^{*}\left|S\left(\frac{q}{4},\chi\right)\right|^{2k}$$
$$=\frac{J(q)q^{k}}{16}\left(\frac{\pi}{8}\right)^{2k-2}\prod_{p\mid q}\left(1-\frac{1}{p^{2}}\right)^{2k-1}\prod_{p\nmid 2q}\left(1-\frac{1-C_{2k-2}^{k-1}}{p^{2}}\right)+$$
$$O(q^{k+\varepsilon})$$

其中 $\sum\limits_{\chi(-1)=1}{}^{*}$ 表示对模 $q$ 的所有满足 $\chi(-1)=1$ 的原特征求和，$\varepsilon$ 为任意给定的正数，$J(q)$ 表示模 $q$ 的所有原特征的个数，$C_{m}^{n}=\dfrac{m!}{n!\ (m-n)!}$.

**注 1**　当 $q$ 是 square-full 数时，上面结论中的 $J(q)=\dfrac{\phi^{2}(q)}{q}$，于是有下面的推论成立.

**推论 1**　令 $q>5$ 为 square-full 数，且满足 $2\nmid q$，则有

$$\sum_{\chi(-1)=1}{}^{*}\left|S\left(\frac{q}{4},\chi\right)\right|^{2k}$$
$$=\frac{q^{k-1}\phi(q)}{16}\left(\frac{\pi}{8}\right)^{2k-2}\prod_{p\mid q}\left(1-\frac{1}{p^{2}}\right)^{2k-1}\cdot$$

$$\prod_{p\nmid 2q}\left(1-\frac{1-C_{2k-2}^{k-1}}{p^2}\right)+O(q^{k+\varepsilon})$$

**注 2** 在结论 10 中取 $k=2$,我们得到如下的一个渐近公式.

**推论 2** 设 $q\geqslant 5$ 是奇整数,则有下面的渐近公式

$$\sum_{\chi(-1)=1}^{*}\left|S\left(\frac{q}{4},\chi\right)\right|^4$$

$$=\frac{3}{256}J(q)q^2\prod_{p\mid q}\frac{(p^2-1)^3}{p^4(p^2+1)}+O(q^{2+\varepsilon})$$

**注 3** 当 $p$ 是素数时,有 $J(p)=p-2$,且模 $p$ 所有的非主特征都是原特征.从推论 2 我们得到如下的一个渐近公式.

**推论 3** 设 $p\geqslant 5$ 是素数,则有

$$\sum_{\substack{\chi(-1)=1\\ \chi\neq\chi^0}}\left|S\left(\frac{p}{4},\chi\right)\right|^4=\frac{3}{256}p^3+O(q^{2+\varepsilon})$$

其中 $\sum\limits_{\substack{\chi(-1)=1\\ \chi\neq\chi^0}}$ 是对所有的非主偶特征求和.

对于奇原特征,也有类似的结果.

**结论 11** 对任意的奇整数 $q\geqslant 5$,有渐近公式

$$\sum_{\chi(-1)=-1}^{*}\left|S\left(\frac{q}{4},\chi\right)\right|^{2k}$$

$$=C(k)q^kJ(q)\zeta^{2k-2}(2)\prod_{p\mid q}\left(1-\frac{1}{p^2}\right)^{2k-1}\cdot$$

$$\prod_{p\nmid 2q}\left(1-\frac{1-C_{2k-2}^{k-1}}{p^2}\right)+O_k(q^{k+\varepsilon})$$

其中 $\sum\limits_{\chi(-1)=-1}^{*}$ 表示对模 $q$ 的所有满足 $\chi(-1)=-1$ 的原特征求和,$\varepsilon$ 为任意给定的正数,$J(q)$ 表示模 $q$ 的所有原特征的个数,$C_m^n=\dfrac{m!}{n!\ (m-n)!}$,及

$$C(k)$$
$$=\sum_{i=0}^{k}C_k^i(-2)^{k-i}\sum_{j=0}^{i}6^j\sum_{s=0}^{k-i}\sum_{t=0}^{i-j}\left(\frac{3C_{k+|3i+4s-j-2t-2k|-1}^{|3i+4s-j-2t-2k|}+C_{2k-2}^{k-1}}{4}\right)$$

**推论 4**　对任意的奇整数 $q\geqslant 5$,有渐近公式

$$\sum_{\chi(-1)=-1}{}^{*}\left|S\left(\frac{q}{4},\chi\right)\right|^4=\frac{9}{128}q^2J(q)\prod_{p|q}\frac{(p^2-1)^3}{p^4(p^2+1)}+O(q^{2+\varepsilon})$$

在结论 11 中取 $k=2$ 即可得到.

**推论 5**　对任意的奇整数 $q\geqslant 5$,有

$$\sum_{\chi(\bmod q)}{}^{*}\left|S\left(\frac{q}{4},\chi\right)\right|^4=\frac{21}{256}q^2J(q)\prod_{p|q}\frac{(p^2-1)^3}{p^4(p^2+1)}+O(q^{2+\varepsilon})$$

其中 $\sum\limits_{\chi(\bmod q)}{}^{*}$ 是对模 $q$ 的所有原特征求和,我们把它分为奇原特征和偶原特征两部分,这样就可以直接利用推论 2 和推论 4 得到上面的推论 5.

**推论 6**　令 $q>5$ 为 square-full 数,且满足 $2\nmid q$,则有

$$\sum_{\chi(\bmod q)}{}^{*}\left|S\left(\frac{q}{4},\chi\right)\right|^4=\frac{21}{256}q\phi^2(q)\prod_{p|q}\frac{(p^2-1)^3}{p^4(p^2+1)}+O(q^{2+\varepsilon})$$

结合推论 4 和推论 1 即可得到上式.

**推论 7**　设 $p\geqslant 5$ 是素数,则有

$$\sum_{\substack{\chi(\bmod q)\\ \chi\neq\chi^0}}\left|S\left(\frac{p}{4},\chi\right)\right|^4=\frac{21}{256}p^3+O(q^{2+\varepsilon})$$

其中 $\sum\limits_{\substack{\chi(\bmod q)\\ \chi\neq\chi^0}}$ 是对模 $p$ 所有的非主特征求和.

**结论 12** 对任意的奇整数 $q>8$，有如下的渐近公式

$$\sum_{\chi(-1)=1}^{*}\left|\sum_{a<\frac{q}{8}}\chi(a)\right|^{2k}=\frac{J(q)q^k}{2^{2k+1}\pi^{2k}}\sum_{i=0}^{k}2^{k-i}\binom{k}{i}^2\mathrm{C}_i+O(q^{k+\varepsilon})$$

其中 $\sum\limits_{\chi(-1)=1}^{*}$ 表示对模 $q$ 的所有满足 $\chi(-1)=1$ 的原特征求和，$\binom{k}{i}=\frac{k!}{i!\,(k-i)!}$，$\mathrm{C}_i=\sum\limits_{\substack{n=1\\(n,2q)=1}}^{\infty}\frac{r_i^2(n)}{n^2}$ 是和 $i$ 有关的常数，$\varepsilon$ 为任意固定的正数，$J(q)$ 表示模 $q$ 的所有原特征的个数，对 $r_i(n)=\sum\limits_{t\mid n}\tau_i(t)\chi_4(t)\tau_{k-i}\left(\frac{n}{t}\right)$，$1<i<k$，而 $r_0(n)=\sqrt{2}\tau_k(n)$，$r_k(n)=\tau_k(n)$，$\tau_k(n)$ 表示 $k$ 次除数函数（即为满足方程 $n_1n_2\cdots n_k=n$ 的正整数解 $(n_1,n_2,\cdots,n_k)$ 的个数）.

**结论 13** 对任意的奇整数 $q>8$，有如下的渐近公式

$$\sum_{\chi(-1)=1}^{*}\left|\sum_{a<\frac{q}{8}}\chi(a)\right|^{4}=\frac{q^2J(q)}{384}\cdot\left[\prod_{p\mid q}\left(1-\frac{1}{p^4}\right)\prod_{\substack{p\nmid q\\p\equiv1,7(\bmod 8)}}\left(1+\frac{2}{p^2-1}\right)^2+\frac{27}{32}\prod_{p\mid q}\frac{(p^2-1)^3}{p^4(p^2+1)}\right]+O(q^{2+\varepsilon})$$

其中 $\prod\limits_{p\mid q}$ 表示对 $q$ 的所有的不同素因子求积，$\prod\limits_{\substack{p\nmid q\\p\equiv1,7(\bmod 8)}}$ 表示对不整除 $q$ 且满足用 8 来除余数为 1 或者 7 的所有素数 $p$ 求积.

**推论 8** 令 $q>8$ 为 square-full 数，且满足 $2\nmid q$，

则有

$$\sum_{\chi(-1)=1}^{*}\left|\sum_{a<\frac{q}{8}}\chi(a)\right|^{2k}$$

$$=\frac{\phi^{2}(q)q^{k-1}}{2^{2k+1}\pi^{2k}}\sum_{i=0}^{k}2^{k-i}\binom{k}{i}^{2}C_{i}+O(q^{k+\varepsilon})$$

**推论 9**　对任意的素数 $p>8$，有如下的渐近公式

$$\sum_{\chi(-1)=1}\left|\sum_{a<\frac{p}{8}}\chi(a)\right|^{4}$$

$$=\frac{p^{3}}{384}\left[\frac{27}{32}+\prod_{\substack{p_1\neq p\\ p_1\equiv 1,7(\bmod 8)}}\left(1+\frac{2}{p_1^{2}-1}\right)^{2}\right]+O(p^{2+\varepsilon})$$

**结论 14**　对任意的奇整数 $q\geqslant 5$，有如下的渐近公式

$$\sum_{\chi\neq\chi^{0}}\left|\sum_{a<\frac{p}{4}}\chi(a)\right|^{4}$$

$$=\frac{21\phi^{4}(q)}{256q}\prod_{p^{\alpha}\parallel q}\frac{\frac{(p+1)^{3}}{p(p^{2}+1)}-\frac{1}{p^{3\alpha-1}}}{1+\frac{1}{p}+\frac{1}{p^{2}}}+O(q^{2+\varepsilon})$$

前面这些内容只是涉及特征和的偶次均值，对于其次均值的研究，最核心的问题是关于它们的一次均值的研究.

**结论 15**　对任意的奇整数 $q\geqslant 5$，有如下的渐近公式

$$\sum_{\chi(\bmod q)}^{*}\left|\sum_{a<\frac{q}{4}}\chi(a)\right|$$

$$=\frac{Aq^{\frac{1}{2}}J(q)}{4\pi}\sum_{\substack{n=1\\ (n,2q)=1}}^{\infty}\frac{r^{2}(n)}{n^{2}}+O(q^{k+\varepsilon})$$

其中

$$A=2+6^{\frac{1}{2}}\sum_{k=1}^{\infty}\frac{\binom{\frac{1}{2}}{k}}{6^k}\sum_{i=0}^{k}(-2)^{k-i}\binom{k}{i}\cdot$$

$$\sum_{j=0}^{k}\sum_{l=0}^{k-i}\binom{i}{j}\binom{k-i}{l}C(|i+2j+4l-2k|)$$

对于实数 $\alpha$，$\binom{\alpha}{k}=\frac{\alpha(\alpha-1)\cdots(\alpha-k+1)}{k!}$ 而

$$r(n)=\begin{cases}1 & (\text{当 } n=1 \text{ 时})\\ \dfrac{\binom{2\alpha}{\alpha}}{4^{\alpha}} & (\text{当 } n=p^{\alpha} \text{ 时})\\ r(p_1^{\alpha_1})r(p_2^{\alpha_2})\cdots r(p_k^{\alpha_k}) & (\text{当 } n=p_1^{\alpha_1}p_2^{\alpha_2}\cdots p_k^{\alpha_k},p_1,p_2,\cdots \text{ 是不同的素因子时})\end{cases}$$

在结论 15 中取 $q=p$ 是素数时，就有：

**推论 10** 对任意的素数 $p\geqslant 5$，有如下的渐近公式

$$\sum_{\chi(\bmod p)}\left|\sum_{a<\frac{p}{4}}\chi(a)\right|$$

$$=\frac{Ap^{\frac{3}{2}}}{4\pi}\sum_{\substack{n=1\\(n,2p)=1}}^{\infty}\frac{r^2(n)}{n^2}+O(p^{1+\varepsilon})$$

**结论 16** 设 $\chi_1,\cdots,\chi_r$ 为模 $p(p\geqslant 5$，为素数$)$ 的非主特征，$f_1(x),\cdots,f_r(x)$ 为模 $p$ 的既约正规多项式，次数分别为 $k_1,\cdots,k_r$. 记 $k=k_1+\cdots+k_r$，则有

$$\left|\sum_{x=0}^{p-1}\chi_1(f_1(x))\cdots\chi_r(f_r(x))\right|\ll(k-1)p^{1-\theta_k}$$

其中 $\theta_2=\frac{1}{2}$；$\theta_3=\frac{1}{4}$；当 $k\geqslant 4$ 时，有 $\theta_k=\frac{3}{2k+8}$；且当 $\chi_1^{k_1}\cdots\chi_r^{k_r}=\chi^0$ 时，$\theta_k$ 可以由 $\theta_{k-1}$ 来代替.

**结论 17**　设 $p \geqslant 15$ 为素数,$k$ 为正整数,$\chi$ 为模 $p$ 的任意非主特征,并设 $d_k = (k, p-1) > 1$,则有

$$\sum_{x=0}^{p-1} \chi(a^k - 1) \ll d_k p^{\frac{1}{2}}$$

**结论 18**　设 $q \geqslant 3$ 是任意正整数,且 $\chi$ 是模 $q$ 的特征,则对任意实数 $y > 0$,有

$$\sum_{0<n\leqslant qy} \chi(n) = \begin{cases} \dfrac{\tau(\chi)}{\pi} \displaystyle\sum_{n=1}^{\infty} \dfrac{\overline{\chi}(n)\sin(2\pi ny)}{n} + O(1) & (\text{当 } \chi(-1) = 1 \text{ 时}) \\ \dfrac{\tau(\chi)L(1,\overline{\chi})}{\pi \mathrm{i}} - \dfrac{\tau(x)}{\pi \mathrm{i}} \cdot \displaystyle\sum_{n=1}^{\infty} \dfrac{\overline{\chi}(n)\cos(2\pi ny)}{n} + O(1) & \\ \qquad (\text{当 } \chi(-1) = -1 \text{ 时}) & \end{cases}$$

其中 $\sum\limits_{0<n\leqslant qy}$ 表示对于所有小于或者等于 $qy$ 的正整数 $n$ 求和,$L(1,\chi)$ 是对应 $\chi$ 的 Dirichlet 函数,$\tau(\chi) = \sum\limits_{a=1}^{q} \chi(a) \mathrm{e}\left(\dfrac{a}{q}\right)$ 是 Gauss 和,且 $|\tau(\chi)| = \sqrt{q}$.

**结论 19**　设 $\alpha$ 是任意正整数,$p$ 是任意奇素数,则有下面的递推公式

$$\left| \sum_{\chi_{p^\alpha}(-1)=-1} \left( \sum_{a=1}^{(p^\alpha-1)/2} \chi(2a) \right)^2 \right| = \left| \sum_{\chi_{p^{\alpha-1}}(-1)=-1} \left( \sum_{a=1}^{(p^{\alpha-1}-1)/2} \chi(2a) \right)^2 \right| + O(p^{3\alpha/2} \ln^3(p^\alpha))$$

其中 $\sum\limits_{\chi_{p^\alpha}(-1)=-1}$ 表示对于模 $p^\alpha$ 的所有的奇特征求和.

**结论 20**　设 $q \geqslant 3$ 是任一正整数,$\chi$ 表示模 $q$ 的任一原特征,$m$ 和 $n$ 是两个正整数,且满足 $\chi^m$,$\chi^n$ 及 $\chi^{m+n}$

都是模 $q$ 的原特征，则对于满足 $(r-s,q)=1$ 的任意整数 $r$ 和 $s$，有恒等式

$$\left|\sum_{a=1}^{q}\chi((a-r)^m(a-s)^n)\right|=\sqrt{q}$$

**2 Dirichlet 特征和的混合均值**

对于不同的正整数，它们的特征分布很不规律. 然而，它和一些数论函数加权以后，其和的均值分布相对比较稳定，于是人们试图通过其混合均值的分布来揭开特征和均值分布的神秘面纱. 这部分主要讨论 Dirichlet 特征函数的混合均值分布情况.

**结论 21** 设 $a_n$ 是任意复数，则对任意整数 $M$ 和 $N$，$N\geqslant 1$，有

$$\sum_{\chi\,(\bmod\,q)}\left|\sum_{n=M+1}^{M+N}a_n\chi(n)\right|^2$$
$$\leqslant\phi(q)\left(1+\left[\frac{N+1}{q}\right]\right)\sum_{\substack{n=M+1\\(n,q)=1}}^{M+N}|a_n|^2$$

根据特征和的正交性，我们很容易得到这个结论.

**注** 结论 21 讨论的是对一个固定的模 $q$ 的所有的特征的均值估计，下面这个是对所有的模 $q(q\leqslant Q)$ 的所有的特征来讨论，并且得到一个比较好的上界估计.

**结论 22** 设 $Q\geqslant 1$，$a_n$ 为任意复数，则有

$$\sum_{q\leqslant Q}\frac{q}{\phi(q)}\sum_{\chi\,(\bmod\,q)}^{*}\left|\sum_{n=M+1}^{M+N}a_n\chi(n)\right|^2$$
$$\ll(Q^2+2\pi N)\sum_{n=M+1}^{M+N}|a_n|^2$$

其中 $\sum\limits_{q\leqslant Q}$ 表示对所有满足 $q\leqslant Q$ 的 $q$ 求和，以及 $\sum\limits_{\chi\,(\bmod\,q)}^{*}$ 表示对模 $q$ 的所有原特征求和.

上面的结论 22 是对所有满足 $q\leqslant Q$ 的 $q$ 求和，没有规定 $q$ 的下限，当限定 $q$ 的下限时就有如下的推论.

**推论 11**　设 $Q\geqslant 2,1<D<Q$，则有

$$\sum_{D<q\leqslant Q}\frac{1}{\phi(q)}\sideset{}{^*}\sum_{\chi(\bmod q)}\left|\sum_{n=M+1}^{M+N}a_n\chi(n)\right|^2 \ll\left(Q+\frac{N}{D}\right)\sum_{n=M+1}^{M+N}|a_n|^2$$

其中 $\sum\limits_{D<q\leqslant Q}$ 表示对于区间 $(D,Q]$ 上所有的整数 $q$ 求和.

**结论 23**　设 $a_n$ 为任意复数且满足条件：当 $n$ 有不大于 $Q$ 的素因子时必有 $a_n=0$，则有

$$\sum_{q\leqslant Q}\log\left(\frac{Q}{q}\right)\sum_{\chi(\bmod q)}\left|\sum_{n=M+1}^{M+N}a_n\chi(n)\right|^2 \ll(Q^2+2\pi N)\sum_{n=M+1}^{M+N}|a_n|^2$$

其中 $\tau(\chi)=\sum\limits_{n=1}^{q}\chi(n)\mathrm{e}\left(\frac{n}{q}\right)$.

**注**　结论 23 与结论 22 相比较，前者中的 $a_n$ 有条件限制，然而对模 $q$ 的特征 $\chi$ 却不加限制，可以对所有的模 $q$ 的特征求和.

**结论 24**　设 $a_n$ 为任意复数，且满足条件：当 $n$ 有不大于 $Q$ 的素因子时，必有 $a_n=0$，则有

$$\sum_{q\leqslant Q}\frac{1}{\phi(q)}\sideset{}{^*}\sum_{\chi(\bmod q)}\left|\tau(\chi)\sum_{n=M+1}^{M+N}a_n\chi(n)\right|^2 \ll(Q^2+2\pi N)\sum_{n=M+1}^{M+N}|a_n|^2$$

其中 $\tau(\chi)=\sum\limits_{n=1}^{q}\chi(n)\mathrm{e}\left(\frac{n}{q}\right)$.

**结论 25** 设 $Q \geqslant 1$,对于 $1 \leqslant r \leqslant R$,$t_r$ 为实数,$\chi_r$ 为模 $q_r$ 的原特征,$q-R \leqslant |t_r| \leqslant T$,$\sigma_r \geqslant 0$,$D=Q^2T$,且当 $\chi_r=\chi_s$,$r \neq s$ 时,有 $|t_r-t_s| \geqslant 1$,则对固定的整数 $K \geqslant 1$,有

$$\Big(\sum_{r\leqslant R}\Big|\sum_{N<n\leqslant 2N} c_n n^{-\sigma_r-\mathrm{i}t_r}\chi_r(n)\Big|\Big)^2$$
$$\ll D^{\varepsilon K}(RN+R^2N^{\frac{1}{2}}+R^{2-\frac{1}{2K}}D^{\frac{1}{2}}+R^{2-\frac{3}{8K}}N^{\frac{1}{2}}D^{\frac{1}{4K}})\cdot$$
$$\Big(\sum_{N<n\leqslant 2N}|c_n|^2\Big)$$

其中 $\varepsilon_K=\dfrac{c_K}{\log(\log D)}$,$c_K$ 是仅与 $K$ 有关的常数.

**结论 26** 设 $q \geqslant 3$,则有

$$\sum_{\chi\neq\chi_0}\Big|\sum_{n\leqslant q}\frac{\chi(n)}{n}\Big|^4$$
$$=\frac{5}{72}\pi^4\phi(q)\prod_{p|q}\frac{(p^2-1)^3}{p^4(p^2+1)}+$$
$$O\Big(\exp\Big(\frac{4\ln q}{\ln\ln q}\Big)\Big)$$

其中 $\chi_0$ 表示模 $q$ 的主特征,$\sum\limits_{\chi\neq\chi_0}$ 表示对于模 $q$ 的所有非主特征求和.

**结论 27** 设 $q \geqslant 3$,则有

$$\sum_{\chi(\mathrm{mod}\ q)}\Big|\sum_{n\leqslant q^3}\frac{\chi(n)d(n)}{n}\Big|^2$$
$$=\frac{5}{72}\pi^4J(q)\prod_{p|q}\frac{(p^2-1)^3}{p^4(p^2+1)}+$$
$$O\Big(\exp\Big(\frac{6\ln q}{\ln\ln q}\Big)\Big)$$

其中 $J(q)$ 表示模 $q$ 的原特征数.

**注** 对于特征,其最重要的而且在求均值用到最

多的就是其正交性质，因此研究包含特征的函数的均值分布，绝大多数都是关于这类函数的偶次均值，而对于其奇次均值，目前关于它的结论很少，下面是对于一个相对较大的素数 $q$，对包含特征的和式

$$\sum := \sum_{\substack{\chi(\bmod q)\\ \chi(-1)=-1}} \sum_{p} \sum_{j=2}^{\infty} \frac{\chi(p^j)}{jp^j}$$

进行估计，并给出的一个上下界的估计式，即

$$\sum \geqslant -\frac{1}{3}\log\log q-\frac{1}{6}\left(2+\log\frac{8}{\log^2 2}+\gamma\right)+\left(\frac{1}{\log q}\right)$$

$$\sum \leqslant \frac{1}{6}\log\log q+\frac{1}{12}\left(2+\log\frac{2}{\log^2 2}+\gamma\right)+\left(\frac{1}{\log q}\right)$$

其中 $\gamma$ 是 Eler 常数.

**结论 28**　设 $q\geqslant 3$ 是任一奇数，$\chi$ 是模 $q$ 的任一本原特征，则有：

(i) 当 $\chi(-1)=1$ 时

$$\sum_{r=1}^{q}(-1)^r r\chi(r)=\frac{q\tau(\chi)(1-4\chi(2))}{\pi^2}L(2,\overline{\chi})+O(q)$$

(ii) 当 $\chi(-1)=-1$ 时

$$\begin{aligned}&\sum_{r=1}^{q}(-1)^r r^2\chi(r)\\&=\frac{q^2\tau(\chi)(1-2\chi(2))\mathrm{i}}{\pi}\tau(\chi)L(1,\overline{\chi})+\\&\quad\frac{q^2(8\chi(2)-1)\mathrm{i}}{\pi^3}\tau(\chi)L(3,\overline{\chi})+O(q^2)\end{aligned}$$

其中 $L(n,\chi)$ 是 Dirichlet $L$—函数，$\tau(\chi)=\sum_{r=1}^{q}\chi(r)\mathrm{e}\left(\frac{a}{q}\right)$ 是 Gauss 和.

**结论 29**　设 $q>3$，则有

$$\sum_{\chi(-1)=-1}\left|\sum_{r=1}^{q}r\chi(r)\right|^2$$
$$=\frac{1}{12}q^2\phi^2(q)+\frac{1}{6}q\phi(q)\prod_{p|q}(1-p)$$

特别地，当 $n$ 是 square-full 数时，上式可以简化为

$$\sum_{\chi(-1)=-1}^{*}\left|\sum_{r=1}^{q}r\chi(r)\right|^2=\frac{1}{12}q\phi^3(q)\prod_{p|q}\left(1+\frac{1}{p}\right)$$

其中 $\sum\limits_{\chi(-1)=-1}$ 表示对模 $q$ 的所有奇特征求和，$\sum\limits_{\chi(-1)=-1}^{*}$ 表示对模 $q$ 的所有奇原特征求和.

**注** 当 $\chi$ 是模 $q$ 的任一非主偶特征时，有

$$\begin{aligned}\sum_{r=1}^{q}r\chi(r)&=\sum_{r=1}^{q}(n-r)\chi(n-r)\\&=n\sum_{r=1}^{q}r\chi(r)-\sum_{r=1}^{q}r\chi(r)\\&=-\sum_{r=1}^{q}r\chi(r)\end{aligned}$$

所以当 $\chi$ 是模 $q$ 的非主偶特征时，$\sum\limits_{r=1}^{q}r\chi(r)=0$，而 $\chi$ 是模 $q$ 的主特征 $\chi_0$ 时

$$\begin{aligned}\sum_{r=1}^{q}r\chi_0(r)&=\sum_{\substack{1\leqslant r\leqslant q\\(r,q)=1}}r=\sum_{1\leqslant r\leqslant q}r\sum_{d|(r,q)}\mu(d)\\&=\sum_{1\leqslant r\leqslant q}r\sum_{d|q}d\mu(d)=\frac{1}{2}q\phi(q)\end{aligned}$$

**结论 30** 设 $q\geqslant 1$ 的任意奇整数，$\chi_p$ 表示模 $q$ 的任意特征，则有下列恒等式

$$(1-2\chi(2))\sum_{a=1}^{q}a\chi(a)=\chi(2)q\sum_{a=1}^{(q-1)/2}\chi(a)$$

成立.

**注**　当 $\chi$ 是由模 $m$ 的特征 $\chi_m$ 生成的模 $q$ 的特征时，那么

$$\sum_{a=1}^{q} a\chi(a)=\frac{q}{m}\Big(\prod_{\substack{p\mid q\\ p\neq m}}(1-\chi_m(p))\Big)\Big(\sum_{a=1}^{m} a\chi_m(a)\Big)$$

特别地，当 $\chi$ 是模 $m$ 的奇原特征时

$$\sum_{a=1}^{m} a\chi(a)=-\frac{\mathrm{i}m}{\pi}\tau(\chi)L(1,\overline{\chi})$$

**结论 31**　设 $q>2,n>0$ 是两个任意正整数，则对于模 $q$ 的任意原特征 $\chi$，有如下的恒等式

$$\sum_{a=1}^{q} a^n\chi(a)=\begin{cases} 2q^n\tau(\chi)\displaystyle\sum_{m=1}^{\left[\frac{n}{2}\right]}\frac{\binom{n}{2m-1}(2m-1)!\ L(2m,\overline{\chi})}{(-1)^{m+1}(2\pi)^{2m}} \\ \qquad(\text{当 }\chi(-1)=1\text{ 时}) \\ 2q^n\tau(\chi)\displaystyle\sum_{m=0}^{\left[\frac{n-1}{2}\right]}\frac{\binom{n}{2m}(2m)!\ L(2m+1,\overline{\chi})}{(-1)^{m+1}(2\pi)^{2m+1}\mathrm{i}} \\ \qquad(\text{当 }\chi(-1)=-1\text{ 时}) \end{cases}$$

**结论 32**　设整数 $k>2$，实数 $Q\geqslant 3$，则有如下的渐近公式

$$\sum_{q\leqslant Q}\frac{1}{\phi(q)}\sum_{\chi(\bmod q)}\sum_{n\leqslant Q^2}\frac{\chi(n)\mu(n)}{n}=Q+O(\ln^2 Q)$$

和

$$\sum_{q\leqslant Q}\frac{1}{\phi(q)}\sum_{\chi(\bmod q)}\sum_{n\leqslant Q^{2k}}\frac{\chi(n)\mu(n)}{n}$$
$$=Q+O\Big(\exp\Big(\frac{2^k k\ln Q}{\ln\ln Q}\Big)\Big)$$

其中 $r(n)=\sum_{\chi(\bmod q)}$ 表示对模 $q$ 的所有特征求和.

**结论 33** 设 $Q>3$ 是任意给定的实数,则有渐近公式

$$\begin{aligned}&\sum_{q\leqslant Q}\frac{q}{\phi(q)}\sum_{\chi\neq\chi_0}\left|\sum_{n\leqslant N}\frac{\Lambda(n)\chi(n)}{n}\right|^4\\&=\frac{1}{2}Q^2\cdot\left[\sum_{p}\frac{(p^2+1)\ln^4 p}{p(p+1)(p^2-1)^2}-\right.\\&4\sum_{p}\frac{(p^2-p+1)\ln^4 p}{p^2(p^2-1)^2}+\\&4\left(\sum_{p}\frac{\ln^2 p}{p^2-1}\right)\left(\sum_{p}\frac{\ln^2 p}{p(p+1)}\right)+\\&\left.4\left(\sum_{p}\frac{\ln^2 p}{p(p^2-1)}\right)^2\right]+O(Q\ln^5 N)\end{aligned}$$

其中 $N>Q$ 是实数,$\sum_{p}$ 表示对所有的素数求和.

**结论 34** 设整数 $p$ 是素数,整数 $\alpha>0$,则有

$$\begin{aligned}&\sum_{h\mid\phi(p^\alpha)}\frac{\mu(h)}{\phi(h)}\sum_{g=1}^{h}{}'\chi_{g,h}(n)\\&=\begin{cases}\dfrac{\phi(p^\alpha)}{\phi(\phi(p^\alpha))} & (\text{如果 } n \text{ 是模 } p^\alpha \text{ 的原根})\\0 & (\text{其他})\end{cases}\end{aligned}$$

其中 $\sum_{h\mid\phi(p^\alpha)}$ 表示对于整除 $\phi(p^\alpha)$ 的所有正整数 $h$ 求和,$\mu(h)$ 为 Möbius 函数,$\chi_{g,h}=e^{\frac{2\pi i g \operatorname{ind}_g n}{h}}$ 为 Dirichlet 特征,$\operatorname{ind}_g n$ 是 $n$ 关于模 $g$ 的指标.

**结论 35** 设整数 $p$ 是奇数,$\chi_p$ 表示模 $p$ 的偶特征,则有渐近公式

$$\sum_{a=1}^{(p-1)/2}\chi_p(a)\mid s_1(2a,p)\mid^2$$

$$=\frac{12}{5}(4-\overline{\chi}_p(2))(p/12)^2\ \frac{|L(2,\chi_p)|^2}{\zeta(4)}+$$

$$O\left(p\exp\left(\frac{6\ln p}{\ln\ln p}\right)\right)$$

其中 $s_1(c,d)=\sum_{j=1}^{c}(-1)^{\left[\frac{dj}{c}\right]}\left(\left(\frac{j}{c}\right)\right)$ 表示对模 $q$ 的所有奇特征求和.

**结论 36**　设 $q\geqslant 3$ 以及 $m$ 都是正整数，$\chi$ 是模 $q$ 的任一 Dirichlet 特征，则有

$$\sum_{a=1}^{q}\chi(a)\zeta\left(s,\frac{a}{q}\right)S^m(a,q)$$

$$=\frac{q^{s-m}}{\pi^{2m}}\sum_{d_1|q}\cdots\sum_{d_m|q}\frac{d_1^2\cdots d_m^2}{\phi(d_1)\cdots\phi(d_m)}\cdot$$

$$\sum_{\substack{\chi_1(\bmod d_1)\\ \chi_1(-1)=-1}}\cdots\sum_{\substack{\chi_m(\bmod d_m)\\ \chi_m(-1)=-1}}L(s,\chi\chi_1\cdots\chi_m)\cdot$$

$$|L(1,\chi_1)|^2\cdot\cdots\cdot|L(1,\chi_m)|^2$$

其中 $s=\sigma+\mathrm{i}t,\frac{1}{2}\leqslant\sigma<1,\zeta\left(s,\frac{a}{q}\right)$ 是 Hurwitz-zeta 函数，且

$$S(h,q)=\sum_{a=1}^{k}\left(\left(\frac{a}{k}\right)\right)\left(\left(\frac{ah}{k}\right)\right)$$

是经典的 Dedekind 和，此处 $k$ 是任意给定的正整数，$h$ 是任意整数，则

$$((x))=\begin{cases}x-[x]-\frac{1}{2} & (\text{如果 } x \text{ 不是整数})\\ 0 & (\text{如果 } x \text{ 是整数})\end{cases}$$

**结论 37**　设 $p$ 是奇素数，$k$ 及 $n$ 是任意的正整数，$\chi$ 表示模 $p$ 的任一偶特征，则有渐近公式：

(i) 当 $n$ 是奇数时

$$\sum_{h=1}^{p-1}\chi(h)\mid S(h,n,p)\mid^{2k}$$

$$=2\frac{(n!)^{4k}}{4^{2(n-1)k}}\left(\frac{p\zeta(2n)}{2\pi^{2n}}\right)^{2k}\frac{\mid L(2nk,\chi)\mid^{2}}{\zeta(4nk)}+$$

$$O\left(p^{2k-n}\exp\left(\frac{6\ln p}{\ln\ln p}\right)\right)$$

(ii) 当 $n$ 是偶数时

$$\sum_{h=1}^{p-1}\chi(h)\mid S(h,n,p)\mid^{2k}$$

$$=2\frac{(n!)^{4k}}{4^{2(n-1)k}}\left(\frac{p\zeta(2n)}{2\pi^{2n}}\right)^{2k}\frac{\mid L(2nk,\chi)\mid^{2}}{\zeta(4nk)}+$$

$$O(p^{2k-1})$$

其中 $S(h,n,p)=\sum_{a=1}^{q}\overline{B}_n\left(\frac{a}{q}\right)\overline{B}_n\left(\frac{ah}{q}\right)$ 是广义的 Dedekind 和

$$\overline{B}_n(x)=\begin{cases}B_n(x-[x]) & (\text{如果 } x \text{ 不是整数})\\ 0 & (\text{如果 } x \text{ 是整数})\end{cases}$$

为 $n$ 次 Bernoulli 数.

**结论 38** 设 $q>3$ 是任意正整数,则对于任意实数 $N,1<N<\sqrt{q}$,有如下的渐近公式

$$\sum_{\substack{\chi(\bmod q)\\ \chi\neq\chi_0}}\left|\sum_{n\leqslant N}\chi(n)\right|^2\cdot\mid L(1,\chi)\mid^2$$

$$=\frac{\pi^2}{6}\frac{\phi^2(q)}{q}N\prod_{p\mid q}\left(1-\frac{1}{p^2}\right)+O(\phi(q)2^{\omega(q)}\ln^2 q)+$$

$$\frac{\pi^2}{3}\frac{\phi^2(q)}{q}\frac{N}{\zeta(3)}\prod_{p\mid q}\left(1-\frac{1}{p^2+p+1}\right)\cdot$$

$$\sum_{m=1}^{\infty}{}'\sum_{\substack{n=1\\(m+n,q)=1}}^{\infty}{}'\frac{1}{mn(m+n)}+O(N^3\ln^2 q)$$

其中 $\sum_{m=1}^{\infty}{}' \sum_{\substack{n=1 \\ (m+n,q)=1}}^{\infty}{}'$ 表示对于所有与 $q$ 互素的正整数 $m$，以及与 $q$ 互素的正整数 $n$，且满足 $m+n$ 也与 $q$ 互素的 $m$ 和 $n$ 求和，是一个与 $q$ 有关的常数，$\zeta(s)$ 是 Riemann $\zeta$－函数.

特别地，当 $q=p$，$p>2$ 是素数时，此结论可以简化为

$$\sum_{\substack{\chi(\bmod p) \\ \chi\neq\chi_0}} \left|\sum_{n\leqslant N}\chi(n)\right|^2 \cdot |L(1,\chi)|^2$$

$$=\frac{\pi^2}{6}\cdot p\cdot N\left[1+\frac{2}{\zeta(3)}\sum_{m=1}^{\infty}\frac{1}{m^2}\left(\sum_{k=1}^{m}\frac{1}{k}\right)\right]+$$

$$O(p\ln^2 p+N^3\ln^2 p)$$

**结论 39**　设整数 $q\geqslant 3$ 是任一正整数，$\chi$ 表示模 $q$ 的任一特征，则有如下的渐近公式

$$\sum_{d\mid q}\sum_{l=1}^{(q-1)/d} d^{\frac{1}{2}}\left|\sum_{\chi\neq\chi_0}\chi(ld+1)\mid L(1,\chi)\mid^{2k}\right|=O(q^{1+\varepsilon})$$

其中 $\sum_{\chi\neq\chi_0}$ 表示对模 $p$ 的所有非主特征求和. $\chi_0$ 表示对模 $q$ 的主特征，$\varepsilon$ 表示任意正数.

**注**　特别地，在上面的结论中，取 $d=1$，$q=p$ 是奇素数，则

$$\sum_{a=1}^{p-1}\left|\sum_{\chi\neq\chi_0}\chi(a)L(1,\chi)\right|=O(p\ln p)$$

**结论 40**　设 $k>2$ 是任意正整数，则有如下的估计

$$\sum_{\substack{1\leqslant a\leqslant k \\ (a,k)=1}}\left|\sum_{\substack{\chi(\bmod k) \\ \chi(-1)=-1}}\chi(a)L^2(1,\overline{\chi})\right|\leqslant k\ln^2 k$$

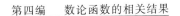

其中 $\sum\limits_{\substack{1\leqslant a\leqslant k\\(a,k)=1}}$ 表示对于所有与 $k$ 互素的且小于或者等于 $k$ 的正整数 $a$ 求和.

**结论 41** 对于任意的实数 $Q>1,m>0$,令 $q=NM,(M,N)=1,M=\prod\limits_{p\parallel q}p$. 任意的正整数 $k,r(n)=\sum\limits_{r_1r_2\cdots r_k=n}\mu(r_1)\mu(r_2)\cdots\mu(r_k)$,有如下的渐近公式

$$\sum_{q\leqslant Q}A(q,k)\sum_{d\mid M}(Nd)^{\frac{m}{2}}\cdot$$
$$\sum_{\chi(\bmod Nd)}^{*}\left|\sum_{n\leqslant Q^{2k}}\frac{r(n)\chi(n)\chi_M^0(n)}{n}\right|^2$$
$$=\frac{4}{m+2}Q^{\frac{m}{2}+2}+O(Q^{\frac{m}{2}+1+\varepsilon})$$

其中 $\sum\limits_{\chi(\bmod Nd)}^{*}$ 表示对模 $Nd$ 的所有原特征求和.

**结论 42** 设 $p\leqslant Q$ 是任一奇素数,$\chi$ 表示模 $p$ 的特征,则对于任意正整数 $k$,有

$$\sum_{p\leqslant Q}\frac{1}{p^{\frac{3}{2}}}\sum_{a=1}^{p-1}\left|\sum_{\chi(\bmod p)}\frac{\chi(a)}{|L(1,\chi)|^{2k}}\right|$$
$$=O(Q^{\frac{1}{2}+\varepsilon})$$

其中 $\sum\limits_{\chi(\bmod p)}$ 表示对模 $p$ 的所有特征求和,$\varepsilon$ 为任意固定整数.

**结论 43** 设 $q\geqslant 3$ 为正整数,$\chi$ 表示模 $q$ 的 Dirichlet 特征,则有如下的估计式

$$\sum_{q\leqslant Q}\frac{A^k(q)}{\phi^2(q)}q^{\frac{1}{2}}d(q)\sum_{d\mid q}\sum_{l=1}^{\frac{q-1}{d}}d^{\frac{1}{2}}\left|\sum_{\chi(\bmod q)}\frac{\chi(ld+1)}{|L(1,\chi)|^{2k}}\right|$$
$$=O(Q^{\frac{1}{2}+\varepsilon})$$

其中 $\sum\limits_{\chi\ (\mathrm{mod}\ q)}$ 表示对于所有的模 $q$ 的特征求和，$A(q)=\prod\limits_{p\mid q}\left(1+\frac{1}{p^2}\right)$，$\prod\limits_{p\mid q}$ 表示对 $q$ 的所有不同的素因子求积.

**结论 44**　设 $k$ 是任意正整数，$m$ 和 $n$ 是任意整数，则有

$$\sum_{\substack{\chi\ (\mathrm{mod}\ q)\\ \chi\neq\chi_0}}\left[\sum_{a=2}^{q}\ {\sum_{b=1}^{q}}'\chi(a)\mathrm{e}\left(\frac{mb(a-1)+n\bar{b}(\bar{a}-1)}{q}\right)\right]\cdot\left|\frac{L'}{L}(1,\chi)\right|^{2k}\ll q^{\frac{3}{2}+\varepsilon}$$

**结论 45**　设 $q\geqslant 3$ 是任一奇数，则有

$$\sum_{\substack{\chi\ (\mathrm{mod}\ q)\\ \chi(-1)=-1}}\chi(2)\mid L(1,\chi)\mid^4=\frac{\pi^4}{36}\phi(q)\prod_{p\mid q}\frac{(p^2-1)^3}{p^4(p^2+1)}+O\left(\exp\left(\frac{3\ln q}{\ln\ln q}\right)\right)$$

其中 $\sum\limits_{\substack{\chi\ (\mathrm{mod}\ q)\\ \chi(-1)=-1}}$ 表示对模 $q$ 的所有奇特征求和.

**注**　对于结论 39 中的 $q$，取 $q=p$ 为素数，则对于任意给定的非负整数 $m$，有下面更一般的渐近公式

$$\sum_{\substack{\chi\ (\mathrm{mod}\ p)\\ \chi(-1)=-1}}\chi(2^m)\mid L(1,\chi)\mid^4=\frac{(3m+5)\pi^4}{72\cdot 2^{m+1}}p+O(p^{\varepsilon})$$

其中 $\varepsilon$ 是给定的任意小的正数.

**结论 46**　设 $u,v$ 是奇数，$d=(u,v)>2$，$\chi_u^0$，$\chi_v^0$ 分

别是模 $u$ 和 $v$ 的主特征,则有

$$\sum_{\substack{\chi \pmod d \\ \chi(-1)=-1}} \chi(2)\,|L(1,\chi\chi_u^0)|^2\,|L(1,\chi\chi_v^0)|^2$$

$$=\frac{\pi^4}{36}\phi(d)\frac{\prod\limits_{p\mid uv}\frac{(p^2-1)^2}{p^2(p^2+1)}}{\prod\limits_{p\mid d}\frac{p^2}{p^2-1}}+O\left(\frac{\phi(d)}{d}\exp\left(\frac{3\ln m}{\ln\ln m}\right)\right)$$

其中 $\sum\limits_{\substack{\chi(\bmod d) \\ \chi(-1)=-1}}$ 表示对模 $d$ 的所有的奇特征求和,$\prod\limits_{p\mid n}$ 表示对 $n$ 的所有的素因子求积,$m=\max(u,v)$ 代表 $u$ 和 $v$ 的最大公因子.

**注** 张文鹏等人对 $d\geqslant 2$ 的情况进行考虑,同时对 $\chi$ 的参数 2 和 4 都进行考虑.当 $\chi$ 的参数为 2 时,对 $d\geqslant 2$ 的情况和 $d>2$ 的结论相同,当 $\chi$ 的参数为 4 时,得到类似的结论

$$\sum_{\substack{\chi(\bmod d) \\ \chi(-1)=-1}} \chi(4)\,|L(1,\chi\chi_u^0)|^2\,|L(1,\chi\chi_v^0)|^2$$

$$=\frac{11\pi^4}{576}\phi(d)\frac{\prod\limits_{p\mid uv}\frac{(p^2-1)^2}{p^2(p^2+1)}}{\prod\limits_{p\mid d}\frac{p^2}{p^2-1}}+O\left(\frac{\phi(d)}{d}\exp\left(\frac{3\ln m}{\ln\ln m}\right)\right)$$

当 $\chi$ 的参数为 $2^m$,$m\geqslant 0$ 时,我们有下面的结论.

**结论 47** 设 $p$ 是素数,$\chi$ 是模 $p$ 的 Dirichlet 特征,$m\geqslant 0$ 是固定整数,则有如下的渐近公式

$$\sum_{\substack{\chi \pmod p \\ \chi(-1)=-1}} \chi(2^m) \mid L(1,\chi) \mid^2 \mid L(1,\chi\chi_2^0) \mid^2$$

$$= \frac{\pi^4}{64 \cdot 2^m} + O(p^{\varepsilon})$$

其中 $\chi_2^0$ 表示模 2 的主特征.

**结论 48**　设整数 $q > 2, j \geqslant 0, \chi_1$ 为模 $q$ 的任意非主特征,则有

$$\sum_{\substack{\chi \neq \chi_1 \\ \chi(-1)=-1}} \overline{\chi}(2^j)\tau(\chi\chi_1)\tau(\overline{\chi})L(1,\overline{\chi\chi_1})L(1,\overline{\chi}) \ll q^{\frac{1}{2}+\varepsilon}$$

当 $\chi_1$ 为模 $q$ 的任意非主偶特征,有

$$\sum_{\chi(-1)=-1}{}^{*} \overline{\chi}(2^j)\tau(\overline{\chi})L(1,\overline{\chi})L(1,\overline{\chi})\sum_{a=1}^{q} a\chi\chi_1(a)$$

$$\ll q^{\frac{5}{2}+\varepsilon}$$

**结论 49**　设 $k = uv, (u,v) = 1$,且 $u$ 是 square-full 数,或者 $u = 1, v$ 是 square-free 数,则有渐近公式

$$\sum_{d \mid v} \sum_{d_1 \mid \frac{v}{d}} \sum_{d_2 \mid \frac{v}{d}} \frac{u^2 d^2 \mu\left(\frac{v}{dd_1}\right) \mu\left(\frac{v}{dd_2}\right)}{d_1 d_2 \phi\left(\frac{k}{d_1}\right) \phi\left(\frac{k}{d_2}\right)} \cdot$$

$$\sum_{\substack{\chi \pmod{ud} \\ \chi(-1)=-1}}{}^{*} \overline{\chi}(d_1 d_2) L^2(1,\overline{\chi})$$

$$= \frac{k}{2} \prod_{p \parallel k} \left(1 - \frac{1}{p(p-1)}\right) + O(k^{\varepsilon})$$

其中 $\sum\limits_{\substack{\chi(\bmod ud) \\ \chi(-1)=-1}}{}^{*}$ 表示对模 $ud$ 的所有奇原特征求和.

**结论 50**　设 $k$ 是任意正整数,则有如下的渐近公式

$$\sum_{m \mid k} \sum_{\substack{\chi \pmod m \\ \chi(-1)=-1}}{}^{*} m^2 \overline{\chi}^2\left(\frac{k}{m}\right) \mu^2\left(\frac{k}{m}\right) \Big(\prod_{\substack{p \mid k \\ p \nmid m}} (1-\chi(p))\Big)^2 L^2(1,\overline{\chi})$$

$$=\frac{1}{2}k\phi^{2}(k)\prod_{p\parallel k}\left(1-\frac{1}{p(p-1)}\right)+O(k^{\frac{2}{5}+\varepsilon})$$

其中$\prod\limits_{p\parallel k}$表示对于所有恰好整除 $k$ 的素因子求积.

**结论 51** 令 $q=uv,(u,v)=1,u$ 是 square-full 数或 $u=1,v$ 是 square-free 数,则有如下的渐近公式

$$\sum_{d\mid v}(ud)^{m}\sum_{\substack{\chi\ (\bmod\ ud)\\ \chi(-1)=1}}^{*}\left[\sum_{t\mid \frac{v}{d}}\frac{\overline{\chi}(t)\phi(t)}{t^{n}}\right]^{m}L^{m}(n,\overline{\chi})$$

$$=\frac{q^{m-1}\phi^{2}(q)}{2}\prod_{p\parallel q}\left(1-\frac{p^{m-1}-1}{p^{m-1}(p-1)^{2}}\right)+O(q^{m+\varepsilon})$$

和

$$\sum_{d\mid v}(ud)^{m}\sum_{\substack{\chi\ (\bmod\ ud)\\ \chi(-1)=-1}}^{*}\left[\sum_{t\mid \frac{v}{d}}\frac{\overline{\chi}(t)\phi(t)}{t^{n}}\right]^{m}L^{m}(n,\overline{\chi})\cdot$$

$$\frac{q^{m-1}\phi^{2}(q)}{2}\prod_{p\parallel q}\left(1-\frac{p^{m-1}-1}{p^{m-1}(p-1)^{2}}\right)+O(q^{m+\varepsilon})$$

其中 $L(s,\chi)$ 是对应于 $\chi$ 的 Dirichlet $L-$ 函数.

**注** 上面的结论 51 说明,在这个和式的均值分布中,奇特征和偶特征的贡献是一样多的,但是并不是所有的包含特征的和式中,奇特征和偶特征的贡献是一样的. 例如,比较前面的推论 3 中的和式

$$\sum_{\substack{\chi(-1)=1\\ \chi\neq\chi^{0}}}\left|S\left(\frac{p}{4},\chi\right)\right|^{4}=\frac{3}{256}p^{3}+O(q^{2+\varepsilon})$$

和推论 4 中的和式

$$\sum_{\chi(-1)=-1}^{*}\left|S\left(\frac{q}{4},\chi\right)\right|^{4}$$

$$=\frac{9}{128}q^{2}J(q)\prod_{p\mid q}\frac{(p^{2}-1)^{3}}{p^{4}(p^{2}+1)}+O(q^{2+\varepsilon})$$

我们发现对于四分之一区间上特征和的高次均值,奇原特征的贡献是偶原特征的六倍.

**结论 52**　设 $p$ 是奇素数,则对于模 $p$ 的任意的主特征 $\chi$ 和任意与 $p$ 互素的整数 $n$,有下面的恒等式

$$\sum_{m=1}^{p}\left[\sum_{a=1}^{p-1}\chi(a)\sum_{b=1}^{p-1}e\left(\frac{mb-n\overline{ba}(a-1)^2}{p}\right)\right]^2$$

$$=\begin{cases}p^2(p-3) & (\text{当 }\chi\text{ 是模 }p\text{ 的复特征时})\\ 2p^2(p-2) & (\text{当 }\chi\text{ 是模 }p\text{ 的二次特征时})\end{cases}$$

**结论 53**　设 $p$ 是奇素数,$k$ 是固定的正整数,$\chi_1$, $\chi_2$,$\chi_3$ 都是模 $p$ 的 Dirichlet 特征,则对于任意整数 $u$, $u(u,p)=1$,有

$$\left|\sum_{a=1}^{p-1}\sum_{b=1}^{p-1}\sum_{c=1}^{p-1}\chi_1(a)\chi_2(b)\chi_3(c)e\left(\frac{u(a^kb^k+b^kc^k+c^ka^k)}{p}\right)\right|$$

$$\leqslant 8k^3p\sqrt{p}$$

**结论 54**　设 $h$ 是任一给定的整数,$q\geqslant 2$ 是正整数,且 $(h,q)=1$,$\chi$ 是模 $q$ 的特征,则对于任意的正整数 $k$,有下面的估计式

$$\sum_{\substack{\chi\ (\mathrm{mod}\ q)\\ \chi(-1)=-1}}\overline{\chi}(h)\left(\sum_{n=1}^{\infty}\frac{G(n,\chi)}{n}\right)^{k+1}$$

$$\ll \phi(q)q^{\frac{k}{2}}(k+1)^{w(q)}d(q)\ln^{k+1}q$$

其中 $G(n,\chi)=\sum_{a=1}^{q}\chi(a)e\left(\frac{an}{q}\right)$ 是 Gauss 和,$d(q)$ 是除数函数,$w(q)$ 表示 $q$ 的不同的素因子个数.

**结论 55**　设 $N\geqslant Q^2\geqslant 3$ 是任一实数,$m$ 是固定的整数,且 $|m|\leqslant Q$,则有

$$\sum_{p\leqslant Q}\frac{1}{p(p-1)^2}\sum_{\substack{\chi\neq\chi_0\\ \chi(-1)=-1}}|G(m,\chi;p)|^4\left|\sum_{n\leqslant N}\frac{\chi(n)\mu(n)}{n}\right|$$

$$=3C\pi(Q)+O(Q^{\frac{1}{2}}\ln^2 N)$$

其中 $\sum\limits_{\chi\neq\chi_0}$ 表示对模 $p$ 的所有非主特征求和，$G(n,\chi;q)=\sum\limits_{a=1}^{q}\chi(a)e\left(\frac{na^2}{q}\right)$ 是二次 Gauss 和，以及

$$C=\sum_{n=1}^{\infty}\frac{r^2(n)}{n^2}=\prod_{p}\left[1+\frac{\binom{2}{1}^2}{4^2p}+\frac{\binom{4}{2}^2}{4^4 3^2 p^4}+\cdots+\frac{\binom{2m}{m}^2}{4^{2m}(2m-1)^2p^{2m}}+\cdots\right]$$

**结论 56** 设 $q$ 和 $u$ 是正整数，$u\mid q$，$u>2$，且令 $m$ 是任一正整数，则有

$$\sum_{\substack{\chi\,(\mathrm{mod}\,u)\\ \chi(-1)=-1}}^{*}\chi(m)\tau(\chi)\mid L(1,\chi\chi_q^0)\mid^2\ll u2^{\omega(q)}\ln^3 u$$

其中 $\sum\limits_{\substack{\chi\,(\mathrm{mod}\,u)\\ \chi(-1)=-1}}^{*}$ 表示对模 $q$ 的所有奇原特征求和. $\tau(x)$ 是关于 $\chi$ 的 Gauss 和.

**结论 57** 对于是任意正整数 $q$，$s$ 和 $r$，$r>1$，设 $d_r=(r,\phi(q))$，$\chi_{d_r}$ 是模 $q$ 的 $d_r$ 次特征，则对模 $q$ 的任意特征 $\chi$，有恒等式

$$\sum_{h=1}^{q}\overline{\chi}(h)K(h,1,q)=\tau(\overline{\chi})\sum_{j=0}^{d_r-1}\tau^2(\chi)$$

及

$$\sum_{h=1}^{q}\overline{\chi}(h)K(h,1,r;q)=\tau^2(\overline{\chi})+\tau(\overline{\chi})\sum_{i=1}^{d_r-1}\tau(\overline{\chi}\chi_1^i)$$

成立，其中

$$K(m,n;q)=\sum_{b=1}^{q}{}'e\left(\frac{mb+n\overline{b}}{q}\right)$$

是 Kloosterman 和,及

$$K(m,n,r;q)=\sum_{b=1}^{q}{}'\mathrm{e}\left(\frac{mb^r+n\bar{b}^r}{q}\right)$$

是广义 Kloosterman 和.

**结论 58** 设 $q,s$ 是任意正整数,且令 $l_r=(r,\phi(q))$,$\chi_1$ 是模 $q$ 的 $l_t$ 次特征,则对模 $q$ 的任意特征 $\chi$ 有恒等式

$$\sum_{h=1}^{q}\bar{\chi}(h)K(h,r+1;q)=\tau^{r+1}(\bar{\chi})$$

及

$$\sum_{h=1}^{q}\bar{\chi}(h)K(h,s+1,t;q)$$
$$=\tau(\bar{\chi})\left(\tau(\bar{\chi})+\sum_{i=1}^{l_t-1}\tau(\bar{\chi}\chi_1^i)\right)^s$$

成立.

**注** 结论 58 是结论 57 的推广,我们在结论 58 的两个式子中分别取 $r=0$ 和 $s=0$ 就得到结论 57 中的两个等式.

**结论 59** 设 $q,s$ 是任意正整数,$\chi$ 是模 $q$ 的任意特征,则有恒等式

$$\sum_{c=1}^{q}\bar{\chi}(c)K(\bar{4}c,1;q)=\bar{\chi}\tau^2(\bar{\chi})$$

## §3 新 进 展

### 1 引言

令 $q>2$ 是正整数,$\chi$ 是模 $q$ 的 Dirichlet 特征.这

一节我们利用特征和的估计及初等的方法来讨论短区间上的特征和

$$\sum_{\chi(\bmod q)}\left|\sum_{n\leqslant N}n^k\chi(n)\right|^4 \tag{1}$$

的四次均值,并且给出一个渐近公式.

关于特征和估计我们前面提到,最经典的结果是 Pölya 和 Vinogradov 得到的估计式

$$\sum_{n=N+1}^{N+H}\chi(n)\ll q^{\frac{1}{2}}\log q$$

此式对于所有的非主特征都成立.

H. L. Montgomery 和 R. C. Vaughan 得到,对于任意的正整数 $k$,有

$$\sum_{\substack{\chi(\bmod q)\\ \chi\neq\chi_0}}\max_{1\leqslant y\leqslant q}\left|\sum_{n\leqslant y}\chi(n)\right|^{2k}\ll\phi(q)\cdot q^k$$

其中 $\phi(q)$ 是 Euler 函数.

A. Ayyad,T. Cochrane 及 Z. Y. Zheng 得到如下的结论

$$\frac{1}{p-1}\sum_{\substack{\chi(\bmod p)\\ \chi\neq\chi_0}}\left|\sum_{x=1}^{B}\chi(x)\right|^4$$
$$=\frac{12}{\pi^2}B^2\ln B+\left(C-\frac{B^2}{p}\right)+$$
$$O(B^{\frac{19}{13}}\ln^{\frac{7}{13}}B)$$

其中 $p$ 是素数,$C$ 是绝对常数,且 $B\leqslant\sqrt{p}$.

Sanying Shi 给出了下面的结论

$$\frac{1}{p-1}\sum_{\substack{\chi(\bmod p)\\ \chi\neq\chi_0}}\left|\sum_{x=1}^{B}\chi(x)\right|^4$$
$$=\frac{12}{\pi^2}B^2\ln B+\left(C-\frac{B^2}{p}\right)+O(B^{\frac{547}{416}+\varepsilon})$$

其中 $\varepsilon$ 是任意给定的正数.

前面这些都是关于素数模的讨论,然而对于一般的模 $q$ 还没有人研究过这个和式.但是这个问题非常有趣也非常重要,因为我们可以利用它来给出短区间上特征和的上界估计.

我们这节主要证明下面的:

**定理**　设 $q>2$ 是正整数,$k>0$ 是任一给定的实数,则对于满足 $1<N<\sqrt{q}$ 的实数 $N$,有下面的渐近公式

$$\sum_{\chi(\bmod q)}\left|\sum_{n\leqslant N}n^k\chi(n)\right|^4$$
$$=\frac{12}{\pi^2}\cdot\frac{\phi^4(q)}{q^3}\cdot\frac{N^{4k+2}}{(2k+1)^3}\cdot\prod_{p\mid q}\frac{p}{p+1}\cdot\ln N+$$
$$O(\phi(q)\cdot N^{4k+2}\cdot 2^{\omega(q)})$$

其中 $\phi(q)$ 是 Euler 函数,$\prod\limits_{p\mid q}$ 表示对于 $q$ 的所有的不同的素因子求积,$\omega(q)$ 表示 $q$ 的不同的素因子个数.

取 $q=p$,$p$ 是素数,$k=1$,则有下面的推论:

**推论 1**　设 $p>2$ 是素数,则对于任一实数 $N$,$1<N<\sqrt{p}$,有如下的渐近公式

$$\sum_{\chi(\bmod p)}\left|\sum_{n\leqslant N}n\chi(n)\right|^4$$
$$=\frac{4}{9\pi^2}\cdot p\cdot N^6\cdot\ln N+O(p\cdot N^6)$$

**推论 2**　设 $p>2$ 是素数,$\varepsilon$ 是任一给定的正数,则对于任一实数 $N$,$p^{\varepsilon}<N<p^{\frac{1}{2}-\varepsilon}$,有渐近公式

$$\frac{1}{p}\sum_{\chi(\bmod p)}\left|\sum_{n\leqslant N}n\chi(n)\right|^4\sim\frac{4}{9\pi^2}\cdot N^6\cdot\ln N$$
$$(p\to+\infty)$$

从定理我们可以看出，当 $q$ 只有有限几个不同的素因子（比如 $\omega(q) \ll \ln\ln q$），定理也是成立的. 当 $N \geqslant \sqrt{q}$，结论是显然的.

一方面，在定理中我们让 $k \to 0^+$，对于 $q \geqslant 3$ 及任意实数 $1 \leqslant N \leqslant \sqrt{q}$，至少存在一个模 $q$ 的非主特征 $\chi$，满足下面的恒等式

$$\left|\sum_{a=1}^{N}\chi(a)\right| \geqslant C \cdot \sqrt{N} \cdot \ln^{\frac{1}{2}} N$$

另一方面，我们在前面已经知道

$$\sum_{n=N+1}^{N+H}\chi(n) \ll q^{\frac{1}{2}}\log q$$

现在如果我们能够找到一个模 $q$ 的非主特征 $\chi$，对于某个 $H$ 也满足

$$\sum_{n=N+1}^{N+H}\chi(n) \ll H^{\frac{1}{2}}\log H$$

如果能够找到，那么我们就能得到一个关于特征和的另一个渐近公式. 现在，我们猜想下面的结论是成立的：

**猜想**　设 $q > 3$ 是正整数，则对于模 $q$ 的任一非主特征 $\chi$，有如下的估计

$$\left|\sum_{a=1}^{N}\chi(a)\right| \ll \sqrt{N} \cdot \ln N$$

此式对于所有实数 $N \geqslant 3$ 都成立.

为了证明定理，首先需要证明下面的引理.

## 2　一个引理

**引理**　设 $q > 2$ 是给定整数，则对于任意实数 $N > 1$，有下面的渐近公式

$$\sum_{\substack{1\leqslant n\leqslant N\\(n,q)=1}}\frac{\phi(n)}{n^2}$$
$$=\frac{6}{\pi^2}\prod_{p|q}\frac{p}{p+1}\left(\ln N+\gamma+\sum_{n=1}^{\infty}\frac{\Lambda(n)}{n^2}+\sum_{p|q}\frac{p\cdot\ln p}{p^2-1}\right)+$$
$$O\left(\frac{2^{\omega(q)}\ln N}{\sqrt{N}}\right)$$

其中 $\phi(q)$ 是 Euler 函数，$\gamma$ 是 Euler 常数，$\Lambda(n)$ 是 Mangoldt 函数，$\prod\limits_{p|q}$ 表示对于 $q$ 的所有不同的素因子求积.

**证明**　注意到 $\phi(n)=n\sum\limits_{d|n}\frac{\mu(d)}{d}$，此处 $\mu(d)$ 是 Möbius 函数，我们有

$$\sum_{\substack{1\leqslant n\leqslant N\\(n,q)=1}}\frac{\phi(n)}{n^2}$$
$$=\sum_{\substack{md\leqslant N\\(md,q)=1}}\frac{\mu(d)}{d^2\cdot m}$$
$$=\sum_{\substack{d\leqslant\sqrt{N}\\(d,q)=1}}\frac{\mu(d)}{d^2}\sum_{\substack{m\leqslant\frac{N}{d}\\(m,q)=1}}\frac{1}{m}+$$
$$\sum_{\substack{m\leqslant\sqrt{N}\\(m,q)=1}}\frac{1}{m}\sum_{\substack{d\leqslant\frac{N}{m}\\(d,q)=1}}\frac{\mu(d)}{d^2}-$$
$$\left(\sum_{\substack{d\leqslant\sqrt{N}\\(d,q)=1}}\frac{\mu(d)}{d^2}\right)\cdot\left(\sum_{\substack{m\leqslant\sqrt{N}\\(m,q)=1}}\frac{1}{m}\right)\tag{2}$$

由于

$$\sum_{\substack{m\leqslant N\\(m,q)=1}}\frac{1}{m}$$
$$=\sum_{m\leqslant N}\frac{1}{m}\sum_{d|(m,q)}\mu(d)$$

$$= \sum_{dr \leq N} \sum_{d \mid q} \frac{\mu(d)}{dr}$$

$$= \sum_{d \mid q} \frac{\mu(d)}{d} \sum_{r \leq \frac{N}{d}} \frac{1}{r}$$

$$= \sum_{d \mid q} \left( \log \frac{N}{d} + \gamma + O\left(\frac{d}{N}\right) \right) \frac{\mu(d)}{d}$$

$$= \frac{\phi(q)}{q} \left( \ln N + \gamma + \sum_{p \mid q} \frac{\ln p}{p-1} \right) + O\left( \frac{2^{\omega(q)}}{N} \right) \qquad (3)$$

$$\sum_{\substack{d \leq N \\ (d,q)=1}} \frac{\mu(d)}{d^2}$$

$$= \sum_{\substack{d=1 \\ (d,q)=1}}^{\infty} \frac{\mu(d)}{d^2} - \sum_{\substack{d > N \\ (d,q)=1}} \frac{\mu(d)}{d^2}$$

$$= \frac{6}{\pi^2} \prod_{p \mid q} \left( 1 - \frac{1}{p^2} \right)^{-1} + O\left( \frac{1}{N} \right) \qquad (4)$$

$$\sum_{\substack{d \leq N \\ (d,q)=1}} \frac{\mu(d) \ln d}{d^2}$$

$$= \sum_{\substack{d=1 \\ (d,q)=1}}^{\infty} \frac{\mu(d) \ln d}{d^2} - \sum_{\substack{d > N \\ (d,q)=1}} \frac{\mu(d) \ln d}{d^2}$$

$$= \sum_{\substack{d=1 \\ (d,q)=1}}^{\infty} \frac{1}{d^2} \cdot \left( - \sum_{r \mid d} \mu(r) \Lambda\left( \frac{d}{r} \right) \right) -$$

$$\sum_{d > N} \frac{\mu(d) \ln d}{d^2} \sum_{r \mid (d,q)} \mu(r)$$

$$= \sum_{\substack{rs=1 \\ (d,q)=1}}^{\infty} \frac{1}{r^2 s^2} \cdot (-\mu(r) \Lambda(s)) +$$

$$O\left( \sum_{r \mid q} \mid \mu(r) \mid \sum_{d > N} \frac{\mu(d) \ln d}{d^2} \right)$$

$$= \sum_{\substack{r=1 \\ (r,q)=1}}^{\infty} \frac{\mu(r)}{r^2} \cdot \left[ - \sum_{s=1}^{\infty} \frac{\Lambda(s)}{s^2} + \sum_{\substack{p \\ p \mid q}} \left( \frac{\ln p}{p^2} + \frac{\ln p}{p^4} + \cdots \right) \right] +$$

$$O\Big(\sum_{r|q} |\mu(r)| \sum_{d>N} \frac{\ln d}{d^2}\Big)$$

$$= \sum_{\substack{r=1 \\ (r,q)=1}}^{\infty} \frac{\mu(r)}{r^2} \cdot \Big[-\sum_{s=1}^{\infty} \frac{\Lambda(s)}{s^2} + \sum_{p|q} \frac{\log p}{p^2-1}\Big] +$$

$$O\Big(\frac{2^{\omega(q)} \ln N}{N}\Big)$$

联合式(2)(3)(4) 及(5),我们就可以得到

$$\sum_{\substack{1\leqslant n\leqslant N \\ (n,q)=1}} \frac{\phi(n)}{n^2}$$

$$= \sum_{\substack{d\leqslant\sqrt{N} \\ (d,q)=1}} \frac{\mu(d)}{d^2}\Big[\frac{\phi(q)}{q}\Big(\ln \frac{N}{d} + \gamma + \sum_{p|q} \frac{\ln p}{p-1}\Big)\Big] +$$

$$O\Big(\frac{2^{\omega(q)}}{\sqrt{N}}\Big) + O\Big(\sum_{1\leqslant n\leqslant\sqrt{N}} \frac{1}{d} \frac{2^{\omega(q)}}{N}\Big)$$

$$= \frac{6}{\pi^2} \prod_{p|q} \Big(1 - \frac{1}{p+1}\Big)\Big(\ln N + \gamma + \sum_{n=1}^{\infty} \frac{\Lambda(n)}{n^2} +$$

$$\sum_{p|q} \frac{\ln p}{p-1} - \sum_{p|q} \frac{\ln p}{p^2-1}\Big) + O\Big(\frac{2^{\omega(q)} \ln q}{\sqrt{N}}\Big)$$

$$= \frac{6}{\pi^2} \prod_{p|q} \frac{p}{p+1}\Big(\ln N + \gamma + \sum_{n=1}^{\infty} \frac{\Lambda(n)}{n^2} + \sum_{p|q} \frac{p \cdot \ln p}{p^2-1}\Big) +$$

$$O\Big(\frac{2^{\omega(q)} \ln q}{\sqrt{N}}\Big)$$

于是完成了引理的证明.

## 3 定理的证明

由引理及模 $q$ 的正交性,我们得到,对于任意实数 $N, 1 \leqslant N \leqslant \sqrt{q}$,有

$$\sum_{\chi(\bmod q)} \Big|\sum_{n\leqslant N} n^k \chi(n)\Big|^4$$

$$=\sum_{m\leqslant N}\sum_{n\leqslant N}\sum_{u\leqslant N}\sum_{v\leqslant N}\sum_{\chi(\bmod q)}(mnuv)^k\chi(mu)\overline{\chi}(nv)$$

$$=\phi(q)\sum_{m\leqslant N}{}'\sum_{\substack{n\leqslant N\\ mu=nv}}{}'\sum_{u\leqslant N}{}'\sum_{v\leqslant N}{}'(mnuv)^k \tag{5}$$

其中$\sum\limits_{m\leqslant N}{}'$代表对于所有满足$1\leqslant m\leqslant N,(m,q)=1$的$q$求和.

由于$mu=nv$,可设$(m,n)=d$,使得$m=m'd$,$n=n'd$且$(m',n')=1$,则有$m'u=n'v$.因此就有$m'$整除$v$,即$v=m'v'$和$u=n'v'$.又因为

$$\sum_{n\leqslant N}{}'n^k=\sum_{d\mid q}d^k\mu(d)\sum_{r\leqslant\frac{N}{d}}r^k$$

$$=\frac{N^{k+1}}{k+1}\sum_{d\mid q}\frac{\mu(d)}{d}+O(N^k\sum_{d\mid q}\mu(d))$$

$$=\frac{1}{k+1}\frac{\phi(q)}{q}N^{k+1}+O(N^k2^{\omega(q)})$$

所以当$m$也与$n$互素时,有$mq$也与$n$互素,于是有

$$\sum_{\substack{n\leqslant N\\(n,m)=1}}{}'n^k=\sum_{\substack{n\leqslant N\\(n,mq)=1}}n^k=\frac{1}{k+1}\frac{\phi(mq)}{mq}N^{k+1}+O(N^k2^{\omega(q)})$$

从上面式子及引理我们有如下的计算

$$\sum_{\chi(\bmod q)}\left|\sum_{n\leqslant N}n^k\chi(n)\right|^4$$

$$=\phi(q)\sum_{m\leqslant N}{}'\sum_{\substack{n\leqslant N\\ mu=nv}}{}'\sum_{u\leqslant N}{}'\sum_{v\leqslant N}{}'(mnuv)^k$$

$$=\phi(q)\sum_{m\leqslant N}{}'m^{2k}\sum_{\substack{n\leqslant N\\(m,n)=1}}{}'n^{2k}\sum_{d\leqslant\min\left\{\frac{N}{m},\frac{N}{n}\right\}}{}'d^{2k}\sum_{v\leqslant\min\left\{\frac{N}{m},\frac{N}{n}\right\}}{}'v^{2k}$$

$$=\phi(q)\cdot\left(\sum_{m\leqslant N}{}'m^{2k}\right)^2+\phi(q)\sum_{1<m\leqslant N}{}'m^{2k}\sum_{\substack{1\leqslant n<m\\(m,n)=1}}{}'n^{2k}\left(\sum_{a\leqslant\frac{N}{m}}{}'a^{2k}\right)^2+$$

$$\phi(q)\sum_{1\leqslant m\leqslant N}{}'m^{2k}\sum_{\substack{1<n<m\\(m,n)=1}}{}'n^{2k}\left(\sum_{a\leqslant\frac{N}{m}}{}'a^{2k}\right)^2$$

$$=\phi(q)\cdot\Big(\sum_{m\leqslant N}{}'m^{2k}\Big)^2+2\phi(q)\sum_{1<m\leqslant N}{}'m^{2k}\sum_{\substack{1\leqslant n<m\\(m,n)=1}}{}'n^{2k}\Big(\sum_{a\leqslant\frac{N}{m}}{}'a^{2k}\Big)^2$$

$$=\frac{\phi^3(q)}{q^2}\cdot\frac{N^{4k+2}}{(2k+1)^2}+\frac{2\phi(q)}{(2k+1)^2}\cdot$$

$$\sum_{1<m\leqslant N}{}'m^{2k}\sum_{\substack{1\leqslant n<m\\(m,n)=1}}{}'n^{2k}\frac{\phi^2(q)}{q^2}\frac{N^{4k+2}}{m^{4k+2}}+$$

$$O\Big(\phi(q)\sum_{1<m\leqslant N}{}'m^{2k}\sum_{\substack{1\leqslant n<m\\(m,n)=1}}{}'n^{2k}\frac{N^{4k+1}\cdot 2^{\omega(q)}}{m^{4k+1}}\Big)$$

$$=2\frac{\phi^4(q)}{q^3}\cdot\frac{N^{4k+2}}{(2k+1)^3}\cdot\sum_{1<m\leqslant N}{}'\frac{\phi(m)}{m^2}+$$

$$O(\phi(q)\cdot N^{4k+2}\cdot 2^{\omega(q)})$$

$$=\frac{12}{\pi^2}\cdot\frac{\phi^4(q)}{q^3}\cdot\frac{N^{4k+2}}{(2k+1)^3}\cdot\prod_{p\mid q}\frac{p}{p+1}\cdot\ln N+$$

$$O(\phi(q)\cdot N^{4k+2}\cdot 2^{\omega(q)})$$

于是完成了定理的证明.

## 4　一些注解

如果 $q=p$ 是素数,我们可以得到

$$\sum_{\chi(\bmod p)}\Big|\sum_{n\leqslant N}\chi(n)\Big|^4$$

$$=\phi(p)\sum_{m\leqslant N}\sum_{\substack{n\leqslant N\\mu=nv}}\sum_{u\leqslant N}\sum_{v\leqslant N}1$$

$$=\sum_{\substack{m\leqslant N\\(m,n)=1}}\sum_{n\leqslant N}\sum_{d\leqslant\min\left\{\frac{N}{m},\frac{N}{n}\right\}}\sum_{v'\leqslant\min\left\{\frac{N}{m},\frac{N}{n}\right\}}1$$

$$=\phi(p)\cdot N^2+2\phi(p)\sum_{1<m\leqslant N}\sum_{\substack{1\leqslant n<m\\(m,n)=1}}\Big(\frac{N}{m}-\Big\{\frac{N}{m}\Big\}\Big)^2+O(pN)$$

$$=\phi(p)\cdot N^2+2\phi(p)\cdot$$

$$\sum_{1<m\leqslant N}\sum_{\substack{1\leqslant n<m\\(m,n)=1}}\Big(\frac{N^2}{m^2}-2\frac{N}{m}\Big\{\frac{N}{m}\Big\}+\Big\{\frac{N}{m}\Big\}^2\Big)+O(pN)$$

$$=\phi(p)\cdot N^2+2\phi(p)N^2\sum_{1<m\leqslant N}\frac{\phi(m)}{m^2}-4\phi(p)N\sum_{1<m\leqslant N}\frac{\phi(m)}{m}\left\{\frac{N}{m}\right\}+2\phi(p)\sum_{1<m\leqslant N}\phi(m)\left\{\frac{N}{m}\right\}+O(pN) \tag{6}$$

其中$\{x\}=x-[x]$,$[x]$表示不超过$x$的最大整数,从而有$0\leqslant\{x\}<1$.

从式(6)及引理可以看出,如果我们能够得到

$$\sum_{1<m\leqslant N}\frac{\phi(m)}{m}\left\{\frac{N}{m}\right\} \tag{7}$$

和

$$\sum_{1<m\leqslant N}\phi(m)\left\{\frac{N}{m}\right\}^2 \tag{8}$$

的较好的上界估计时,我们就能得到关于和式$\sum_{\chi(\bmod p)}\left|\sum_{n\leqslant N}\chi(n)\right|^4$的较精确的一个渐近公式.因此,对于式(7)和式(8)这两个和式的渐近公式的估计是非常有趣也是非常重要的.